卓越工程技术人才培养特色教材

C语言程序设计

（第2版）

主　　编　耿焕同

参编人员　李振宏　陈　遥　朱节中

镇　江

图书在版编目(CIP)数据

C语言程序设计 / 耿焕同主编. — 2版. — 镇江：江苏大学出版社，2013.11(2020.1重印)
ISBN 978-7-81130-584-5

Ⅰ.①C… Ⅱ.①耿… Ⅲ.①C语言—程序设计 Ⅳ.①TP312

中国版本图书馆CIP数据核字(2013)第254386号

C语言程序设计(第2版)

主　　编/耿焕同
责任编辑/李菊萍
出版发行/江苏大学出版社
地　　址/江苏省镇江市梦溪园巷30号(邮编：212003)
电　　话/0511-84446464(传真)
网　　址/http://press.ujs.edu.cn
印　　刷/虎彩印艺股份有限公司
开　　本/787 mm×1 092 mm　1/16
印　　张/18.25
字　　数/445千字
版　　次/2013年11月第2版　2020年1月第8次印刷
书　　号/ISBN 978-7-81130-584-5
定　　价/38.00元

序

深化高等工程教育改革、提高工程技术人才培养质量,是增强自主创新能力、促进经济转型升级、全面提升地区竞争力的迫切要求。近年来,江苏高等工程教育飞速发展,全省46所普通本科院校中开设工学专业的学校有45所,工学专业在校生约占全省普通本科院校在校生总数的40%,为"十一五"末江苏成功跻身全国第一工业大省做出了积极贡献。

"十二五"时期是江苏加快经济转型升级、发展创新型经济、全面建设更高水平小康社会的关键阶段。教育部"卓越工程师教育培养计划"启动实施以来,江苏认真贯彻教育部文件精神,结合地方高等教育实际,着力优化高等工程教育体系,深化高等工程教学改革,努力培养造就一大批创新能力强、适应江苏社会经济发展需要的卓越工程技术后备人才。

教材建设是人才培养的基础工作和重要抓手。培养高素质的工程技术人才,需要遵循工程技术教育规律,建设一套理念先进、针对性强、富有特色的优秀教材。随着知识社会和信息时代的到来,知识综合、学科交叉趋势增强,教学的开放性与多样性更加突出,加之图书出版行业体制机制也发生了深刻变化,迫切需要教育行政部门、高等学校、行业企业、出版部门和社会各界通力合作,协同作战,在新一轮高等工程教育改革发展中抢占制高点。

2010年以来,江苏大学出版社积极开展市场分析和行业调研,先后多次组织全省相关高校专家、企业代表就应用型本科人才培养和教材建设工作进行深入研讨。经各方充分协商,拟定了"江苏省卓越工程技术人才培养特色教材"开发建设的实施意见,明确了教材开发总体思路,确立了编写原则:

一是注重定位准确,科学区分。教材应符合相应高等工程教育的办学定位和人才培养目标,恰当把握与研究型工程人才、设计型工程人才及技能型工程人才的区分度,增强教材的针对性。

二是注重理念先进,贴近业界。吸收先进的学术研究与技术成果,适应经济转型升级需求,适应社会用人单位管理、技术革新的需要,具有较强的领先性。

三是注重三位一体,能力为重。紧扣人才培养的知识、能力、素质要求,着力培养学生的工程职业道德和人文科学素养、创新意识和工程实践能力、国际视野和沟通协作能力。

四是注重应用为本,强化实践。充分体现用人单位对教学内容、教学实践设计、工艺流程的要求以及对人才综合素质的要求,着力解决以往教材中应用性缺失、实践环节薄弱、与用人单位要求脱节等问题,将学生创新教育、创业实践与社会需求充分衔接起来。

五是注重紧扣主线,整体优化。把培养学生工程技术能力作为主线,系统考虑、整体构建教材体系和特色,包括合理设置课件、习题库、实践课题以及在教学、实践环节中合理设置基础、拓展、复合应用之间的比例结构等。

该套教材组建了阵容强大的编写专家及审稿专家队伍,汇集了国家教学指导委员会委员、学科带头人、教学一线名师、人力资源专家、大型企业高级工程师等。编写和审稿队伍主要由长期从事教育教学改革实践工作的资深教师、对工程技术人才培养研究颇有建树的教育管理专家组成。在编写、审定教材时,他们紧扣指导思想和编写原则,深入探讨、科学创新、严谨细致、字斟句酌,倾注了大量的心血,为教材质量提供了重要保障。

该套教材在课程设置上基本涵盖了卓越工程技术人才培养所涉及的有关专业的公共基础课、专业公共课、专业课、专业特色课等;在编写出版上采取突出重点、以点带面、有序推进的策略,成熟一本出版一本。希望大家在教材的编写和使用过程中,积极提出意见和建议,集思广益,不断改进,以期经过不懈努力,形成一套参与度与认可度高、覆盖面广、特色鲜明、有强大生命力的优秀教材。

江苏省教育厅副厅长 丁晓昌

2012年8月

江苏省卓越工程技术人才培养特色教材建设
指导委员会

前　言

从1971年诞生到现在，C语言已经成为最重要和最流行的高级程序设计语言之一。C语言经久不衰的根源在于其具有方便性、灵活性和通用性等特点。在C语言的应用过程中，除了可开发各种类型的软件外，程序员还可直接对可编程硬件操作。因此，C语言不仅是计算机学科重要的核心课程，也是其他理工科专业计算机基础知识的必修课。

随着时代的进步，掌握一门编程语言已经成为现代科技人员的一项基本技能。近年来，学习和掌握C语言的需求越来越迫切，特别是对在校理工类大学生，程序设计能力成为现代科技人才必备的一种能力。

虽然市面上已有很多关于C语言程序设计的书籍，但是存在着诸如从抽象枯燥的语法开始学习，或是将枯燥的数学问题作为实例等不足，这在某种程度上偏离了程序设计的核心，不仅容易挫伤初学者学习程序设计的信心，还会使初学者对程序设计丧失兴趣。我们根据多年从事C语言一线教学工作积累的经验和教学心得，充分借鉴现有C语言书籍的优点，采用抽象知识的学习方法，即以“为什么学？如何学习？学什么？”的顺序，科学设计教程和巧妙组织内容。

本书的主要特色和创新之处有：

（1）理念新颖。围绕现代理工科专业技术人才的培养目标，取舍恰当、精心选择内容并科学编排，力求使非计算机专业的学生能系统、全面、快速地掌握C语言程序设计方法，为后续应用开发建立坚实的语言基础。

（2）针对性强。针对二级独立院校本科学生重实践的学习特点，兼顾全国和江苏省二级等级考试大纲（C语言版）的要求，采用先理论后实践的学习规律，变抽象为具体的学习策略，增强学习的目的性，合理组织C语言知识点和相关考点。

（3）科学组织。全书包括程序设计基础、C语言程序设计基础和C语言程序设计能力三大部分，力求做到结构严谨，概念准确，教材内容组织合理，语言使用规范，符合教学规律。

（4）注重能力。围绕能力培养的目标，从易于读者学习的角度出发，以实例和易接受的图形方式阐述枯燥的理论知识，并在实例讲解中详细列出问题分析、流程图、C语言程序代码、程序分析和运行结果等内容，目的是帮助学习者学会编程，切实提高其应用能力。

本书循序渐进，按由方法到实践、由入门到掌握的思路，分为三大篇：第1篇为程序设计基础篇，为初学者介绍程序设计的方法、算法、开发环境和相关的程序设计基础知识等；第2篇为C语言程序设计基础篇，从最简单的C语言程序开始，逐步地介绍C语言程序的构成要素，使略有计算机基础知识的读者都能很容易地学会C语言编程；第3

篇为C语言程序设计能力篇，主要介绍C语言中的数组、指针、函数以及文件操作等内容。

本教材再版工作由南京信息工程大学滨江学院耿焕同教授主持，并负责对全书进行统稿和主审。其中，耿焕同老师负责第1至4章；陈遥老师负责第6至8章；朱节中老师负责第5，11和12章；李振宏老师负责第9，10，13章和附录。

本书在编写过程中，得到诸多专家和领导的有力指导与支持，在此表示衷心的感谢。

限于编者水平有限，书中难免有错误和不足之处，恳请专家和广大读者批评指正。

编　者

2013年8月

内容提要

随着信息技术的飞速发展,掌握一门编程语言是社会发展对现代科技人才一种内在需求,更是成为现代理工类学生应熟练掌握的一项基本技能。在国内外C语言作为结构化程序设计语言的典型代表,非常适合作为掌握程序设计技术的入门语言,更为重要的是,C语言在应用上的特点不仅适合软件开发,而且能够直接对各类可编程器件进行底层操作。

本书为《C语言程序设计》的第2版,既保留了第1版在内容组织与设计上的优点,解决了在教材使用过程中出现的错误与不妥之处,又对部分内容进行了取舍,增加了对等级考试相关考点的设计。与此同时,针对学生上机实践和自学时缺乏合适的配套指导书问题,精心设计并组织编写了《C语言程序设计实验指导与习题集》一书,并与第2版同步出版。

本书仍以ISO C89语言规范为蓝本,以Visual C ++6.0为实践环境,循序渐进、深入浅出、系统全面地讲解了从语法到问题编程求解的各个环节,内容包括程序设计理论基础篇、C语言程序设计基础篇、C语言程序设计能力篇等。

本书紧紧结合C语言的学习方法和学生的学习特点,科学设计、精心组织教程内容,以浅显易懂的语言进行撰写,并配有大量的图解、例题和程序实例等,力争让非计算机专业人员也能快速地理解和掌握编程的技巧与精髓,具备独立使用C语言进行编程的基本技能。

作为一本计算机语言类的教材,教材设计过程中形成了鲜明的特点和创新之处:以二级独立学院本科学生为主要学习对象,进行教学内容的科学选择和巧妙编排;以学生编程能力的培养为设计重点,不陷于繁琐而使用少的细枝末节;以表述易于理解为编写理念,巧妙选择典型例题,并配合问题分析及程序分析等内容,因此最大限度地丰富了教材内涵,提高学生的学习兴趣,让学生主动并乐于学习,从而使学生能系统、全面、快速地掌握C语言程序设计方法。

本书语言表达严谨、流畅、实例丰富,不仅非常适合二级独立学院本科理工类学生的学习教程,也非常适合其他层次学生的学习教材,还可作为C语言编程人员的自学教材和全国计算机等级考试(C语言)的参考教材。

目　录

第2篇 C语言程序设计基础

第5章 C语言基础

第3篇 C语言程序设计能力

第1篇　程序设计基础

第1章　程序设计方法学

常言道“方法决定效率”。对于计算机初学者来说,C语言程序设计是一门非常重要的基础课程,对其掌握的效果如何直接影响学习者后续课程的学习以及对编程的兴趣。因此,了解必要的程序设计方法学基本知识就显得非常重要,同时对其他编程课程学习也有很好的借鉴作用。

1.1　程序设计方法学简介

众所周知,随着科技和信息技术的迅猛发展,越来越多的工作和业务由程序进行支撑与管理,如数值天气预报、数字化校园以及网上购物等。那究竟什么是程序呢?通俗来说,程序是用来控制计算机操作的一系列代码,而程序设计的目的是利用计算机对现实问题进行求解。计算机科学家、图灵奖获得者尼克劳斯·威茨(Niklaus Wirth)教授对程序进行了经典定义:

程序=算法+数据结构

此公式对计算机科学的影响程度类似于物理学中爱因斯坦的$E=mc^2$,它揭示了程序的本质。

随着软件产业的迅猛发展和软件开发工程化进程加快,程序与软件开发环境的关系越来越紧密,开发工具的选择对程序的开发效率有重大的影响,有时会取得事半功倍的效果。因此,人们对程序的定义进行了扩充:

程序=算法+数据结构+开发环境

本书重点讨论C语言开发环境,而不是复杂的算法和数据结构,目的是让读者利用C语言设计简单程序,建立与计算机之间的会话交流,以培养具有一定编程思想和程序设计能力的软件人才。

程序设计方法学是探讨程序设计理论和方法的学科,用以指导程序设计各阶段工作的原理和原则,以及依此提出的设计技术。程序设计方法学起源于20世纪70年代,主要包括程序理论、研制技术、支持环境、工程规范和自动程序设计等课题。程序设计方法学的发展、软件的发展以及编程语言的发展三者之间有着密切的关系,通过对其研究,可不断地提高编程人员的程序设计水平,丰富编程人员的思维方法;问题求解规模和复杂性大大地促进了程序设计技术的发展，而程序设计水平的提高也推动着程序设计方法学这一学科的不断发展。

通常而言，程序设计方法学的概念有狭义和广义之分。狭义的程序设计方法学是指传统的有关结构化程序设计的理论、方法和技术；广义的程序设计方法学包括程序设计语言和程序设计的所有理论和方法。特别是在结构化程序设计的研究逐步衰退以后，程序设计方法学已成为一个笼统的概念。随着软件产业的快速发展，人们对程序设计方法提出了更高的要求，如设计过程简单化、代码跨平台化、代码重用化等，这促使程序设计方法学成为一门学科。因此，学习者首先要弄清楚程序设计方法学的基本研究目标。

从学科定义来说，程序设计方法学的目标是设计出可靠、高效、易读且代价合理的程序。更通俗地说，程序设计方法学的最基本目标是通过对程序本质属性的研究，说明什么样的程序是一个“优秀”的程序，怎样才能设计出“优秀”的程序。

一般的程序设计过程是通过借助某种编程语言对求解问题的计算机算法进行编程实现的，其产出是软件产品（俗称程序），功能是利用计算机求解问题，因此在程序设计时，最重要的是程序的正确性和执行效率。程序的正确性和执行效率是由程序的结构和算法决定的，当然也与程序的易读性、可维护性有密切的关系。程序设计的一般过程应包括：分析实际问题并抽象，利用数学建模技术构建问题的数学模型，借助计算方法和数据模型构造合适的数据结构，进而设计算法，最后借助计算机语言实现算法并形成程序。

程序设计方法大致经历手工作坊式、结构化、模块化、面向对象等程序设计阶段。下面以主流的结构化程序设计和面向对象程序设计为例，分别讲解它们的设计方法。

1.2 结构化程序设计方法

1.2.1 概　述

迪克斯特拉（E. W. Dijkstra）在1969年提出了结构化程序设计方法，即以模块化设计为中心，将待开发的软件系统划分为若干个相互独立的模块，使完成每一个模块的工作变得简单且明确，这为设计一些较大的软件打下了良好的基础。由于模块相互独立，因此在设计其中一个模块时不会受到其他模块的牵连，从而可将原来较为复杂的问题化简为一系列简单模块的设计。模块的独立性还为扩充已有的系统、建立新系统带来了极大的方便，因为人们可以充分利用现有的模块进行积木式的集成与扩展。

结构化程序的概念首先是从以往编程过程中无限制地使用转移语句而提出的。转移语句可以使程序的控制流程强制性地转向程序的任一处，在传统流程图中，用“很随意”的流程线来描述转移功能。如果一个程序中多处出现这种转移情况，将会使程序流程无序可寻，程序结构杂乱无章，这样的程序是让人难以理解和接受的，并且容易出错。尤其是在实际软件产品的开发中，更多追求的是软件的可读性和可修改性，像这种结构和风格的程序是不允许出现的。因此，人们提出了程序的3种基本结构。

算法的实现过程是由一系列操作组成的，这些操作之间的执行次序就是程序的控制结构。1966 年，计算机科学家 Bohm 和 Jacopini 证明了这样的事实：任何简单或复杂的算法都可以由顺序结构、选择结构和循环结构组合而成。因此，这 3 种结构就被称为程序设计的 3 种基本结构，也是结构化程序设计必须采用的结构。

结构化程序设计的基本思想是采用“自顶向下，逐步求精”的程序设计方法和“单入口单出口”的控制结构。“自顶向下，逐步求精”的程序设计方法从问题本身出发，经过逐步细化，将解决问题的步骤分解为由基本程序结构模块组成的结构化程序框图；“单入口单出口”的思想认为，一个复杂的程序如果它仅由顺序、选择和循环 3 种基本程序结构通过组合、嵌套构成，那么这个新构造的程序一定是一个单入口单出口的程序，据此很容易就能编写出结构良好、易于调试的程序。

因此，结构化程序设计具有以下优点：① 整体思路清楚，目标明确。② 设计工作中阶段性非常强，有利于系统开发的总体管理和控制。③ 在系统分析时可以诊断出原系统中存在的问题和结构上的缺陷。

结构化程序设计强调对程序设计风格的要求，因为程序设计风格影响程序的可读性。一个具有良好风格的程序应当注意以下几点：① 语句形式化。程序语言是形式化语言，必须准确，无二义性。② 程序一致性。保持程序中的各部分风格一致，文档格式一致。③ 结构规范化。程序结构、数据结构甚至软件的体系结构都要符合结构化程序设计原则。④ 适当使用注释。注释是帮助程序员理解程序，提高程序可读性的重要手段。⑤ 标识符贴近实际。程序中数据、变量和函数等的命名原则是选择有实际意义的标识符，以易于识别和理解。

如何编写程序才算符合结构化程序设计方法呢？按照 1974 年世界著名科学家 D. Gries 教授的分析，结构化程序设计应包括以下 8 个方面的内容：

■ 结构化程序设计是指导人们编写程序的一般方法。
■ 结构化程序设计是一种避免使用 goto 语句的程序设计。
■ 结构化程序设计是“自顶向下，逐步求精”的程序设计。
■ 结构化程序设计把任何大规模和复杂的流程图转换为标准形式和少数基本而又标准的控制逻辑结构（顺序、选择、循环）。
■ 结构化程序设计是一种组织和编写程序的方法，利用它编写的程序容易理解和修改。
■ 结构化程序设计是控制复杂性的整个理论和训练方法。
■ 结构化程序的一项主要功能是使得正确性的证明容易实现。
■ 结构化程序设计将任何大规模和复杂的流程图转换为一种标准形式，使它们能够用几种标准形式的控制结构通过重复和嵌套来表示。

常用的结构化程序设计语言有 C 语言、FORTRAN 语言、Pascal 语言和 BASIC 语言等。

简单地说，结构化程序设计有以下几个特征。

1. 模块化

（1）把一个较大的程序划分为若干个函数或子程序，每一个函数或子程序总是独立成为一个模块。

（2）每一个模块又可继续划分为更小的子模块。

（3）程序具有一种层次结构。

【注意】 运用这种编程方法时，必须先对问题进行整体分析，避免想到哪里写到哪里。

2. 层次化

（1）先设计第1层（即顶层），然后逐层细分，逐步求精，直到整个问题可用程序设计语言具体明确地描述出来为止。

（2）步骤：先对问题进行仔细分析，确定其输入、输出数据，写出程序运行的主要过程和任务；然后从大的功能方面把一个问题的解决过程分成几个问题，每个子问题形成一个模块。

（3）特点：先整体后局部，先抽象后具体。

3. 逐步求精

逐步求精是指对于一个复杂问题，不是一步就编成一个可执行的程序，而是分步进行，具体如下：

第1步编出的程序最为抽象；

第2步编出的程序是把第1步所编的程序（如函数、子过程等）细化，较为抽象；

……

第n步编出的程序即为可执行的程序。

所谓"抽象程序"，是指程序所描述的解决问题的处理规则，是由那些"做什么（What）"操作组成，而不涉及这些操作"怎样做（How）"以及解决问题的对象具有什么结构，不涉及构造的每个局部细节。

这一方法的原理是：对于某一个问题或任务，程序员应立足于全局考虑如何解决这一问题的总体关系，暂不涉及每个局部细节。在确保全局的正确性之后，再分别对每一个局部进行考虑，而每个局部又是一个问题或任务。因此，这一方法是自顶而下的，同时也是逐步求精的。

采用逐步求精的优点如下：

（1）便于构造程序。由这种方法产生的程序，其结构清晰、易读、易写、易理解、易调试、易维护。

（2）适用于大任务、多人员协同设计，也便于软件管理。

逐步求精方法有多种具体做法，例如流程图方法、基于函数或子过程的方法等。

1.2.2 程序设计步骤

程序设计的步骤如下：

（1）分析问题。对要解决的问题，首先必须分析清楚问题的已知条件、问题的实质等，初步确定问题的解题思路和方法。

（2）建立数学模型。从编程的角度，遵循编程思想，列出所有已知量，找出问题的求解目标；在对实际问题进行分析之后，找出它的内在规律，建立相应的数学模型。只有建立了问题模型，才有可能利用计算机进行解决。

（3）选择算法。建立数学模型后还不能立即着手编写程序，必须选择合适的数据结构来设计解决问题的算法。一般选择算法时要注意以下几点：① 算法的逻辑结构尽可能简单；② 算法所要求的存储量应尽可能少；③ 避免不必要的循环，减少算法的执行时间;④ 在满足题目条件要求下,使所需的计算量最小。

(4) 编写程序。应把整个程序看作一个整体,先全局后局部,自顶向下。如果某些子问题的算法相同而仅参数不同,可以用函数或子程序表示。

(5) 调试运行。根据程序运行时出现的逻辑错误和输出错误,通过跟踪调试的方法查找出现错误的位置和出错的原因,再次修改程序代码,直至输出正确结果。

(6) 分析结果。根据题目要求,输入要解决问题的初始条件及数据,运行并分析结果,将结果进行保存。

(7) 撰写程序的文档。为了便于后期的程序升级及维护,稍复杂的程序需要撰写必要的程序文档,即写明程序设计的思路和相关的实现过程等。

1.2.3 方法举例

【例1-1】 输出2到N之间的素数(质数)。

【问题分析】 要求2到N之间的素数,程序要做的事就是从2开始依次找,判断是否是素数。若是素数,则打印出来,否则继续往下找,直到N。

第1步:通过分析问题,给出程序总体框架。

<1>读入一个正整数N;

<2>初始化循环变量i为2;

<3>判断i与N间的关系。若i大于N,则转向<4>。

<3-1>判断i是否为素数。若i是素数,则打印输出i;

<3-2>取比i大的下一个数,并放入i中;

<3-3>转向<3>;

<4>程序结束。

第2步:细化"判断i是否为素数"。

思路:若i是一个素数,则返回值为真,否则返回值为假。依据素数的定义,除了1和本身之外不能被其他正整数整除的正整数称为素数。细化程序如下:

<1>初始化循环变量k为2,素数标记flag为真(先假定i是素数);

<2>判断k与i之间的关系。若k大于等于i,则转向<5>;

<3>判断i是否能被k整除。若能整除,则素数标记flag为假(表示i不是素数),转向<5>;

<4>若素数标记flag为真,则取比k大的下一个数,并放入k中,转向<2>;

<5>返回素数标记flag。

第3步:将程序补充完整。

第4步:其实除了2之外,所有的素数都是奇数,因此可进行相应的程序优化。

1.3 面向对象程序设计方法

1.3.1 概 述

面向对象(Object-Oriented,OO)是当前计算机界关心的热点,现已发展成为软件开发方法的主流。面向对象的概念和应用已超越了程序设计和软件开发扩展到更大的范围，如数据库系统、交互式界面、应用结构、应用平台、分布式系统、网络管理结构、CAD技术、人工智能等领域。早期，面向对象是专指在程序设计中采用封装、继承、抽象等设计方法，而现在面向对象的思想已经涉及软件开发的各个方面，例如，面向对象的分析（Object-Oriented Analysis，OOA），面向对象的设计（Object-Oriented Design，OOD），以及人们经常说的面向对象的编程实现（Object-Oriented Programming，OOP）。常用的面向对象程序设计语言有C++语言、Java语言、C#语言、Visual Basic语言和Delphi语言等。

面向对象程序设计是一种把面向对象的思想应用于软件开发过程中，指导开发活动的系统方法，是建立在“对象”概念基础上的方法学。对象是由数据和容许的操作组成的封装体，与客观实体有直接对应关系，一个对象类定义了具有相似性质的一组对象，而继承性是对具有层次关系的类的属性和操作进行共享的一种方式。面向对象就是基于对象概念，以对象为中心，以类和继承为构造机制来认识、理解、刻画客观世界和设计、构建相应的软件系统。

相对于结构化程序设计来说，面向对象程序设计理论扩充了许多新的概念和术语。要想理解和掌握面向对象的理论，必须从最基本的概念入手，通过对最基本概念的掌握来真正认识面向对象方法的作用。与此同时，为更好地掌握面向对象的理论，必须熟悉结构化程序设计；换句话说，结构化程序设计的学习可锤炼程序员的编程思想，而面向对象程序设计的学习更多的是锻炼程序员的代码组织能力。

1. 对象

面向对象程序设计中的对象具有两方面的含义，即在现实世界中的含义和在计算机世界中的含义。

在现实世界中可以将任何客观存在的事物都看作一个对象，如一个人、一辆汽车、一棵树，甚至一个星球。一方面，对象与对象之间存在着一定的差异，如一棵树和一辆汽车是两个截然不同的对象；另一方面，对象与对象之间可能又存在某些相似性。如一辆白色的自行车和一辆红色的自行车，两者都是自行车，具有相同的结构和工作原理，仅仅是颜色不同而已。对象既具有一些静态的特征，如一个人的性别、血型和身份等，又具有一些动态的特征，如一个人的身高、年龄和受教育程度等。另外，每一个对象都具有一个名字以区别于其他对象，如学生张三和学生李四。

在计算机世界中，对象（Object）是一个现实实体的抽象。一个对象可被认为是一个将数据（属性）和程序（方法）封装在一起的实体，程序用来刻画该对象的动作或对它接收到的外界信号的反应，这些对象操作有时称为方法。

对象是建立面向对象程序所依赖的基本单元。从专业角度来说，所谓对象就是一种代码的实例。这种代码执行特定的功能，具有自包含或者封装的性质。在结构化程序设计中，变量可以看作是简化了的对象。换句话说，变量是仅仅具有单一属性且不具有方法的对象，这里的单一属性便是变量的取值，变量名就是对象名。

通过上面的分析，无论是现实世界中的对象还是计算机世界中的对象，它们具有如下共同的特征：

（1）每个对象都有一个名字以区别于其他对象。

（2）每个对象都有一组状态用来描述它的某些特征。

(3) 对象通常包含一组操作，每个操作决定对象的一种功能或行为。

在一个面向对象的系统中，对象是运行期的基本实体。它可以用来表示一个人、一个银行账户或一张数据表格。当一个程序运行时，对象与对象之间通过互发消息相互作用。

2. 类

类是构成面向对象程序设计的基础，它把数据和函数封装在一起，是具有相同操作功能和相同数据格式（属性）的对象抽象，可以看作是抽象数据类型的具体实现。

在程序设计语言中，数据类型本质上是抽象的。高级程序设计语言从位、字节和字中抽象出字符、整数和实数等基本数据类型，比使用位、字节等设计程序方便得多，因为整数、实数的抽象比位、字节的抽象更接近现实的表达。但是在实际应用时，程序设计语言中所提供的数据类型总是有限的。例如，在一般的编程语言中没有矩阵、方程组、矢量等数据类型，也没有年龄、地址等数据类型。这些数据类型是人们应用抽象到一组对象上而得到的抽象数据类型。在程序中定义一个新类就将产生一种新的数据类型，以达到丰富程序数据类型的目的，因此类的设计就是数据类型的设计。

3. 类与对象的关系

简单来说，类是用户自定义的数据类型，是用来描述只有相同属性和方法的对象集合，它定义了该集合中每个对象所共有的属性和方法，对象是类的实例。例如，苹果是一个类，而放在桌上的那个苹果则是一个对象。对象和类的关系相当于一般的程序设计语言中变量和数据类型的关系。

对象包含数据以及操作这些数据的代码。一个对象所包含的所有数据和代码可以通过类构成一个用户定义的数据类型。事实上，对象就是类类型的变量。一旦定义了一个类，就可以创建这个类的多个对象，每个对象与一组数据相关，而这组数据的类型在类中定义。因此，一个类就是具有相同类型对象的抽象。例如，芒果、苹果和橘子都是水果类的对象。类是用户自定义的数据类型，但在一个程序设计语言中，它和内建的数据类型行为相同，比如创建一个类对象的语法和创建一个整数对象的语法是相同的。

4. 面向对象的基本特征

(1) 对象唯一性。每个对象都有自身唯一的标识，通过这种标识可找到相应的对象。在对象的整个生命期中，它的标识都不改变，不同的对象应有不同的标识。

(2) 抽象性。抽象是指强调实体的本质和内在的属性。在系统开发中，抽象指的是在决定如何实现对象之前的对象的意义和行为。使用抽象可以尽可能避免过早考虑一些细节。类实现了对象的数据（即状态）和行为的抽象，将具有一致的数据结构（属性）和行为（操作）的对象抽象成类。一个类就是这样一种抽象，它反映了与应用有关的重要性质，而忽略其他一些无关内容。任何类的划分都是主观的，但必须与具体的应用有关。

(3) 封装性。封装性是保证软件部件具有优良的模块性的基础。面向对象的类是具有良好封装的模块，类定义将其说明（用户可见的外部接口）与实现（用户不可见的内部实现）显式地分开，内部实现按其具体定义的作用域提供保护。对象是封装的最基本单位。封装可防止程序相互依赖而带来的变动影响。面向对象的封装比传统语言的封装更清晰、更贴近现实。

（4）继承性。继承性是子类自动共享父类数据结构和方法的机制，这是类之间的一种关系。在定义和实现一个类时，可以在一个已经存在类的基础上进行，把这个已经存在的类所定义的内容作为自己的内容，并加入若干新的内容。继承性是面向对象程序设计语言不同于其他语言的最重要特点。在类层次中，若子类只继承一个父类的数据结构和方法，则称为单继承；若子类继承了多个父类的数据结构和方法，则称为多重继承。在软件开发中，类的继承性使所建立的软件具有开放性、可扩充性，这是信息组织与分类行之有效的方法，它简化了对象、类的创建工作量，大大增加了代码的可重性，提高了编程效率。

（5）多态性。多态性是指相同的操作或函数、过程可作用于多种类型的对象上并获得不同的结果。不同的对象收到同一消息可以产生不同的结果，这种现象称为多态性。多态性允许每个对象以适合自身的方式去响应共同的消息；多态性增强了软件的灵活性和重用性。

在面对对象方法中，对象和传递消息分别表现事物及事物间相互联系的概念。类和继承是适应人们一般思维方式的描述方式；方法是允许作用于该类对象上的各种操作。这种对象、类、消息和方法的程序设计范式的基本点在于对象的封装性和类的继承性。封装能将对象的定义和对象的实现分开，继承能体现类与类之间的关系，由此带来的动态联编和实体的多态性构成了面向对象的基本特征。

5. 与结构化程序设计方法的比较

结构化设计方法中程序被划分成许多个模块，这些模块被组织成一个树形结构，并且数据和对数据的操作（函数或过程）是完全分离的（如图1-1所示）。因为上层的模块需要调用下层的模块，所以这些上层的模块就依赖于下层的细节。与问题领域相关的抽象依赖于与问题相关领域的细节，细节层次影响抽象层次。

在面向对象程序设计中倒转这种依赖关系，创建的抽象不依赖于任何细节，而细节则高度依赖于上层的抽象。更为重要的是，它将数据与对数据的操作封装在一起构成一个整体（如图1-2所示）。这种依赖关系的倒转正是面向对象程序设计和传统技术之间根本的差异，也是面向对象程序设计思想的精华所在。

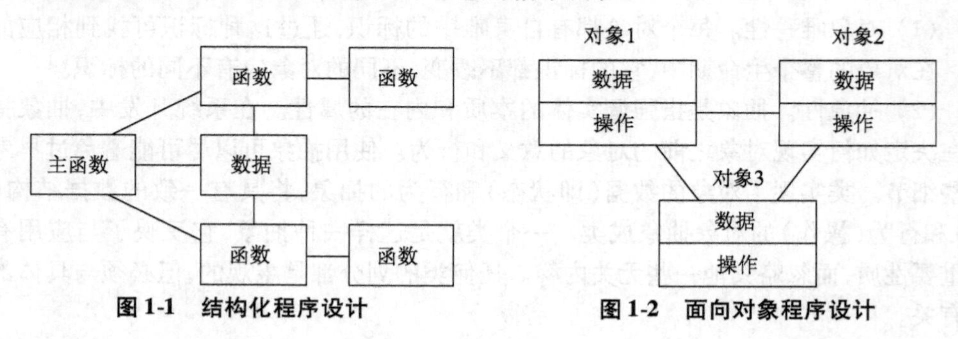

图1-1　结构化程序设计　　　图1-2　面向对象程序设计

1.3.2 程序设计步骤

面向对象程序设计方法学的出发点和所追求的基本目标是：使人们分析、设计与实现一个系统的方法尽可能接近认识一个系统的方法；使描述问题的问题空间和解决问题的方法空间在结构上尽可能一致，即对问题空间进行自然分割，以更接近人类思维的方式建立问题域模型,以便对客观实体进行结构模拟和行为模拟,从而使设计出的软件尽可能直接地描述现实世界。其核心思想是:面向对象程序设计方法模拟人类习惯的解题方法,用对象分解取代功能分解,即把程序分解成许多对象,不同对象之间通过发送消息向对方提出服务要求,接受消息的对象主动完成指定功能。程序中的所有对象分工协作,共同完成整个程序的功能。

面向对象程序设计把数据看作程序开发中的基本元素,并且不允许它们在系统中自由流动。它将数据和操作这些数据的函数紧密地结合在一起,并保护数据不会被外界的过程意外地改变。面向对象程序设计允许将问题分解为一系列实体(对象),然后围绕这些实体抽象出相应的数据和函数。

面向对象的程序设计过程,应包括以下基本步骤:

(1) 分析问题。对要解决的问题,首先必须抽象出问题中所包含的实体。

(2) 建立数学模型。列出所有实体,找出它们之间的内在联系后就可以建立数学模型。只有建立了模型的问题,才有可能利用计算机进行解决。

(3) 类的构建。进一步明确各实体应包含的属性(数据)、操作方法,以及它们各自的访问权限等,按照类定义的规范,完成对实体的抽象形成类。

(4) 编写程序。按照编程语言的规范,完成各类的定义和实现。借助各类定义,完成问题中对象的生成,根据对象之间的关系实现对象之间的调用关系。

(5) 调试运行。根据程序运行时出现的逻辑错误和输出错误,通过跟踪调试的方法查找出现错误的位置和出错的原因,再次修改程序代码,直至输出正确结果。

(6) 分析结果。根据题目要求,输入要解决问题的初始条件及数据,运行并分析结果,将结果进行保存。

(7) 撰写程序的文档。为了便于后期的程序升级及维护,稍复杂的程序需要撰写必要的程序文档,即写明程序设计的思路和相关的实现过程等。

1.3.3　方法举例

为了更好地理解面向对象的程序设计方法,下面以时钟为例进行讲解。

【例 1-2】　以时钟为例,使用面向对象方法设计一个时钟类。

【问题分析】　通常时钟保存当前时钟的值(时、分、秒)需用到数据变量,同时一个时钟还应具备一些最基本的功能,如显示时间和设置时间等。

第 1 步:通过分析问题,给出类基本信息。

<1>对现实时钟对象进行抽象,形成时钟类;

<2>确定类定义信息;

<2-1>类名确定;

<2-2>类中数据成员的确定;

<2-3>类中操作成员的确定;

<2-4>类中数据成员访问属性的确定;

<2-5>类中操作成员访问属性的确定。

<3>根据具体的面向对象编程语言,完成类的定义。

第 2 步:对时钟类细化并完成类的定义。对第 1 步中<2>进行如下细化:

<2-1>类名确定：Clock；

<2-2>类中数据成员的确定：整数 Hour，Minute，Second；

<2-3>类中操作成员的确定：设置时间 SetTime，显示时间 ShowTime；

<2-4>类中数据成员访问属性的确定：为了确保数据成员的访问安全，均使用私有属性；

<2-5>类中操作成员访问属性的确定：为了确保对象能方便地修改时间和显示时间，因此宜将操作成员设为公有属性。

第3步：编写主程序类，在主程序中完成对时钟类对象的定义，通过对象的使用来验证时钟类的正确性。

本章小结

本章通过对程序设计方法学的介绍，明确了程序设计是一门科学，通过讲解结构化程序设计和面向对象程序设计方法，了解结构化程序设计学习是面向对象程序设计学习的前提与基础，同时掌握主流程序设计过程和步骤，这为以后更好地学习程序设计奠定坚实的理论和方法基础，而这些也同样适合其他语言的学习。

1. 什么是程序和程序设计语言？两者之间有什么联系？
2. 程序设计方法学研究的目标是什么？其重要性在哪里？
3. 什么是结构化程序设计方法？
4. 什么是面向对象程序设计方法？
5. 结构化程序设计方法与面向对象程序设计方法的区别是什么？
6. 简述结构化程序设计的基本过程。

第 2 章　算法——程序的关键

在第 1 章中已经介绍了程序设计方法学的基本知识,大家知道通过编写程序可以让计算机解决许多问题。一个程序应包括对数据和数据处理的描述。对数据的描述,即数据结构;对数据处理的描述,即计算机算法。

从程序的本质来看,著名计算机科学家尼克劳斯·威茨教授给出了程序的简单公式:

程序 = 数据结构 + 算法

随着程序设计的深入和软件工程的快速发展,从程序实现方面来看,一个更完整、科学的程序应定义为:

程序 = 算法 + 数据结构 + 程序设计方法 + 语言工具和环境

这 4 个方面的知识是一个程序开发人员应具备的。本章重点讨论基于 C 语言的编程环境和相应的程序设计方法,并不涉及复杂的算法和数据结构。

2.1　算法的含义及其特征

2.1.1　算法的由来

据文献记载,中文名称“算法”出自《周髀算经》,而英文名称“algorithm”由 9 世纪波斯数学家 al-Khwarizmi 首次提出。“算法”原为“algorism”,意思是阿拉伯数字的运算法则,在 18 世纪演变为“algorithm”。欧几里得算法被人们认为是史上第一个算法;第一个编写程序是 Ada Byron 于 1842 年为巴贝奇分析机编写的求解伯努利方程的程序,因此 Ada Byron 被认为是世界上第一位程序员。因为查尔斯·巴贝奇(Charles Babbage)未能完成他的巴贝奇分析机,所以这个算法未能在巴贝奇分析机上执行。由于“Well-Defined Procedure”缺少数学上精确的定义,19 世纪和 20 世纪早期的数学家、逻辑学家在定义算法时遇到了困难。直到 20 世纪英国数学家图灵提出了著名的图灵论题,并提出一种假想的计算机抽象模型,这个模型被称为图灵机。图灵机的出现解决了算法定义的难题,图灵的思想对算法的发展起了重要作用。

2.1.2　算法的含义

算法是程序的重要组成部分。人们做每件事或解决每个问题之前,都要先思考问题完成的顺序或步骤,例如,起床、沏茶、做作业、天气预报等,事实上这些都是按照一定的程序或流程进行的,只是人们不必每次都重复考虑而已。为解决一个问题而采取的方法和步骤称为“算法(algorithm)”,它是明确的一系列解决问题的指令集,算法代表着用系统的方法描述解决问题的策略机制。也就是说,能够对一定规范的输入,在有限时间内获得所要求的输出。如果一个算法有缺陷或不适合于某个问题,执行这个算法将不会解决该问题。不同的算法可能用不同的时间、空间或效率来完成同样的任务。一个算法的优劣可以用空间复杂度与时间复杂度衡量。

计算机算法一般分为两类:一类是进行数值运算的算法,例如,求方程的根,计算积分等;另一类是进行非数值运算的算法,例如,信息检索、排序和画图等。目前,数值运算的算法比较成熟,如气象领域中数值天气预报系统等;而非数值计算的种类繁多,情况各异。本书主要讨论数值运算的算法。

2.1.3 算法的特征

一般地,一个有效的算法应包括5个主要特征。

- 有穷性:一个算法必须总是在执行有限步骤之后结束,即一个算法必须包含有限个操作步骤,而不是无限的。
- 确定性:算法中的每一个步骤应当是确定的,而不是含糊的、模棱两可的,即程序员在阅读算法时不产生二义性;并且在任何条件下,算法只有唯一的一条执行路径,即对于相同的输入只能得到相同的输出。
- 可行性:每一个算法都是可行的,即算法中的每一个步骤都可以有效地执行,并得到确定的结果。
- 有0个或多个输入:所谓输入是指在执行算法时,计算机需从外界取得必要的信息,一个算法可以有多个输入,也可以没有输入。
- 有一个或多个输出:编程的目的是为了求解问题,"解"就是输出。一个算法可以有一个或多个输出,无输出的算法是没有意义的。

2.2 算法的表示

有效、简洁地描述一个计算机求解过程,称为算法的表示。常见的算法表示方法有自然语言表示方法、流程图表示方法、PAD图和伪代码表示方法等。在详细讨论算法表示时,需先了解程序的3种基本结构。

2.2.1 程序的3种基本结构

通常情况下,程序是按顺序一条一条地执行各语句,这种方式称为"顺序执行"。但是,有些程序语言允许程序员指定下一条要执行的语句,即进行控制转移,这使程序的可读性、可维护性、可靠性都大为降低。研究证明,任何单入口和单出口的没有"死循环"的程序都能由3种最基本的控制结构(即顺序结构、选择结构和循环结构)构造出来。

顺序结构就是从头到尾依次执行每一个语句,它严格按照语句的书写顺序从上到下,从左到右执行。

【例2-1】 求任一个数的平方,并输出。

【问题分析】 依题意,可按如下步骤进行:

第1步:从键盘输入一个数;

第 2 步:求此数的平方;

第 3 步:输出平方值。

选择结构是根据不同的条件执行不同的语句或者语句体,分为单分支、二分支和多分支结构。例如,如果明天天气晴好,我就去户外打篮球,否则我就呆在家里看书。显然,多分支结构在执行时,会依据执行时的具体情况一次只执行一个,即不同时刻会执行不同的分支。

循环结构就是重复地执行语句或者语句体,达到重复执行一类操作的目的。常见的循环结构有计数型循环、当型循环、直到型循环。例如,一年中有春、夏、秋、冬 4 个季节,年年如此。

2.2.2　流程图及其表示

为了更加清楚、准确地表示算法,常采用简单明了的图形符号。这里介绍常用的传统流程图符号(见表 2-1)。

表 2-1　常用的传统流程图符号

图形和名称	含　义
起止框	表示程序开始和结束
输入输出框	表示数据的输入输出,有一个入口和一个出口
处理框	表示处理或运算功能,有一个入口和一个出口
判断框	表示判断和选择,有一个入口,两个或多个出口
连接点	表示转向流程图的他处或从他处转入
流程线	表示算法执行路径,箭头表示方向

一个完整的流程图应包括:表示相应操作的框、带箭头的流程线、框内外必要的文字说明。借助流程图符号,程序的 3 种基本结构表示如下。

■ 顺序结构:在图 2-1 中,虚框内表示处理框 B 中代码在处理框 A 中的代码执行完后,方可执行。

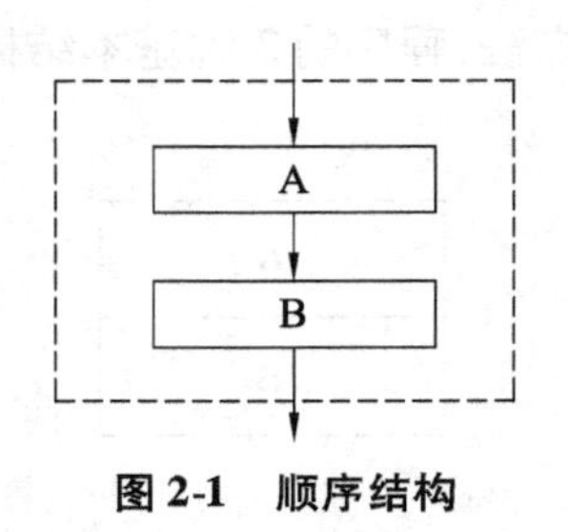

图 2-1　顺序结构

■ 选择结构：在图 2-2 中，虚框表示先对判断框 P 中条件进行判断，再根据判断值的真假，选择相应的处理框执行。图 2-2a 为两分支情形，图 2-2b 为单分支情形。

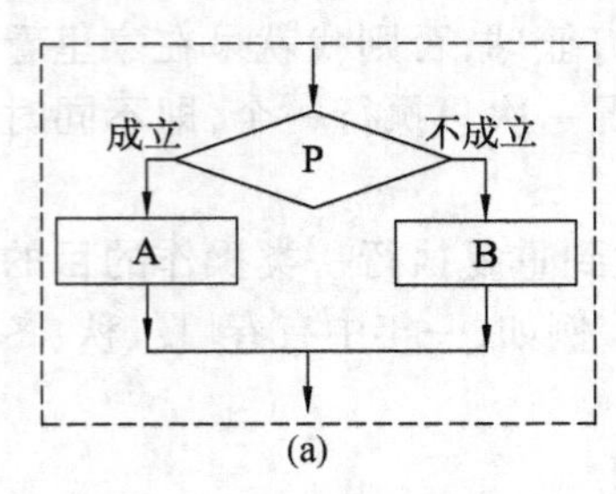

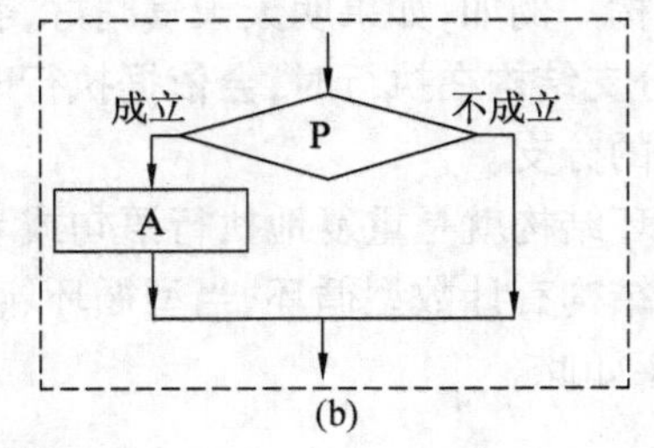

图 2-2　选择结构

■ 循环结构：常分两种情形，一类是先判断条件后执行循环体，如图 2-3a 所示；另一类是先执行循环体后判断条件，如图 2-3b 所示。两者区别在于：前者会出现循环体一次都不执行的情形，而后者至少执行一次。

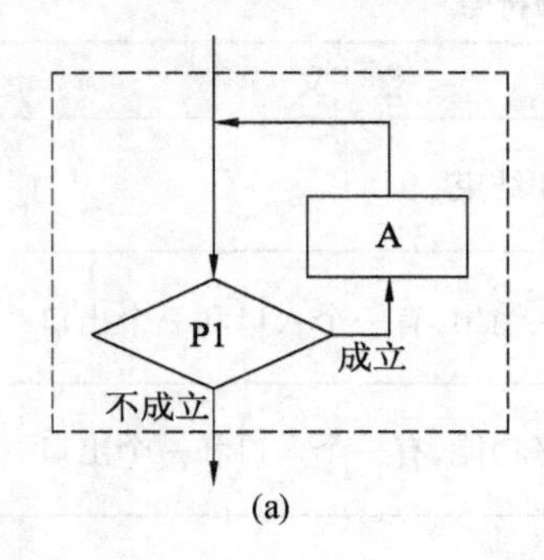

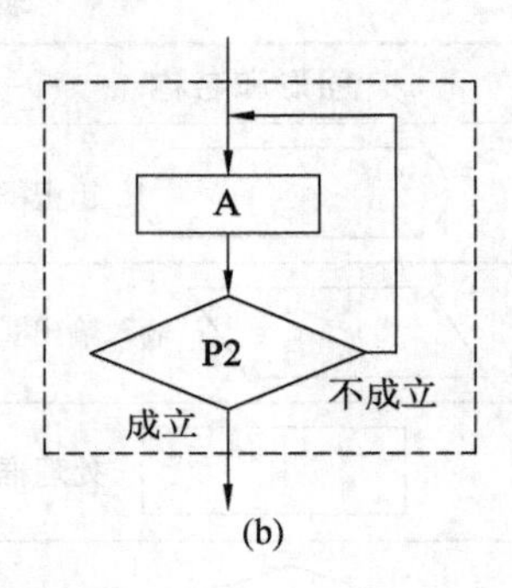

图 2-3　循环结构

从 3 种基本结构的流程图来看，它们具有如下共同特点：① 只有一个入口；② 只有一个出口；③ 结构内的每一部分都有可能被执行到；④ 结构内不存在“死循环”。

2.2.3　N－S 图及其表示

1973 年美国学者提出了一种新型流程图——N－S 流程图，它是对传统流程图的改造。其与传统流程图的最大区别是不允许使用流程线，好处是使流程更加规范、清晰，避免了频繁使用流程线导致流程凌乱的弊端。特别是当求解问题相对复杂时，传统流程图必然十分复杂和凌乱，此时建议采用 N－S 流程图；简单的流程图可依程序员的喜好来选择表示方法。

依据 N－S 流程图的表示方法，程序的 3 种基本结构表示如下。

■ 顺序结构：

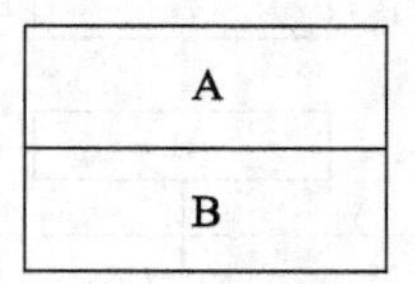

■ 选择结构：

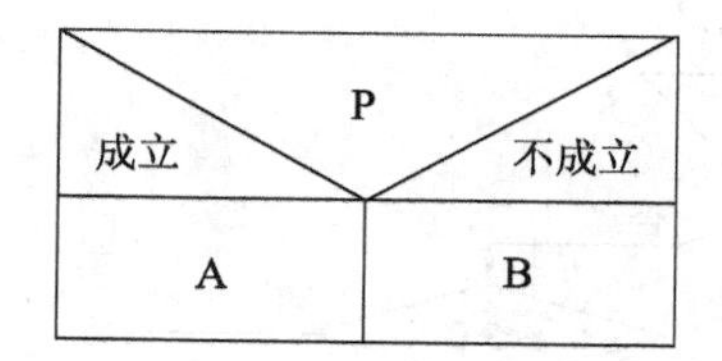

■ 循环结构：

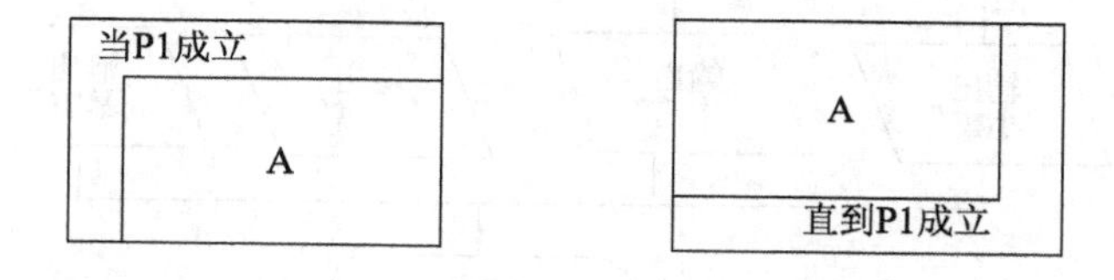

2.3 简单算法举例

【例 2-2】 根据降雪量的大小可分为小雪、中雪、大雪和暴雪 4 个等级。通常作如下规定：

（1）小雪：12 小时内降雪量 < 1.0 mm；

（2）中雪：1.0 mm≤12 小时内降雪量 < 3.0 mm；

（3）大雪：3.0 mm≤12 小时内降雪量 < 6.0 mm；

（4）暴雪：12 小时内降雪量≥6.0 mm。

从键盘上接收一个 12 小时内降雪量值，输出下雪的等级。

【问题分析】 ① 依题意，先给出求解的步骤。

第 1 步：定义接收降雪量的实数型变量 r，并从键盘接收正实数，存入 r 中；

第 2 步：若 r < 1.0，则输出“小雪”并转第 6 步；

第 3 步：若 r < 3.0，则输出“中雪”并转第 6 步；

第 4 步：若 r < 6.0，则输出“大雪”并转第 6 步；

第 5 步：输出“暴雪”；

第 6 步：算法结束。

【说明】 此处没有考虑数据的合法性，实际应用中需对输入的数据进行合法性检查。请思考，为什么在第 3 步和第 4 步时，没有像题目中(2)和(3)一样的不等式？

② 传统流程图表示如图 2-4 所示。

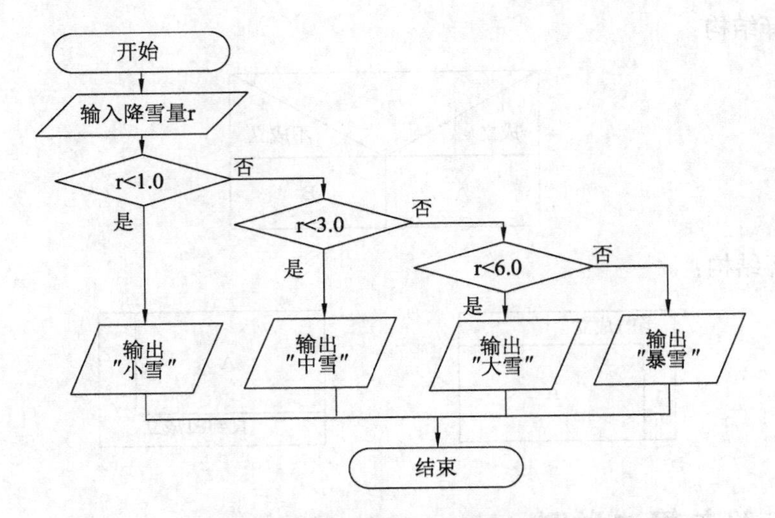

图 2-4　降雪量等级判定的传统流程图

③ N－S 图表示如图 2-5 所示。

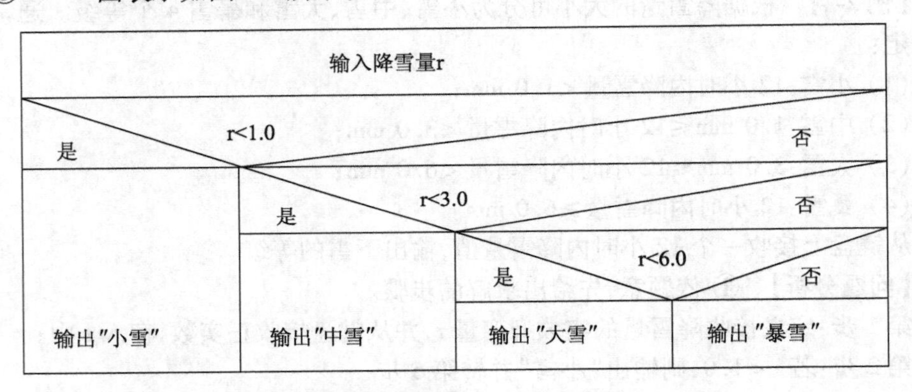

图 2-5　降雪量等级判定的 N－S 流程图

【例 2-3】　写一个算法输入南京市 2013 年 7 月份每天的平均气温，求出这个月的平均气温并输出。

【问题分析】　① 依题意，先给出求解的步骤。

第 1 步：定义一个含有 31 个元素的实数型数组 T，温度总和的实数型变量 SumT，平均温度的实数型变量 AvgT 等；

第 2 步：借助循环，从键盘接收每天的平均气温值；

第 3 步：借助循环，统计这个月的温度总和；

第 4 步：用温度总和 SumT 除以 31 天，得该月的平均气温 AvgT；

第 5 步：输出平均气温 AvgT；

第 6 步：算法结束。

对第 2 步进一步细化：

第 2.1 步：循环变量初始化 day = 1；

第 2.2 步：接收一个温度，并存入相应温度数组元素 T[day]中；

第 2.3 步：day = day + 1；

第 2.4 步：如果 day 不大于 31，则转第 2.2 步；

第 2.5 步：输入结束。

对第 3 步进一步细化：

第 3.1 步：循环变量初始化 day = 1；

第 3.2 步：从温度数组中读取 T[day]元素，并累加到 SumT；

第 3.3 步：day = day + 1；

第 3.4 步：如果 day 不大于 31，则转第 3.2 步；

第 3.5 步：统计结束。

【说明】 此处未考虑数据的合法性，实际应用中需对输入的数据进行合法性检查。

② 传统流程图表示如图 2-6 所示。

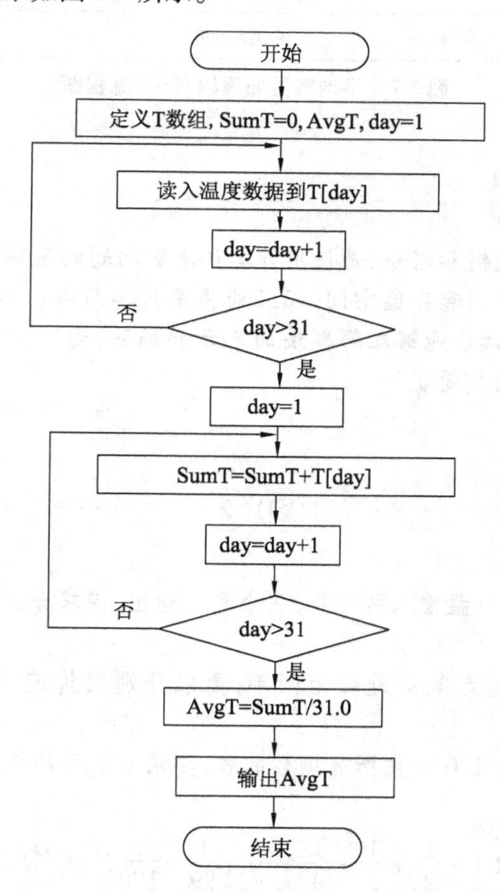

图 2-6 平均气温处理的传统流程图

③ N－S 图表示如图 2-7 所示。

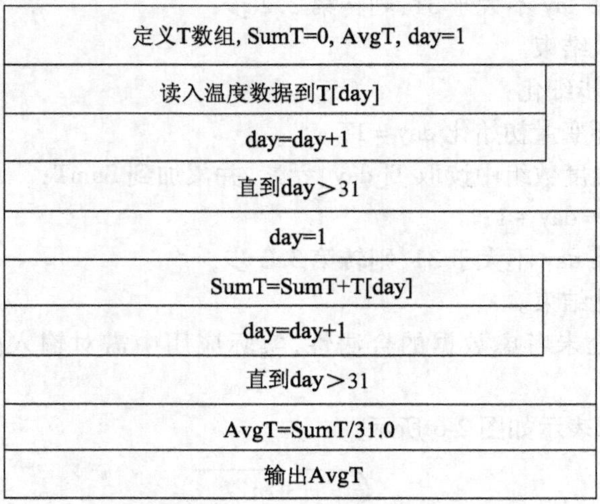

定义T数组, SumT=0, AvgT, day=1
读入温度数据到T[day]
day=day+1
直到day＞31
day=1
SumT=SumT+T[day]
day=day+1
直到day＞31
AvgT=SumT/31.0
输出AvgT

图 2-7　平均气温处理的 N－S 流程图

本章小结

算法是程序的关键和思想，是使用计算机求解问题的思路和步骤，一个好的算法不仅能节省计算时间和存储空间，而且能提高计算质量。本章重点阐述了常见的算法表示方法，使读者能够理解算法的表示和描述，为下一步的编程打下基础，更有利于提高编程的质量。

习题 2

1. 写一个算法，从键盘输入两个数，从小到大输出，要求分别用传统流程图和 N－S 流程图表示。

2. 写一个算法，判定某年是否为闰年，要求分别用传统流程图和 N－S 流程图表示。

3. 写一个算法，求 100 以内所有偶数的和，要求分别用传统流程图和 N－S 流程图表示。

4. 写一个算法，求 $1-\frac{1}{2}+\frac{1}{3}-\frac{1}{4}+\cdots+\frac{1}{99}-\frac{1}{100}$ 的值，要求分别用传统流程图和 N－S 流程图表示。

第3章 程序设计过程

通过前两章的学习,大家一定非常憧憬编程带来的乐趣,但在这之前还需了解如何完成一个程序的编写工作,需要经历哪些必要的环节,懂得编程环节又需要在什么样的环境下完成等。下面针对上述问题,详细地介绍高级语言编译器基本知识以及程序设计的基本过程。

3.1 高级语言与编译器

为便于程序员与计算机交流,计算机专家在不同时期,针对不同的应用领域设计了许多种计算机语言。总的来说,程序设计语言经历了由低级向高级的发展,从最初的机器语言、汇编语言,发展到较高级的程序设计语言直至今天的第四代、第五代高级语言。高级程序设计语言以人为本,面向自然表达,易学、易用、易理解、易修改等优势加速了程序设计语言的发展。计算机语言的发展和应用大大提高了计算机的功能和效率,促进了计算机的普及使用,在计算机科学发展史上是一个重要的里程碑。

计算机的快速发展和应用普及除了计算机硬件本身发展迅速的因素外,更为重要的因素是计算机软件的飞速发展,多数计算机用户直接通过高级程序设计语言来实现使用计算机的意图和目的。高级程序设计语言具有很强的表达能力,可方便地表示数据的运算和程序的控制结构,能更好地描述各种算法,而且易于学习掌握。但是就目前而言,计算机硬件自身根本不懂 C,FORTRAN,BASIC,Pascal,Java 等高级语言,机器不能直接执行用高级语言编写的程序,因为机器语言是计算机唯一能直接识别的语言。

高级程序设计语言是人和计算机交互的媒介。那么,如何使一个用高级语言编写的程序能够在只认得机器语言的计算机上执行呢?这就需要由从事计算机软件工作的人员搭一座桥梁,使其成为沟通计算机硬件与用户的渠道,这个桥梁即为“编译程序”,亦称“语言处理程序”。通过编译程序的翻译处理工作,机器才能执行高级语言编写的程序。编译程序所起的桥梁作用,可类比为两个不同语言的人借助翻译进行交流,不同之处在于编译程序是一个单向的翻译。确切地讲,把用某一种程序设计语言编写的源程序翻译成等价的另一种语言书写的目标程序的程序,称为编译程序(Complier)或翻译程序(Translator)。简单地说,编译程序是一个翻译程序,它是程序设计语言的支持工具或环境。术语“编译”的内涵是实现从源语言表示的算法向目标语言表示的算法的等价变换。

定义1 源程序是用源语言编写的程序,源语言是用来编写源程序的语言,如C语言。

定义 2　目标程序是源程序经过编译程序翻译后生成的程序，常用类似汇编语言的中间语言表示。

定义 3　可执行程序是对目标程序经过链接后生成的可直接执行的程序，用机器语言表示。

高级语言、源程序、编译器和可执行程序的关系，如图 3-1 所示。

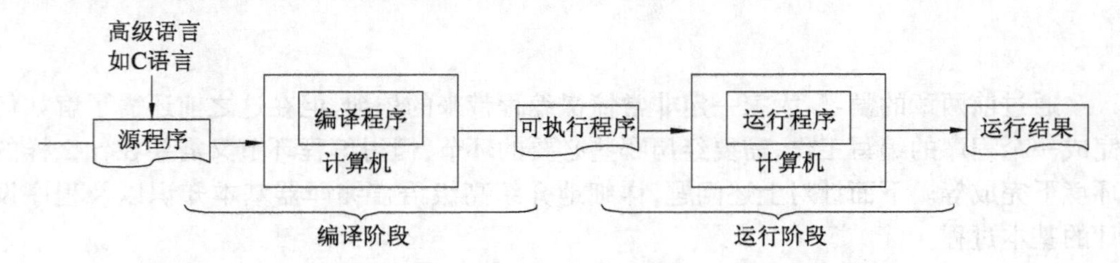

图 3-1　高级语言、源程序、编译器和可执行程序间的关系

3.2　程序设计过程

由于 C 语言是一种编译型的高级计算机语言，描述解决问题算法的 C 语言源程序文件约定的扩展名为. C(注：在 Visual C++6.0 环境下，扩展名为. CPP)。编写好源程序后，首先必须用相应的 C 语言编译程序编译，编译成功后形成相应的中间目标程序文件(. OBJ)，然后再用链接程序将该中间目标程序文件与有关的库文件(. LIB)和其他有关的中间目标程序文件链接起来，形成最终可以在操作系统平台上直接运行的二进制形式的可执行程序文件(. EXE)。具体来说，包括以下几个详细的步骤。

(1) 源程序编辑(Edit)：使用文字处理软件或编辑工具将源程序以文本文件形式保存到磁盘，源程序文件名由用户自已选定，但扩展名须为“. C”，例如记为 Hello. C。编写源程序时，必须注意严格按照 C 语言的语法规则，特别注意编辑程序是否添加了格式字符，切忌出现不允许的特殊字符，例如全角或中文的字符。因此，最好不要使用 Word 之类的编辑软件编辑源程序，建议采用类似 NotePad 记事本的纯文本编辑器。

(2) 编译(Compile)：编译的功能就是调用“编译程序”，将第(1)步形成的源程序文件(Hello. C)作为编译程序的输入并进行编译。编译程序会自动语法分析、检查源程序的语法错误。若存在错误，则报告两类错误类型：警告(Warning)和严重错误(Error)，并给出出错所在行和可能的原因。用户根据报告信息修改源程序，再编译，直到程序语法正确为止。编译成功后生成中间目标程序文件，如记为 Hello. OBJ。

(3) 链接(Link)：编译后产生的目标程序往往形成多个模块，还要和库函数进行链接才能运行，链接过程是使用系统提供的“链接程序”运行的。使用链接程序，将第(2)步形成的中间目标文件(Hello. OBJ)与所指定的库文件和其他中间目标文件链接，这期间可能出现缺少库函数等类型的链接错误，同样链接程序会报告错误信息。用户根据错误报告信息再次修改源程序，再编译，再链接，直到程序正确无误，方可生成可执行文件，如记为 Hello. EXE。

(4) 运行(Run):第(3)步完成后,就可以运行可执行文件(Hello. EXE)。若执行结果达到预期的目的,则编程工作到此完成。若执行结果未达预期目的,则可能是由于解决问题的算法不符合题意而使源程序具有逻辑错误,得到错误的运行结果;或者由于语义的错误,例如程序运行时,出现用0做除数,导致运行时错误。这就需要检查算法中的问题,重新从编写源程序阶段开始修改源程序,直到取得最终的正确结果。

(5) 调试和测试(Debug & Test):为最大限度地确保编写程序的正确性,需要设计合理且有效的测试用例,进行全面、细致而艰苦的调试和测试工作,必要时需单步跟踪程序的运行。

实际上,程序设计过程也是一个排除错误的过程,错误常包括语法错误、功能(逻辑)错误、运行异常错误。这3类错误发生的时期和排除错误的技巧方法均不同。

语法错误发生在编译阶段,没有语法错误的程序仅称为一个合式的程序,即符合特定语言规范的源代码;若发生错误,参考特定编程语言的规范修改即可。

功能(逻辑)错误发生在程序编译成功后的执行阶段,当输入测试用例后,程序运行结果与程序员期待结果不一致,如题目要求计算两个数的和,可程序实现时计算了两个数的乘积。对这类错误的排除关键在于找到错误的原因,因此需借助运行结果不正确的测试用例对程序进行跟踪和调试。

运行异常错误指的是编写程序时忽略了对一些边界条件、特定情况的处理,导致异常。这类错误的排除需在程序中添加异常处理代码。3类错误中最难处理的是功能错误。3类程序错误间的比较总结见表3-1。

表3-1 3类程序错误间的比较

错误类别	发生阶段	排除方法	难易程度
语法错误	编译阶段	参考语言规范	编译器会自动指出,排除难度低
功能错误	运行阶段	借助测试用例,调试和跟踪程序	依赖程序员的经验和对出错的敏感性等,排除难度高
运行异常	运行阶段	增加异常处理代码	关键在于找出可能发生异常的代码,排除难度中等

以Hello程序为例举例说明程序设计过程,如图3-2所示。

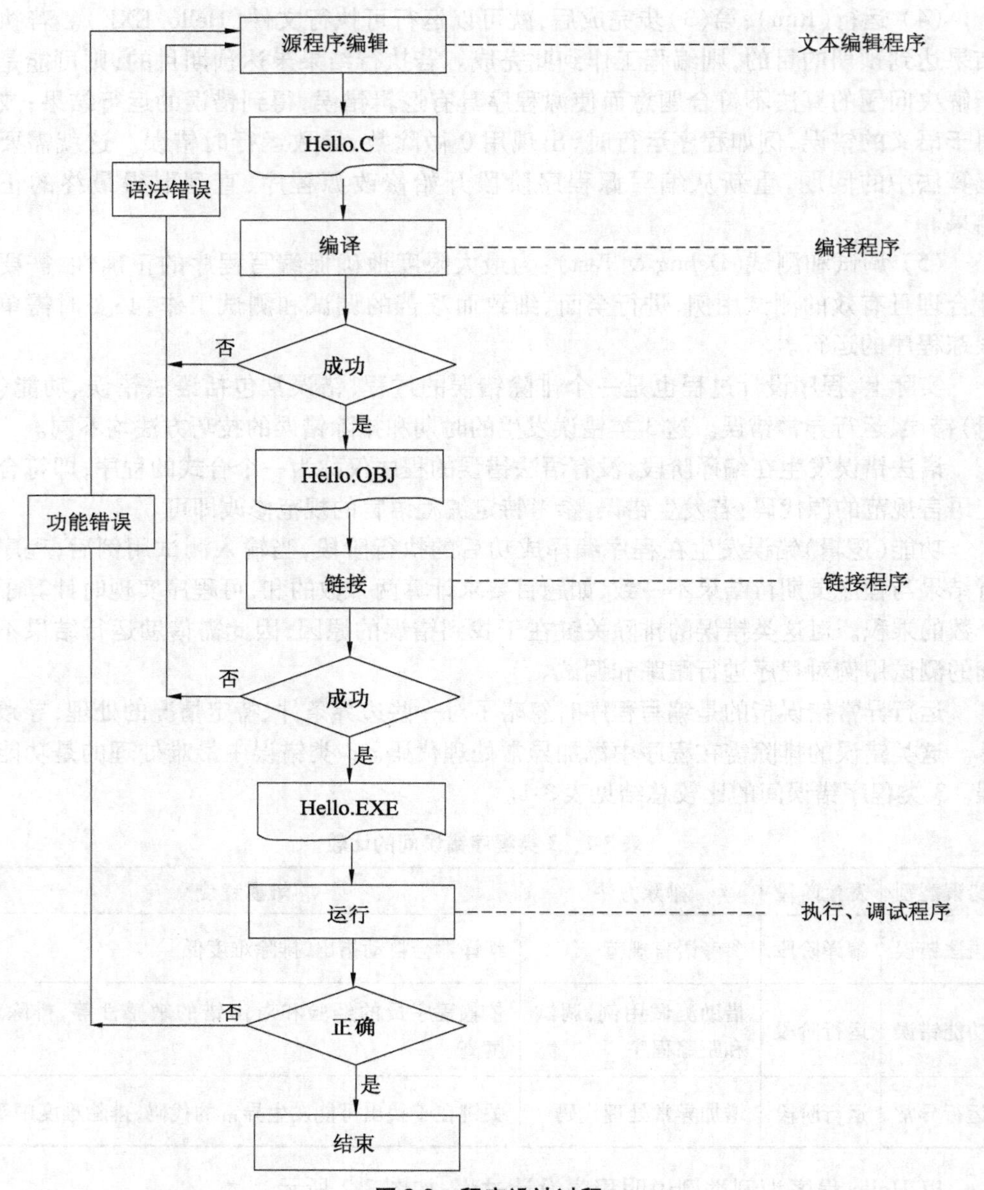

图 3-2　程序设计过程

本章小结

本章通过实例，借助不同的编译环境详细讲解程序设计过程中涉及的各个环节。掌握程序设计的各个环节和如何在不同的编译器中实现，这些将为后面的程序设计学习打下坚实的实践基础，同时也为其他语言的学习提供借鉴。

1. 简述C语言程序设计的主要步骤及其作用。
2. 什么样的程序称为正确的程序？通常编程会出现哪些类型的错误？
3. 在Visual C++6.0上，编程实现如下的图形：

```
   *
  ***
 *****
*******
```

第4章 相关的程序设计基础知识

计算机进行信息处理的一般过程是：使用者针对要解决的问题，根据设计好的算法编制程序，并将其存入计算机内；利用存储程序指挥、控制计算机自动进行各种操作；获得预期的处理结果。为更好地编出合法而又高效的程序代码，程序员需掌握必备的程序设计基础知识，此部分内容在一般计算机基础课程中都有介绍，读者可根据实际情况和需要选读；本章4.2和4.3节的内容建议先了解，随后续章节学习的深入再进行全面学习。

4.1 基本的软硬件知识

4.1.1 基本的软件知识

为了更好地学习C语言程序设计，有必要了解必需的基本软件知识，包括数制系统、数据的编码与表示等相关内容。

在计算机中，无论是数值型数据还是非数值型数据都是以二进制形式存储的，即无论是参与运算的数值型数据，还是文字、图形、声音、动画等非数值型数据，都采用0和1组成的二进制代码表示。计算机之所以能区别这些不同的信息，是因为它们采用不同的编码规则。

1. 数制系统

在日常生活中，人们使用最多的数制是十进制。在计算机中由于所有的电器元件只有两个稳定的状态，因此可用这两个状态来模拟二进制数中的“0”和“1”。计算机采用二进制数主要有以下优势：所需状态数少，物理上容易实现，可靠性强，运算简单，通用性强，便于使用逻辑代数。

无论哪种进位制数都有两个共同的特点，即按基数来进借位、用位权值来计数。

（1）基数（Radix）

一种进位制所包含的基本数码的个数称为该数制的基数，用R表示。如十进制数（Decimal）所包含的数码分别为0，1，2，…，9，个数为10，即基数R为10。类似可得，二进制数（Binary）的基数R为2，八进制数（Octal）的基数R为8，十六进制数（Hex）的基数R为16。

在C语言编程中，常接触的几种数制系统见表4-1。

表 4-1　常用的几种数制系统

数制系统	R	位　权	计数特点	数　码
十进制	10	$\cdots, 10^2, 10^1, 10^0, 10^{-1}, 10^{-2}, \cdots$	逢十进一、借一当十	0,1,2,3,4,5,6,7,8,9
二进制	2	$\cdots, 2^2, 2^1, 2^0, 2^{-1}, 2^{-2}, \cdots$	逢二进一、借一当二	0,1
八进制	8	$\cdots, 8^2, 8^1, 8^0, 8^{-1}, 8^{-2}, \cdots$	逢八进一、借一当八	0,1,2,3,4,5,6,7
十六进制	16	$\cdots, 16^2, 16^1, 16^0, 16^{-1}, 16^{-2}, \cdots$	逢十六进一、借一当十六	0,1,2,3,4,5,6,7,8,9,A,B,C,D,E,F

（2）位权

为叙述方便，进位制数的表示常遵循如下 3 种不同约定：① 不用括号及下标的数默认为十进制数，如 324.56，1286 等均为十进制数；② 习惯上在数后面加字母 D（十进制），B（二进制），O（八进制），H（十六进制）来表示相应进位制的数；③ 用带括号的下标表示相应进位制的数。

【例 4-1】　十进制数 12.34 的表示方法为

$$12.34 = 12.34\text{D} = (12.34)_{10}$$

任何一个 R 进制数都是由一串数码表示的，其中每一位数码所表示的实际值大小，除数码本身的数值外，还与它所处的位置有关，由位置决定的值称作位权值。位权值用基数 R 的幂次（$\cdots, R^2, R^1, R^0, R^{-1}, R^{-2}, \cdots$）表示。

【例 4-2】　某一个二进制数为 1101.01，其表示的值为

$$(1101.01)_2 = 1\times2^3 + 1\times2^2 + 0\times2^1 + 1\times2^0 + 0\times2^{-1} + 1\times2^{-2} = (13.25)_{10}$$

（3）不同数制的相互转换

① R 进制数到十进制数转换

方法：按位权展开求和法，即将数中的各位数字与它所在的位权值相乘后累加，得到的数就是等值十进制数。具体表示为

$$(a_m a_{m-1}\cdots a_0 a_{-1}\cdots a_{-n})_R = a_m\times R^m + a_{m-1}\times R^{m-1} + \cdots + a_0\times R^0 + a_{-1}\times R^{-1} + \cdots + a_{-n}\times R^{-n}$$

若以二进制数为例，参见例 4-2。

② 十进制数到 R 进制数转换

方法：要将一个十进制数转换成 R 进制数，必须分两部分进行，即整数部分“除 R 取余”，小数部分“乘 R 取整”。

整数部分“除 R 取余”就是将十进制数的整数部分除以 R，得到一个商数和一个余数；再将商数除以 R，又得到一个商数和一个余数；继续这个过程，直到商数等于 0，每次得到的余数（必定是 0，1，…，R－1）对应 R 进制数的各位数字。但需注意，第一次得到的余数为 R 进制数的最低位，最后一次得到的余数为 R 进制数的最高位。

小数部分“乘 R 取整”就是将十进制数的小数部分乘以 R，将所得的积取出整数，余下的小数部分再乘以 R 所得的积取出整数，以此类推，直至小数部分为 0 或转换到指定位数的小数。每次得到的整数（必定是 0，1，…，R－1）对应 R 进制数小数部分的各位数字。

需要注意的是，整数部分的转换是没有误差的，而小数部分的转换可能存在一定的

误差，且误差会随转换次数的增加逐渐减少。请思考这是为什么？

【例 4-3】 将一个十进制数 13.25 转换为等值的二进制。

【问题分析】 转换过程如图 4-1 所示。

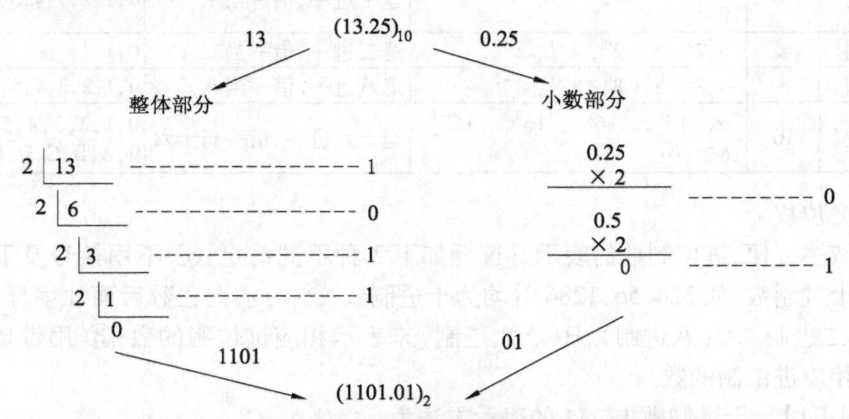

图 4-1　十进制数 13.25 转换为等值二进制数的过程

2. 数据的编码与表示

计算机存储器中存储的都是由“0”和“1”组成的信息，但它们分别代表不同的含义：有的表示机器指令，有的表示二进制数，有的表示英文字母，有的则表示汉字，还有的可能表示色彩与声音。存储在计算机中的信息采用各自不同的编码方案，即使同一类型的信息也可以采用不同的编码形式。

计算机除了用于数值计算之外，还用于进行大量的非数值数据的处理，但各种信息都是以二进制编码的形式存在的。计算机中的编码主要分为数值型数据编码和非数值型数据编码。

（1）数值型数据编码与表示

① 计算机中数据的存储单位

- 位（Bit）：位是计算机中最小的数据单位，是二进制的一个数位，简称位（比特）。1 个二进制位的取值只能是 0 或 1。
- 字节（Byte）：字节是计算机中存储信息的基本单位，规定将 8 位二进制数称为 1 个字节，即 1 Byte 为 8 Bit。
- 字（Word）：字是多个字节的组合，并作为一个独立的信息单位处理。字又称为计算机字，它的含义取决于机器的类型、字长以及用户的要求。常用的固定字长有 8 位、16 位、32 位等。
- 字长：一个字可由若干个字节组成，通常将组成一个字的二进制位数称为该字的字长。在计算机中通常用“字长”表示数据和信息的长度。如 8 位字长与 16 位字长表示数的范围是不一样的。

② 数值型数据的机器数表示方法

- 原码：是一种直观的二进制机器数表示形式，其中最高位表示符号。最高位为“0”表示该数为正数，最高位为“1”表示该数为负数，有效值部分用二进制数绝对值表示。

【例4-4】　设某机器数表示的字长为16位，则

$(+11)_{10}$的原码为$(00000000\ 00001011)_2$；

$(-11)_{10}$的原码为$(10000000\ 00001011)_2$。

■ 反码：是一种中间过渡的编码，其作用是计算补码。反码的编码规则是：正数的反码与其原码相同，负数的反码是该数的绝对值所对应的二进制数按位求反。

【例4-5】　设某机器数表示的字长为16位，则

$(+11)_{10}$的反码为$(00000000\ 00001011)_2$；

$(-11)_{10}$的反码为$(11111111\ 11110100)_2$。

■ 补码：正数的补码等于该数的原码，负数的补码为该数的反码加“1”。

【例4-6】　设某机器数表示的字长为16位，则

$(+11)_{10}$的补码为$(00000000\ 00001011)_2$；

$(-11)_{10}$的补码为$(11111111\ 11110101)_2$。

在计算机中，所要处理的数值数据可能带有小数，根据小数点的位置是否固定分为定点数和浮点数两种。定点数是指在计算机中小数点的位置固定不变的数，又分为定点整数和定点小数两种。应用浮点数的主要目的是为了扩大实数的表示范围。限于篇幅，此处不作赘述。

(2) 非数值型数据的表示

在计算机中，通常用若干位二进制数代表一个特定的符号，用不同的二进制数据代表不同的符号，并且二进制代码集合与符号集合一一对应，这就是计算机的编码原理。常见的符号编码如下。

① ASCII码

ASCII码(American Standard Code for Information Interchange，美国信息交换标准代码)诞生于1963年，是一种比较完整的字符编码，现已成为国际通用的标准编码，广泛应用于计算机与外设间的通信。

ASCII码编码规则介绍如下。

■ 标准ASCII码：使用7位二进制位对字符进行编码，标准的ASCII字符集共有128个字符，其中有96个可打印字符，包括常用的字母、数字、标点符号等，另外还有32个控制字符。ASCII码虽是7位编码，其实也是用8位表示，即因当时传输的线路不稳定，最高位没有参与字符编码，而作为数据校验位。

■ 扩展ASCII码：使用8位二进制位对字符进行编码。因标准ASCII码只用了字节的低7位，最高位并没有作为信息位使用，后来为扩充字符，采用扩展ASCII码(Extended ASCII)，将最高的1位也编入这套编码中，成为8位的扩展ASCII码。这套编码加上了许多外文和表格等特殊符号，成为目前常用的编码。

每个标准ASCII码以1个字节(Byte)存储，0～127代表不同的常用符号。

为提高编程和阅读程序的效率，应快速熟练地记住常见的ASCII码值。在这里介绍3条简单规则，以快速熟练地记住64个以上字符。

一是由于大、小写英文字母都是按字母顺序连续编码的，且小写字母ASCII值比相应大写字母大20H(或32)，因此只需记住大写A的ASCII值为65即可。例如大写A的ASCII码值是65，则大写D为68，小写b为98等，共计52个字符。

二是10个阿拉伯数字也是按顺序连续编码的，因此只需记住数字0的ASCII值为48即可。例如数字0的ASCII码值是48，则数字3为51，数字9为57等，共计10个字符。

三是需记住常输入的字符，如空格为32，回车为13，换行为10等。

完整的ASCII字符集参见本书的附录A。

② 汉字编码

由于我国使用的汉字是独体字，不是像英文单词由26个字母的不同组合构成，因此在用计算机进行汉字处理时，同样也必须对汉字进行编码。但汉字编码又区别于ASCII码，因汉字的种类与西文字符的种类相比要大得多，所以需采用更多的位表示。下面以国标区位码为例介绍一种汉字编码。

1980年，我国颁布了《信息交换用汉字编码字符集——基本集》，即国家标准GB 2312－80方案，该方案规定用两个字节的16个二进制位表示一个汉字，每个字节都只使用低7位（与标准ASCII码相同），即有128×128＝16384种状态。由于ASCII码的34个控制代码在汉字系统中也要使用，为不至于发生冲突，因此它们不能作为汉字编码，所以汉字编码表中共有94（区）×94（位）＝8836个编码，用以表示国标码规定的7745个汉字和图形符号。

每个汉字或图形符号分别用两位的十进制区码（行码）和两位的十进制位码（列码）表示，不足的地方补0，组合起来就是区位码。将区位码按一定的规则转换成的二进制代码称为信息交换码（简称国标区位码）。国标码共有汉字6763个（一级汉字是最常用的汉字，按汉语拼音字母顺序排列，共3755个；二级汉字属于次常用汉字，按偏旁部首的笔画顺序排列，共3008个），数字、字母、符号等682个，共7445个。

4.1.2 基本的硬件知识

微型计算机是计算机家族的一个重要成员，简称微机。它是应用最普及、最广泛的计算机。微机系统与传统的计算机系统一样，都是由硬件系统和软件系统两大部分组成的。为了更好地学习C语言程序设计，有必要了解必须的基本硬件知识，包括计算机的硬件组成、计算机的基本工作原理等内容。

1. 基本的硬件组成

按照美籍匈牙利科学家冯·诺依曼提出的“存储程序”工作原理，计算机的硬件通常由运算器、控制器、存储器、输入设备和输出设备五大部分组成，如图4-2所示。

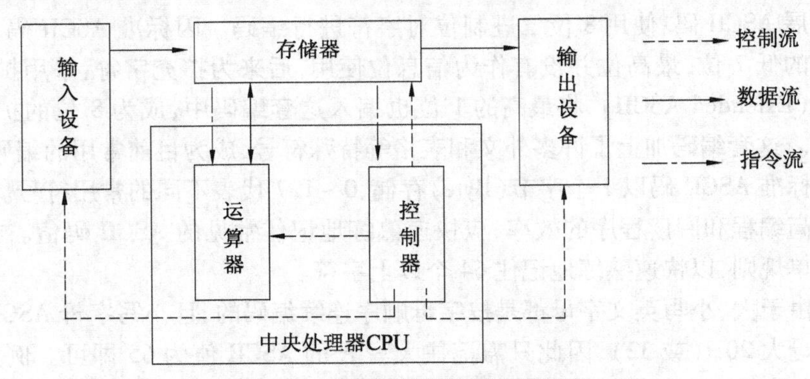

图4-2 计算机的硬件组成原理图

冯·诺依曼型计算机的基本思想如下：

■ 计算机由运算器、控制器、存储器、输入设备和输出设备五大部分组成。
■ 数据和程序以二进制代码形式存放在存储器中，存放的位置由地址确定。
■ 控制器根据存放在存储器中的指令序列（程序）进行工作，并由一个程序计数器控制。
■ 指令执行时，控制器具有判断能力，能以计算结果为基础，选择不同的工作流程。

（1）存储器

存储器是用来存储数据和程序的部件。计算机中的信息都是以二进制代码形式表示的，必须使用具有两种稳定状态的物理器件来存储信息。这些物理器件主要包括磁芯、半导体器件、磁表面器件等。根据功能的不同，存储器一般分为主存储器和辅存储器两种类型。

① 主存储器

主存储器（简称主存或内存）用来存放正在运行的程序和数据，可直接与运算器及控制器交换信息。按照存取方式，主存储器又可分为随机存取存储器 RAM 和只读存储器 ROM 两种。

主存储器由许多存储单元组成，全部存储单元按一定顺序编号，称为存储器的地址。存储器采取按地址存（写）取（读）的工作方式，每个存储单元存放一个单位长度的信息。

② 辅存储器

辅存储器（简称辅存或外存）用来存放多种大信息量的程序和数据，可以长期保存，其特点是存储容量大、成本低，但存取速度相对较慢。外存储器中的程序和数据不能直接被运算器、控制器处理，必须先调入内存储器。目前广泛使用的微型机外存储器主要有硬磁盘、光盘、SD 卡和 U 盘等。

（2）运算器

运算器是整个计算机系统的计算中心，主要由执行算术运算和逻辑运算的算术逻辑单元（ALU）、存放操作数和中间结果的寄存器组以及连接各部件的数据通路组成，用以完成各种算术运算和逻辑运算。

在运算过程中，运算器不断得到由主存储器提供的数据，运算后又把结果送回到主存储器进行保存。整个运算过程是在控制器的统一指挥下，按程序中编排的操作顺序进行的。

（3）控制器

控制器是整个计算机系统的指挥中心，主要由程序计数器（PC）、指令寄存器（IR）、指令译码器（ID）、时序控制电路和微操作控制电路等组成。在系统运行过程中，不断地生成指令地址、取出指令、分析指令、向计算机的各个部件发出微操作控制信号，指挥各个部件高速协调地工作。

在微机硬件设计中，通常将运算器和控制器合二为一，称为中央处理器（CPU）。CPU 是计算机的核心部件，它和主存储器都是信息加工处理的主要部件。

（4）输入设备

输入设备用于输入计算机所要处理的数据、字符、文字、图形、图像和声音等信息，以及处理这些信息所必需的程序，并将它们转换成计算机能接受的形式（二进制代码）。常见的输入设备有键盘、鼠标、触摸屏、扫描仪、麦克风等。

(5) 输出设备

输出设备用于将计算机处理结果或中间结果以人们可识别的形式（如显示、打印、绘图）表达出来。常见的输出设备有显示器、打印机、绘图仪、音响设备等。

2. 计算机的工作原理

随着时代的进步和发展，计算机的应用无处不在，乍看计算机神通广大，可其实很“笨”。它实际上只会判断电器元件的“通”、“断”两种状态。于是，人们用二进制数中的1代表通，用0代表断，由1和0构成的指令集就是计算机能够直接读懂的语言程序。

(1) 计算机的指令系统

指令是能被计算机识别并执行的二进制代码，它规定了计算机能完成的某一种操作。例如，加、减、乘、除、存数、取数等都是一个基本操作，分别用一条指令来实现。一台计算机所能执行的所有指令的集合称为该计算机的指令系统。

计算机硬件只能识别并执行机器指令，用高级语言编写的源程序必须由程序语言翻译系统把它们翻译为机器指令后，计算机才能执行。

计算机指令系统中的指令有规定的编码格式。一般一条指令可分为操作码和地址码两部分。其中操作码规定了该指令进行的操作种类，如加、减、存数、取数等；地址码给出了操作数地址、结果存放地址以及下一条指令的地址。指令的一般格式如图4-3所示。

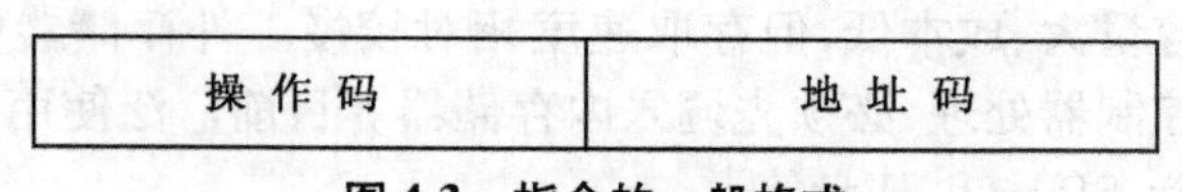

图4-3　指令的一般格式

(2) 计算机的基本工作原理

计算机在工作过程中主要有两种信息流：数据信息和指令控制信息。数据信息指的是原始数据、中间结果、结果数据等，这些信息从存储器读入运算器进行运算，所得的计算结果再存入存储器或传送到输出设备。指令控制信息是由控制器对指令进行分析、解释后向各部件发出的控制命令，指挥各部件协调地工作。

指令的执行过程如图4-4所示。其中，左半部是控制器，包括指令寄存器、指令计数器、指令译码器等；右上部是运算器，包括累加器、算术与逻辑运算部件等；右下部是内存储器，用来存放程序和数据。

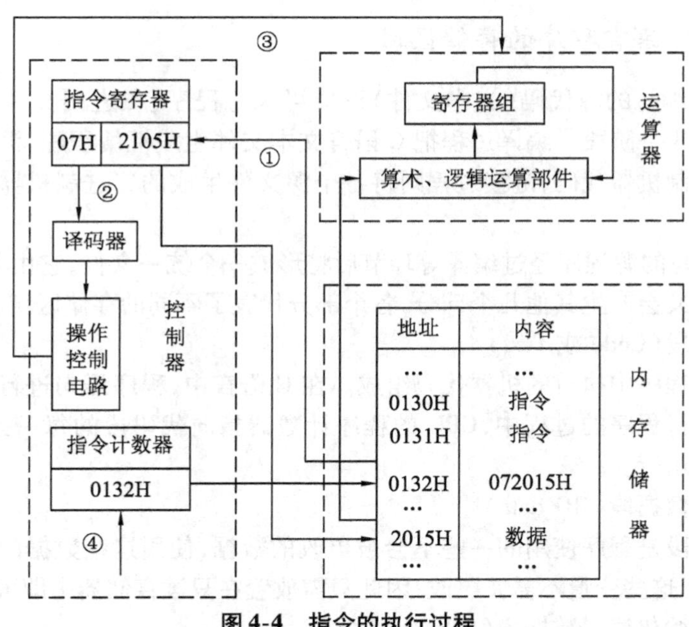

图 4-4 指令的执行过程

下面以指令的执行过程简单说明计算机的基本工作原理。指令的执行过程可分为以下 3 个步骤。

① 取出指令。按照指令计数器中的地址(图中为“0132H”),从内存储器中取出指令(图中的指令为“072015H”),并送往指令寄存器中。

② 分析指令。对指令寄存器中存放的指令(图中的指令为“072015H”)进行分析,由操作码(“07H”)确定执行什么操作,由地址码(“2015H”)确定操作数的地址。

③ 执行指令。根据分析的结果,由控制器发出完成该操作所需要的一系列控制信息去完成该指令所要求的操作。

执行指令的同时指令计数器加 1,为执行下一条指令做好准备,若遇到转移指令,则将转移地址送入指令计数器。重复以上 3 步,遇到停机指令结束。

4.2 程序在内存中的布局

用某一计算机编程语言编写的源程序,需经成功编译、汇编和连接后,方可生成可执行程序。在运行时,可执行程序在内存中又是如何布局的呢? 深入了解程序在内存中的布局情况,将加深对程序的认识,更好地掌握程序设计的思想,编写出更优秀的程序。为叙述方面,本节以 C 语言为例,介绍可执行程序的内存布局情况。

C 语言程序在计算机的运行过程中,基本变量、数组、指针、结构体等各种数据结构均在内存中占有临时空间,各种程序中的操作在内存中均表现为对内存相应空间的读写操作。经上述分析可知,对于任何要在计算机上运行的 C 语言程序,其本质都和内存有着密切的关系,都要经过对内存的读写操作而得出结果。只有理解在程序执行过程中内存里的各种基本变化,才能从本质上理解 C 语言程序设计中各种概念的含义,这也是将内存概念贯穿于 C 语言学习的根本原因。

4.2.1 C 语言程序的存储区域

由 C 语言编写的源代码（文本文件）形成可执行程序（二进制文件），需要经过编译、汇编、链接 3 个阶段。编译过程把 C 语言文本文件生成汇编程序，汇编过程把汇编程序形成二进制机器代码，链接过程则将各个源文件生成的二进制机器代码文件组合成一个文件。

C 语言编写的源程序经过编译等环节后将形成一个统一文件，它由几个部分组成。在程序运行时又会产生其他几个部分，各个部分代表了不同的存储区域。

(1) 代码段（Code 或 Text）

代码段由程序中执行的机器代码组成。在 C 语言中，程序语句进行编译后形成机器代码。在执行程序的过程中，CPU 的程序计数器指向代码段的每一条机器代码，并由处理器依次运行。

(2) 只读数据段（RO data）

只读数据段是程序使用的一些不会被更改的数据，使用这些数据的方式类似查表式的操作，由于这些变量不需要更改，因此只需放置在只读存储器中即可。

(3) 已初始化读写数据段（RW data）

已初始化数据是在程序中声明，并且具有初值的变量，这些变量需要占用存储器的空间，在程序执行时它们需要位于可读写的内存区域内并具有初值，以供程序运行时读写。

(4) 未初始化数据段（BSS）

未初始化数据是在程序中声明但是没有初始化的变量，这些变量在程序运行之前不需要占用存储器的空间。

(5) 堆区（Heap）

堆区内存只在程序运行时出现，一般由程序员分配和释放。在有操作系统管理的情况下，如果程序没有释放，操作系统可能在程序（例如一个进程）结束后才回收内存。

(6) 栈区（Stack）

栈区内存只在程序运行时出现，在函数内部使用的变量、函数的参数以及返回值将使用栈区空间，栈区空间由编译器自动分配和释放。

4.2.2 C 语言可执行程序的内存布局

C 语言可执行文件的简单内存布局如图 4-5 所示。

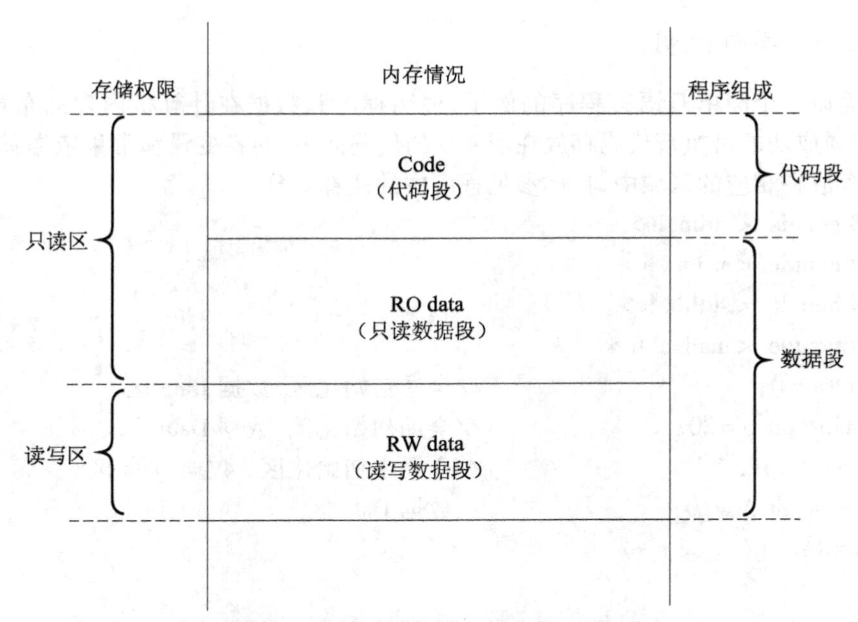

图 4-5　可执行程序的简单内存布局情况

C 语言可执行文件的详细内存布局如图 4-6 所示。

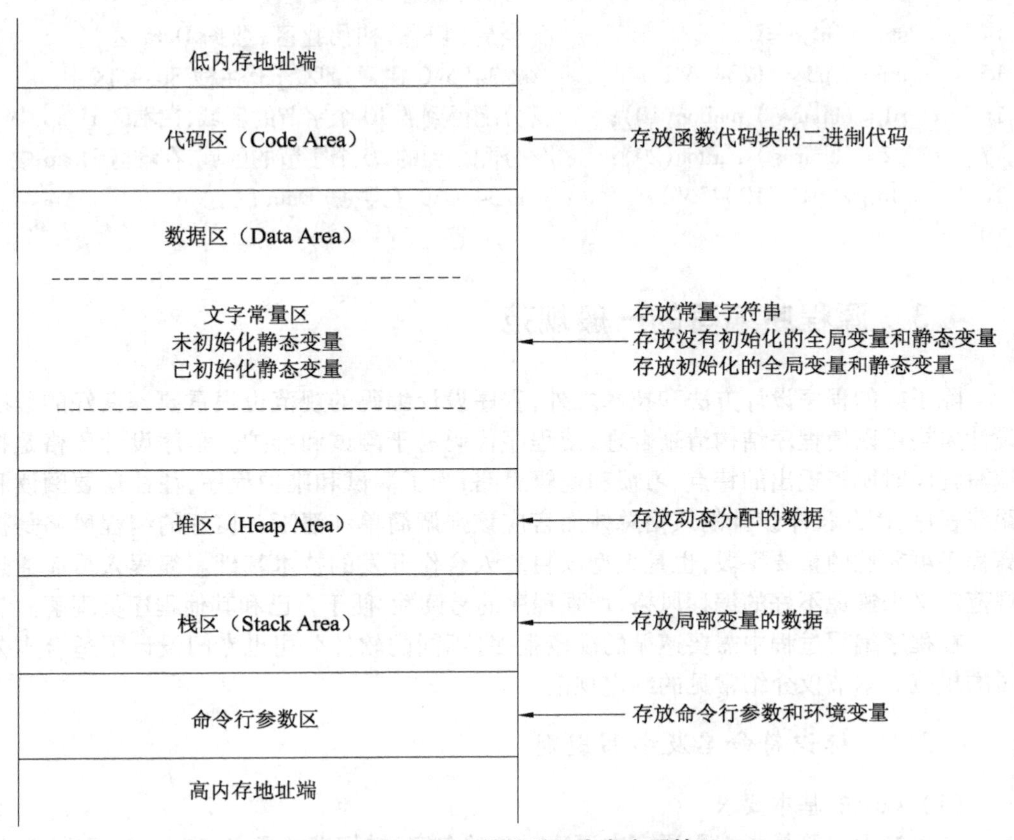

图 4-6　可执行文件的详细内存布局情况

4.2.3 举例说明

下面以一个简单C语言程序的例子,说明程序和数据在计算机内存的布局情况。首先,编译成功的可执行代码存放在图4-6的代码区中,而各变量和常量依据具体的存储类型存放在相应的区域中,具体参见程序中的注释部分。

```
1    #include <stdio.h>
2    #include <string.h>
3    #include <stdlib.h>
4    #include <malloc.h>
5    int a = 0;                          //全局初始化区,数据 Data 区
6    static int b = 20;                  //全局初始化区,数据 Data 区
7    char * p1;                          //全局未初始化区, 数据 Data 区
8    const int A = 10;                   //数据 Data 区
9    void main( )
10   {
11     int b;                            //栈区 Stack
12     char s[ ] = "abc";                //栈区 Stack
13     char * p2;                        //栈区 Stack
14     static int c = 0;                 //全局(静态)初始化区,数据 Data 区
15     char * p3 = "123456";             //123456\0 在常量区,p3 在栈 Stack 区中
16     p1 = (char * ) malloc(10);        //分配得到的 10 个字节的区域,在堆区 Heap 中
17     p2 = (char * ) malloc(20);        //分配得到的 20 个字节的区域,在堆区 Heap 中
18     strcpy(p1, "123456");             //123456\0 在数据 Data 区
19   }
```

4.3 源程序编写的一般规范

除了好的程序设计方法和技术之外,程序设计编码的规范也很重要。良好的程序设计风格可以使程序结构清晰合理,使程序代码易于测试和维护。程序设计风格是指编写程序时所表现出的特点、习惯和逻辑思路,为了测试和维护程序,往往还要阅读和跟踪程序,因此程序设计的风格总体而言应该强调简单和清晰。良好的编程风格是提高程序可靠性的重要手段,也是大型项目多人合作开发的技术基础。编程人员应通过规范定义来避免不好的编程风格,增强程序的易读性,便于自己和其他程序员理解。

在程序编写过程中需要遵循的规范很多,不同的软件公司也专门设计了适合本公司的规范。本节仅介绍常见的约定规范。

4.3.1 标识符命名及书写规则

(1) 规范的基本要求

这里的标识符是指编程语言中语法对象的名字,它们有常量名、变量名、函数名、类

型名和文件名等,标识符的基本语法是以字母和下划线开始,由字母、数字及下划线组成的单词。

标识符本身最好能够表明其自身的含义,以便于使用和他人阅读;按其在应用中的含义可由一个或多个词组成,可以是英文词或中文拼音词。

当标识符由多个词组成时,建议每个词的第一个字母大写,其余全部小写,常量标识符全部大写。中文词由中文描述含义的每个汉字的头一个拼音字母组成;英文词尽量不缩写,如果有缩写,在同一系统中对同一单词必须使用相同的表示法。标识符的总长度一般不超过 32 个字符。

(2) 特殊约定

有的编程工具或软件企业对标识符的命名有自己的特有规定。例如,把标识符分为两部分:规范标识前缀 + 含义标识。其中,规范标识前缀用来标明该标识的归类特征,以便与其他类型的标识符互相区别。例如,实型标识符的前缀为 f,表示身高的实型变量可命名为 fHeight;整型标识符的前缀为 i,表示年龄的整型变量可命名为 iAge;字符型标识符的前缀为 c,表示性别的字符型变量可命名为 cSex。含义标识用来标明该标识所对应的被抽象的实体,以便记忆,上面例子中"fHeight"的"Height"就是含义标识。

(3) 源代码文件标识符命名规则

源代码文件标识符分为两部分,即文件名前缀和后缀,格式规则为××…××.×××。前缀部分通常与该文件所表示的内容或作用有关;后缀部分通常表示该文件的类型,可以自己设定,具体的编程环境有特殊规定的,以编程环境的规定为准,如 Visual C++6.0 中默认的源程序后缀为 cpp。

前缀和后缀这两部分字符应仅使用字母、数字和下划线;文件标识的长度建议超过 32 个字符,以便于识别。

4.3.2 注释及格式要求

注释总是出现在程序需要作一个概括性说明、不易理解或易理解错的地方。注释应做到语言简练、易懂而又准确,所采用的语种可以是中文,如有输入困难、编译环境限制或特殊需求也可采用英文。

(1) 源代码文件的注释

一般在文件的头部加上注释,用来标明程序名称,说明程序所完成的主要功能,文件的作者及完成时间等;或标明阶段测试结束后,主要修改活动的修改人、时间、简单原因说明列表。维护过程中需要修改程序时,应在被修改语句前面注明修改时间和原因说明。

(2) 函数(过程)的注释

一般在函数头部加上必要的注释,用来说明函数的功能和参数(值参、变参)。如算法复杂时,需在函数的主体部分进行注释,用来对其算法思路与结构作出必要说明。

(3) 语句的注释

需要进行语句注释的场合如下:对不易理解的分支条件表达式应加注释;对不易理解的循环,应说明出口条件;过长的函数实现,应将其语句按实现的功能分段加以概括性说明。

(4) 常量和变量的注释

建议在常量名字(或有宏机制的语言中的宏)声明后对该名字作适当注释,注释说明的要点包括被保存值的含义、合法取值的范围等;变量的注释也可作类似处理。

4.3.3 缩进规则

(1) 控制结构的缩进

程序应以缩进形式展现程序的块结构和控制结构,在不影响展示程序结构的前提下尽可能地减少缩进的层次。常采用的两种缩进如下:

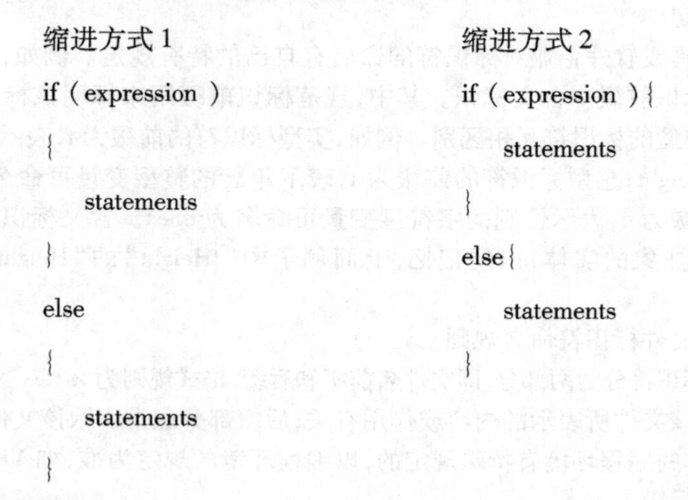

缩进方式1

```
if ( expression )
{
    statements
}
else
{
    statements
}
```

缩进方式2

```
if ( expression ){
    statements
}
else{
    statements
}
```

(2) 缩进的限制

一个程序的宽度如果超出页宽或屏宽,将导致阅读困难,因此必须使用折行缩进、合并表达式或编写函数的方法来限制程序的宽度。

【注意】 任何一个程序最大行宽不应超过80列,超过者应折行书写;建议一个函数的缩进不得超过5级,超过者应将其子块写为函数;算法或程序本身的特性有特殊要求时,可以超过5级。

4.3.4 代码的排版布局

在使用C语言开发集成环境进行源程序代码编写时,建议采用如下的代码排版规范:① 关键词和操作符之间加适当的空格;② 相对独立的程序块与块之间加空行;③ 较长的语句、表达式等要分成多行书写;④ 划分出的新行要进行相应的缩进,使排版整齐,语句可读;⑤ 长表达式要在低优先级操作符处划分新行,操作符放在新行之首;⑥ 循环、判断等语句中若有较长的表达式或语句,则要进行适当的划分;⑦ 若函数中的参数较长,则要进行适当的划分;⑧ 不允许把多个短语句写在一行中,即一行只写一条语句;⑨ 函数的开始、结构的定义及循环、判断等语句中的代码都要采用缩进风格;⑩ C语言是用大括号"{"和"}"界定一段程序块的,编写程序块时"{"和"}"应各独占一行并且位于同一列,同时与引用它们的语句左对齐。在函数体的开始进行结构的定义、枚举的定义以及if,for,do,while,switch,case语句中的程序尽量采用缩进方式1排版。

4.3.5 函数的编写规范

C语言是一种结构化的程序设计语言，结构化在C语言中的体现是通过函数来表示的，即C语言源程序通过函数来组织代码，最简单的程序也应至少包含一个名为main的函数。因此，非常有必要了解C语言中函数的编写规范。具体来说，应注意以下几点：① 函数的规模尽量限制在200行以内；② 一个函数最好仅完成一种功能；③ 为简单和共性的功能编写函数；④ 用注释详细说明每个参数的作用、取值范围及参数间的关系；⑤ 函数名应准确描述函数的功能等。

本章小结

本章对程序设计相关必备基础进行了介绍，具体包括基本的软硬件知识、程序在内存中布局情况以及源代码的一般约定规范等，目的是做好编程前的准备工作。本章更多是思想和方法上的指引，通过后续章节的学习去领悟本章内容，可为以后更好地学习程序设计奠定必要的理论和方法基础。这些同样适合其他语言的学习。

1. 在计算机信息处理中，为什么需要对处理的数据进行编码？
2. ASCII码的编码方式是什么？
3. 计算机的基本硬件组成包括哪些？各部分的功能是什么？
4. 简述计算机中的指令执行过程。
5. 简述程序在内存中的布局情况。
6. 源程序的编写规范常包括哪些内容？

第2篇　C语言程序设计基础

第5章　C语言基础

通过第1篇的学习,大家已经初步掌握了程序设计过程以及程序设计的一些基本概念和方法,如程序设计方法与步骤、算法与程序的概念、算法的表示方法、C语言开发环境与程序设计过程、程序编写规范等。

从第2篇开始,通过对C语言基本语法的系统学习,可初步掌握C语言编程实战需要的必备知识。本章将对C语言程序设计的基础知识进行介绍,主要内容包括:标识符、常量和变量的定义与应用,基本数据类型,运算符的表示,表达式的运算方式,类型转换,位运算的规则等。

通过第1篇中简单的C语言程序实例分析,大家对C语言程序的基本组成和形式——程序结构——已经有了初步的了解。下面给出一个C语言程序的基本框架,如图5-1所示。

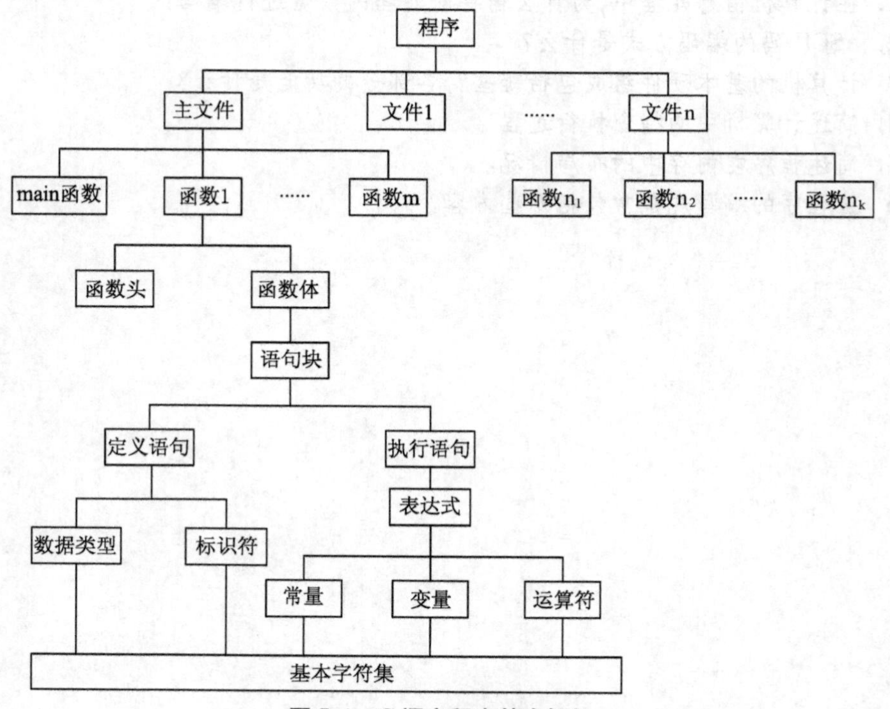

图5-1　C语言程序基本框架

由图5-1可以看出,C语言程序由函数构成,C语言是一种函数式的语言,函数是C程序的基本单位。一个C语言源程序必须包含且仅包含一个main函数,除此之外还可包含若干个其他函数。main函数是一个独立应用程序的入口,它被操作系统调用。一个C语言程序总是从main函数开始执行,不论main函数在程序中的位置如何,因此可将main函数放在整个程序的最前面,也可以放在整个程序的最后,或者放在其他函数之间。

函数是由含变量定义语句在内的多种语句组成的,每个语句由各种表达式构成,表达式由运算符、常量和变量连接构成。

根据C语言程序的构成层次,需先介绍C语言的基本构成元素标识符、常量、变量、基本数据类型、运算符和表达式等。

5.1 基本字符集、标识符、常量和变量

5.1.1 基本字符集

字符是组成一门计算机语言的最基本的元素。C语言字符集由字母、数字、空白符、标点符号和特殊字符组成。在字符常量、字符串常量和注释中还可以使用汉字或其他可表示的图形符号。

■ 字母——小写字母a~z共26个,大写字母A~Z共26个。

■ 数字——0~9共10个。

■ 空白符——空格符、制表符和换行符等统称为空白符。空白符只在字符常量和字符串常量中起作用,在其他地方出现时只起分隔作用,编译时此类空白将被忽略。因此,在程序中使用空白符与否对程序的编译不产生影响,但在程序中适当地使用空白符将增加程序的清晰性和可读性。

■ 标点和特殊字符——主要有“'”,“"”,“:”,“?”,“$”,“%”,“|”,“&”,“-”,“+”等。

5.1.2 标识符

C语言中用来对符号常量、变量、函数、数组、数据类型等数据对象命名的有效序列统称为标识符。简单地说,标识符就是符号常量、变量、函数、数组、数据类型等数据对象的名称。除了库函数的函数名由系统定义外,其余数据对象的名称都由用户自定义。

C语言规定,标识符只能是由字母(A~Z,a~z)、数字(0~9)、下划线(_)3种字符组成的字符串,并且其第一个字符必须是字母或下划线。不同的编译系统所规定的标识符长度不一定相同。需注意标识符不能与C语言的保留关键字相同,如关键字“if”不能作为标识符使用,常用关键字列表见本书附录B。

C语言是一种区分大小写的语言,如NUIST,Nuist和nuist是3个不同的标识符。在定义和使用标识符时要特别注意区分大小写,以免出现编译时报未定义的语法错误,这也是初学者常犯的错误之一。另外,标识符建议取有意义的名字,力求做到见名知意;具体规范可参见本书第4章“4.3 源程序编写的一般规范”中的内容。

5.1.3 常量

在程序的运行过程中，其值不能改变的量被称为常量，分为直接常量和符号常量。

1. 直接常量

直接常量有整型常量、实型常量、字符常量和字符串常量4种类型。此类常量无需事先定义，因此程序编写时在需要的地方直接写出该常量即可。另外，此类常量的类型也不需要事先声明，它们的类型由系统根据书写方法自动默认的。

例如，整型常量：12，0，-3，070（数字前有数字0，表示八进制数），0x80（数字前有0x，表示十六进制数）；实型常量：4.6，-1.23；字符常量：'a'，'D'；字符串常量："nuist"，"bjxy"。

直接常量从字面形式即可判断，也称为字面常量。

2. 符号常量

C语言源代码中常用一个标识符来代表一个常量，称为符号常量。符号常量在使用之前必须遵循"先定义，后使用"的原则。

【注意】 习惯上，符号常量的标识符常用大写字母表示，变量标识符主要用小写字母表示，以示区别并增加程序的可读性。

定义格式如下：

```
#define 符号常量名 常量
```

C语言程序中，预处理命令都以"#"开头，因此#define是一条预处理命令，称为宏定义命令，其功能是把某一常量值定义为某一特定标识符。程序编译时，编译器首先将符号常量用所定义的常量值进行替换，即预处理宏替换，再进行其他编译工作。因此，符号常量一经定义，源程序中所有出现的符号常量标识符就表示了定义的常量值。

【例5-1】（符号常量的使用）求一个半径为R的圆的周长和面积。

【方法一】 采用符号常量的源代码如下：

```
1    #include <stdio.h>
2    #define PI 3.14                                    //符号常量PI的定义
3    #define R 3                                        //符号常量R的定义
4    void main()
5    {
6      double circumference,area;
7      circumference =2.0 * PI * R;
8      area =PI * R * R;
9      printf("周长 =%f,面积 =%f\n",circumference,area);
10   }
```

【方法二】 不采用符号常量的源代码如下：

```
1    #include <stdio.h>
2    void main()
3    {
4      double circumference,area;
```

```
5      circumference =2.0 * 3.14 *3;
6         area = 3.14 *3 *3;
7         printf("周长 =%f,面积 =%f\n",circumference,area);
8      }
```

执行该程序输出结果如下：

```
周长=18.84,面积=28.27
```

【说明】 方法二中的程序也就是方法一中的程序在编译系统执行预处理命令“#define PI 3.14”的宏替换后所生成的代码。

程序中采用符号常量具有以下优点：

（1）书写简单，不易出错。使用符号常量可以将复杂的常量定义为简明的符号常量，使得书写简单，而且不易出错。例如例5-1中第2行语句：

```
#define   PI   3.14
```

这里，圆周率π的符号常量PI被定义为3.14，在程序中书写PI显然比书写3.14要简明且可读。

（2）方便修改程序，一改全改。例如，要提高例5-1中圆周率π的计算精度，方法一中只需修改“#define PI 3.14”语句为“#define PI 3.14159265”即可；而在方法二中，则需将程序中所有用到3.14的地方都改成3.14159265，这不仅带来了麻烦，还容易遗漏。

（3）增加程序的可读性。符号常量通常含义清楚、见名知意。例如，在前面的宏定义命令中，很明显PI表示圆周率π，比直接使用常量3.14，具有更好的可读性。

5.1.4　变量

相对常量而言，在程序的运行过程中，其值可以改变的量称为变量。从存储角度来看，定义变量实际上是在内存中申请一块有名称的连续存储空间。在源代码中，通过定义变量来申请并命名这样的存储空间，通过变量的名称操作这块存储空间，俗称“按名存取”，这样做的好处是避免了程序员直接对地址操作，从而方便用户使用。变量是程序中数据的临时存放场所。在代码中，变量可以用来存放单词、数值、日期以及属性等。一个变量必须要有一个名称与之对应，该名称是对在内存中占据一定的存储单元的命名。变量iYear和iMonth的内存状态见表5-1。

表5-1　变量内存状态

变量名	地址	变量值
…	…	…
iYear	1F06	2011
iMonth	1F0A	8
…	…	…

在C语言程序中，变量定义必须放在变量使用之前，且一般放在函数体的开始部分，也称为定义语句。一旦变量被定义，变量名和变量值是两个不同的概念，在使用时一定要加以区分。

【说明】 为了更加清楚理解变量及其使用，需特别注意：

（1）变量的三大基础属性——变量名、变量地址和变量值。变量在程序运行过程中一旦定义且分配后，变量名与地址不可更改，但变量的值可以改变；变量名需遵守标识符命名规则。

（2）变量遵循“先定义，后使用”的原则：只有定义过的变量才可以在程序中使用；定义后的变量属于确定的类型，编译系统可方便地对变量参与的运算进行合法性检查；编译系统会根据变量类型事先确定变量的存储空间，有助提高程序的编译效率。

（3）变量定义时，可以直接赋初值。C语言允许在定义变量的同时对变量进行初始化赋值操作。例如：

```
1    int a = 8;              //定义 a 为整型变量,初值为 8
2    float f = 108.56;       //定义 f 为实型变量,初值为 108.56
3    char ch1 = 'A';         //定义 ch1 为字符型变量,初值为'A'
4    int i,j = 2,k = 5;      //可以只对定义的一部分变量赋初值
                             //定义 i,j,k 为整型变量,只对 j,k 初始化,j 的初值
                             //为 2,k 的初值为 5
```

上述程序第1行代码

```
int a = 8;
```

也可以写成

```
int a;
a = 8;
```

5.2 基本数据类型

在一个程序中，算法处理的对象是各种类型的数据，而数据在程序中以某种特定的形式（如整数、实数、字符等）和结构（如数组、链表等）存在。其实，任何的数据在计算机内部都是以二进制数存储数据的，而用户信息的表现形式是多种多样的。

依据“程序 = 数据结构 + 算法”，基本数据类型是最简单的数据结构，因此在使用C语言编程解决简单问题时，需先考虑选用合适的数据类型来表示数据。处理同样的问题时，如果采用的数据类型不同，算法实现也将不一样。也就是说，一个程序的好坏是由处理信息的数据结构和处理业务逻辑的算法的优劣共同决定的，应当综合考虑算法和数据结构，以便选择最佳的数据结构和算法。

C语言的数据结构是以数据类型的形式体现的，也就是说C语言中数据是有类型的，数据的类型简称数据类型。例如，整数类型、实数类型、整型数组类型、字符数组类型（字符串）分别代表信息处理中的整数、实数、数列、字符串。

表5-2是常用基本类型的分类及特点，具体说明如下。

（1）基本类型。基本类型又称原子类型，最主要的特点是其值不可以再分解为其他类型。

（2）构造类型。它是根据已定义的一个或多个数据类型，用构造的方法定义的类型。也就是说，一个构造类型的值可以分解成若干个“成员”或“元素”。每个“成员”都

是一个基本数据类型或又是一个构造类型。在 C 语言中，常用的构造类型有数组类型、结构体类型和共用体类型等（在第 10 章中将作详细介绍）。

（3）指针类型。它是一种特殊同时又非常重要的数据类型。其值用来存放某个变量在内存储器中的地址，不是真正要存取的值。虽然指针变量的取值类似于整型量，但这是两个类型完全不同的量，因此不能混为一谈。

（4）空类型。在调用函数时，通常应向调用者返回一个函数值。这个返回的函数值是具有一定的数据类型的，应在函数定义及函数说明中予以说明，例如，函数头为 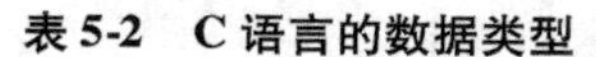 int add(int a,int b)；，其中“int”类型说明符即表示该函数的返回值为整型量。除此之外，也有一类特殊的函数，调用后并不需要向调用者返回函数值，这类函数可定义为“空类型”，其类型说明符为 void。

表 5-2　C 语言的数据类型

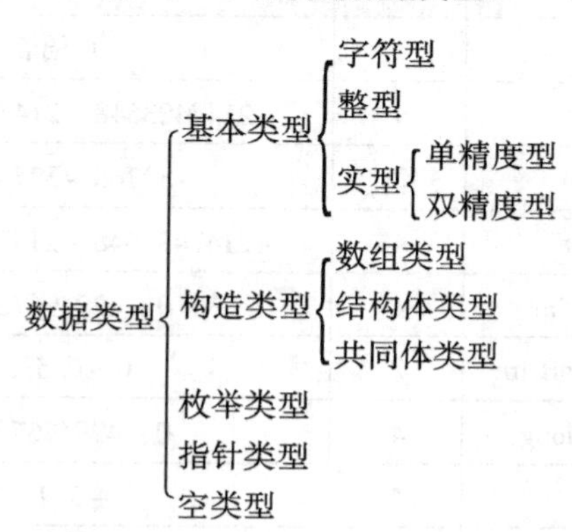

下面依次介绍整型数据、实型数据和字符型数据，其余类型的数据将在后续章节中介绍。

5.2.1　整型数据

整型数据包括整型常量与整型变量两大类。整型数据在内存中以二进制形式存放，并且以补码形式表示。

1. 整型常量

整型常量就是整常数。在 C 语言中，使用的整常数有八进制、十六进制和十进制 3 种。默认情况下，整数常量的类型为 int。

（1）十进制：例如，123，-456，0。

（2）八进制：以数字“0”开头，后面跟几位的数字（0 ~ 7）。例如，0123 = $(123)_8$ = $(83)_{10}$；-011 = $(-11)_8$ = $(-9)_{10}$。

（3）十六进制：以“0x”开头，后面跟几位的数字（0 ~ 9，A ~ F）。例如，0x123 = $(123)_{16}$ = $(291)_{10}$；-0x12 = $(-12)_{16}$ = $(-18)_{10}$。

【注意】 整型常量后可以用 u 或 U 明确说明为无符号整型数；用 l 或 L 明确说明为长整型数。

例如，158L（十进制数为 158），012L（十进制数为 10），0x15L（十进制数为 21）。

长整数 158L 和基本整常数 158 在数值上并无区别。但由于 158L 是长整型量，

C语言编译系统将为它分配8个字节存储空间；而158是基本整型，系统只为其分配4个字节的存储空间。因此在运算和输出格式上要予以注意，避免出错。

例如，358u，0x38Au，235Lu均为无符号整数。

前缀、后缀可同时使用以表示各种类型的整数。例如，0XA5Lu表示十六进制无符号长整数A5，其数的十进制值为165。

2. 整型变量

（1）整型变量的分类与相应的类型名包括整型（int）、无符号整型（unsigned int）、短整型（short int）、无符号短整型（unsigned short int）、长整型（long int）、无符号长整型（unsigned long）等，其长度和取值范围见表5-3。

表5-3 常用基本数据类型

数据类型	类型说明符	字节	数值范围
字符型	char	1	C语言允许的字符集
基本整型	int	4	$-2147483648 \sim 2147483648$，即 $-2^{31} \sim (2^{31}-1)$
短整型	short int	2	$-32768 \sim 32767$，即 $-2^{15} \sim (2^{15}-1)$
长整型	long int	4	$-2147483648 \sim 2147483647$，即 $-2^{31} \sim (2^{31}-1)$
无符号型	unsigned int	4	$0 \sim 4294967295$，即 $0 \sim (2^{32}-1)$
无符号短整型	unsigned short int	2	$0 \sim 65535$，即 $0 \sim (2^{16}-1)$
无符号长整型	unsigned long	4	$0 \sim 4294967295$，即 $0 \sim (2^{32}-1)$
单精度实型	float	4	$-3.4 \times 10^{38} \sim 3.4 \times 10^{38}$
双精度实型	double	8	$-2.3 \times 10^{308} \sim 1.7 \times 10^{308}$

注：与数学上不同的是，数值型数据在计算机内表示时是有精度和范围的，请读者自行考虑。

（2）整型变量的定义格式：

```
整型数据类型名  变量名表;
```

（3）整型变量的赋值方法：

```
整型数据类型名  变量名=整型数据;
```

或为

```
变量名=整型数据;
```

【例5-2】 一个整型数据变量定义和赋值的例子。

```
1   #include <stdio.h>
2   void main()                        //主函数
3   {                                  //main 函数体开始
4     int a,b,c,d,e=1,f=0;             //定义整型变量 a,b,c,d,e,f,并且对 e,f 赋初值
5     unsigned int h;                  //定义无符号整型变量 u
6     a=12; b=-24; h=10;               //对 a,b,h 赋值
7     c=a+h; d=b+h;
8     printf("%d,%d\n",c,d);           //屏幕输出 c,d
9   }                                  //main 函数体结束
```

【程序分析】 变量定义时,一次可以定义多个相同类型的变量。各个变量用“,”分隔。类型说明与变量名之间至少有一个空格间隔;最后一个变量名之后必须用“;”结尾;变量说明必须在变量使用之前;允许在定义变量的同时对变量进行初始化,如“int e =1, f =0;”。

5.2.2 实型数据

实型数据包括实型常量与实型变量两大类。实型数据在内存中以二进制形式存放,按照指数形式存储,分为小数部分和指数部分单独表示。

1. 实型常量的表示方法

(1) 十进制小数形式。它由正负号和数字、小数点组成。例如,0.123,123.,123.0,0.0。

(2) 指数形式。其格式为aEn。例如,123e3,123E3 都是实数的合法表示。

【注意】 ① 字母 e 或 E 之前必须有数字,e 后面的指数必须为整数。

例如,e3,2.1e3.5,.e3,e 都不是合法的指数形式。

② 建议使用规范化的指数形式。在字母 e 或 E 之前的小数部分,其小数点左边应当有且仅有一位非 0 数字。系统用指数形式输出时,是按规范化的指数形式输出的。

例如,2.3478e2,3.0999E5,6.46832e12 都属于规范化的指数形式。

③ 实型常量默认情况下为双精度类型,如果要指定它为单精度,可以加后缀 f 进行说明。

2. 实型数据的内存表示

一个实型数据一般在内存中占 4 个字节(32 位)。与整数存储方式不同,实型数据是按照指数形式存储的。系统将实型数据分为小数部分和指数部分,分别存放。实型数据 3.14159 的存放示意见表 5-4。

表 5-4 实型数据内存表示

数符	小数部分	指数	备注
+	.314159	1	
正数	.314159 ×	10^1	= 3.14159

3. 实型变量的分类

实型变量分为单精度(float)、双精度(double)、长双精度(long double)。表 5-5 列出了微机上常用的 C 语言编译系统情况,不同的系统会有些差异。

表 5-5 不同实型类型的取值范围

类型	比特数	有效数字	数值范围
float	32	6 ~ 7	-3.4×10^{38} ~ 3.4×10^{38}
double	64	15 ~ 16	-2.3×10^{308} ~ 1.7×10^{308}
long double	128	18 ~ 19	-1.2×10^{4932} ~ 1.2×10^{4932}

对于每一个实型变量也都应该先定义后使用。

例如：

```
float x,y;
double z;
long double t;
```

4. 实型数据的舍入误差

实型变量是用有限的存储单元存储的，因此提供的有效数字有限，在有效位数以外的数字将被舍去，由此可能会产生精度上的误差，这与整型数据的溢出错误是不一样的。

【例5-3】 实型数据的舍入误差。

```
1  #include <stdio.h>
2  void main()
3  {
4    float a,b;
5    a=123456.789e5;
6    b=a+20;
7    printf("a=%f,b=%f\n",a,b);
8    printf("a=%e,b=%e\n",a,b);
9  }
```

由于实型变量只能保证7位有效数字，后面的数字无意义，因此程序的运行结果如下：

```
a=12345678848.000000,b=12345678868.000000
a=1.234568e+010,b=1.234568e+010
```

由于实数在C语言中的表示存在舍入误差，使用时要注意以下几点：

① 不要试图用一个实数精确表示一个大整数，记住浮点数是不精确的。

② 避免直接将一个很大的实数与一个很小的实数相加、相减，否则会“丢失”小的数。

③ 根据要求选择单精度或双精度。

5.2.3 字符型数据

字符常量是用一对单引号(' ')括起来的一个字符，一般指ASCII码字符，字符常量主要用下面几种形式表示。

（1）可显示的字符常量直接用单引号括起来，如'a'，'x'，'D'，'?'，'$'等都是字符常量。

（2）所有字符常量（包括可以显示的、不可显示的）均可以使用字符的转义表示法表示（ASCII码表示）。转义表示格式为'\ddd'或'\xhh'（其中ddd，hh是字符的ASCII码，ddd为八进制、hh为十六进制）。注意：不可写成'\0xhh'或'\0ddd'（它们表示一个整数）。

（3）预先定义的一部分常用的转义字符。如'\n'表示换行，'\t'表示水平制表，具体可见表5-6。

表5-6　常用的转义字符及其含义

转义字符	转义字符的意义	ASCII代码(十进制)
\n	回车换行	10
\t	横向跳到下一制表位置	9
\b	退格	8
\r	回车	13
\f	走纸换页	12
\\	反斜线符'\'	92
\'	单引号符	39
\"	双引号符	34
\a	鸣铃	7
\ddd	1~3位八进制数所代表的字符	
\xhh	1~2位十六进制数所代表的字符	

字符型变量用于存放字符数据，且只能存放一个字符。所有编译系统都规定以一个字节来存放一个字符，或者说一个字符变量在内存中占一个字节。

字符数据在内存中按字符的ASCII码以二进制形式存放，占用一个字节。

以"char ch = 'a';"为例，字符型变量ch的内存存放情况见表5-7。

表5-7　字符型变量内存存放

变量名	地址	变量值	备注
	…	…	
ch	01F06	01100001	'a'
	…	…	
iMonth	01F10	8	数值8
	…	…	

对于定义的字符变量ch赋初值'a'，实际是在变量ch所在的存储空间存放了对应的二进制数01100001，也就是十进制的97，十六进制的0x61。'a'是二进制数01100001的一种对应的字符表现形式。

由上可以看出，字符数据以ASCII码存储的形式与整数的存储形式类似，因此在C语言中，字符型数据和整型数据可以通用，具体表现如下：

(1) 可以将整型量赋值给字符变量，也可以将字符量赋值给整型变量。

(2) 可以对字符数据进行算术运算，相当于对它们的ASCII码进行算术运算。

(3) 一个字符数据既可按字符形式输出(ASCII码对应的字符)，也可按整数形式输出(直接输出ASCII码)。

【注意】 尽管字符型数据和整型数据可以通用，但是字符型只占一个字节，即如果作为整数使用，其表示的范围为0~255(无符号)和-128~127(有符号)。

【例5-4】 将字符变量赋以整数。

```
1    #include <stdio.h>
2    void main()
3    {
4        char c1 = 'a';                                    //字符常量'a'
5        char c2 = '\x61';                                 //'\x..'十六进制字符常量
6        char c3 = '\141';                                 //十进制字符常量
7        char c4 = 97;                                     //十进制数转换成字符变量
8        char c5 = 0x61;                                   //十六进制数转换成字符变量
9        char c6 = 0141;                                   //八进制数转换成字符变量
10       printf("c1 = %c,c2 = %c,c3 = %c,c4 = %c,
         c5 = %c,c6 = %c\n",c1,c2,c3,c4,c5,c6);           //字符形式输出
11       printf("c1 = %d,c2 = %d,c3 = %d,c4 = %d,
         c5 = %d,c6 = %d\n",c1,c2,c3,c4,c5,c6);           //数值形式输出
12   }                                                     //main函数体结束
```

程序的运行结果如下：

```
c1=a,c2=a,c3=a,c4=a,c5=a,c6=a
c1=97,c2=97,c3=97,c4=97,c5=97,c6=97
```

整型数据在计算机内部用4个字节表示，取低8位赋值给字符变量。

【例5-5】 大小写字母的转换。

```
1    #include <stdio.h>
2    void main()
3    {
4        char c1,c2,c3;
5        c1 = 'a';
6        c2 = 'b';
7        c1 = c1 - 32;
8        c2 = c2 - 32;
9        c3 = 130;
10       printf("%c %c %c\n",c1,c2,c3);                   //字符形式输出
11       printf("%d %d %d\n",c1,c2,c3);                   //数值形式输出
12   }
```

依据书后的附录A（ASCII码表），小写字母比对应的大写字母的ASCII码大32。本例还可以看出允许字符数据与整数直接进行算术运算，运算时字符数据用ASCII码值参与运算，程序运行结果如下：

```
A B ?
65 66 -126
```

由请读者自行分析c3字符输出的值为什么是-126（提示：整数按补码方式存储）。

5.3　运算符与表达式

运算符从狭义的概念讲是表示各种运算的符号。C语言运算符丰富，范围很广，除了控制语句和输入/输出以外的几乎所有的基本操作都可作为运算符处理，所以C语言运算符也可以看作是操作符。C语言丰富的运算符是C语言丰富的表达式的基础。

在C语言中除了提供一般高级语言的算术、关系、逻辑运算符外，还提供赋值运算符、位操作运算符、自增自减运算符等；有时甚至将数组下标、函数调用也作为运算符。

C语言的运算符可分为以下几类。

(1) 算术运算符：用于各类数值运算，包括加(+)、减(-)、乘(*)、除(/)、求余(或称模运算，%)、自增(++)、自减(--)共7种。

(2) 关系运算符：用于比较运算，包括大于(>)、小于(<)、等于(==)、大于等于(>=)、小于等于(<=)和不等于(!=)共6种。

(3) 逻辑运算符：用于逻辑运算，包括与(&&)、或(‖)、非(!)3种。

(4) 位操作运算符：参与运算的量，按二进制位进行运算，包括位与(&)、位或(|)、位非(~)、位异或(^)、左移(<<)、右移(>>)共6种。

(5) 赋值运算符：用于赋值运算，包括为简单赋值(=)、复合算术赋值(+=，-=，*=，/=，%=)和复合位运算赋值(&=，=，^=，>>=，<<=)共11种。

(6) 条件运算符(?:)：这是一个三目运算符，用于条件求值。

(7) 逗号运算符(，)：用于把若干表达式组合成一个表达式。

(8) 指针运算符：用于取内容(*)和取地址(&)2种运算。

(9) 求字节数运算符(sizeof)：用于计算数据类型所占的字节数。

(10) 特殊运算符：有括号()，下标[]，成员(→，.)等几种。

本节主要介绍算术运算符(包括自增、自减运算符)、赋值运算符、逗号运算符，其他运算符在后续章节中结合有关内容进行介绍。值得注意的是，C语言运算符与数学运算符是有差别的，这在介绍具体C语言运算符时再作讲解。

表达式是由常量、变量、函数和运算符组合起来的符合C语言语法规则的式子。每个表达式都有一个值和类型，它们等于计算表达式所得结果的值和类型。表达式求值按运算符的优先级和结合性规定的顺序进行。单个的常量、变量、函数可以看作是表达式的特例，它们是最简单的表达式。

5.3.1　算术运算符与表达式

1. C语言算术运算符

(1) 加法运算符“ + ”：双目运算符，即应有两个运算量参与加法运算。

(2) 减法运算符“ - ”：双目运算符，但“ - ”也可作负值运算符，此时为单目运算，如 -x，-5 等，具有左结合性。

(3) 乘法运算符“ * ”：双目运算，与数学运算符(×)的表示形式不一样。

(4) 除法运算符“/”：双目运算，参与运算量均为整型时，结果也为整型，舍去小数。如果运算量中有一个是实型，则结果为双精度实型，且与数学运算符(÷)的表示形式不一样。

(5) 模运算符“%”：双目运算符，也称求余运算符，“%”要求两侧均为整型数据，如7%4的值为3。这个运算相当于数学运算中两数相除后，取余数部分。

下面详细介绍除法运算符“/”和模运算符“%”的区别：

(1) 两个整数相除的结果为整数，如5/3的结果为1，舍去小数部分。但是如果除数或被除数中有一个为负值，则舍入的方向是不固定的，例如5/ -3 =-1;，多数机器采用“向0取整”的方法，实际上就是舍去小数部分，而不是四舍五入。

(2) 求余运算符“%”要求两个操作数均为整型，结果为两数相除所得的余数。求余也称为求模。一般情况下，余数的符号与被除数符号相同。例如，-8%5 =-3; 8% -5 =3;。

2. C语言算术表达式

简单的算术表达式通常是由常量、变量、算术运算符和括号等连接起来的式子。例如，假定变量a, b, c为数值型数据，则a * b/c - 1.5 + 'a'是一个合法的C语言算术表达式。

3. 算术运算符的优先级与结合性

C语言规定了进行表达式求值过程中各运算符的“优先级”和“结合性”。

(1) C语言规定了运算符的“优先级”和“结合性”。在表达式求值时，先按运算符的“优先级别”次序执行。

(2) 如果在一个运算对象两侧的运算符的优先级别相同，则按规定的“结合方向”处理。

■ 若属于左结合性类型的(自左向右结合方向)，则运算对象先与左面的运算符结合。

■ 若属于右结合性类型的(自右向左结合方向)，则运算对象先与右面的运算符结合。

(3) 在书写多个运算符的表达式时，应当注意各个运算符的优先级，确保表达式中的运算符能以正确的顺序参与运算。

(4) 编程时不确定各算符优先级或者想清晰表示复杂表达式中算符的优先级，可以通过强制加圆括号“()”规定计算顺序，起到以不变应万变的效果。

5.3.2 逻辑运算符与表达式

1. 逻辑运算符

C语言中提供了3种逻辑运算符：

(1) &&：与运算。

(2) ||：或运算。

(3) !：非运算。

“&&”和“||”均为双目运算符，具有左结合性；“!”为单目运算符，具有右结合性。逻辑运算符和其他运算符优先级的次序如图5-2所示。

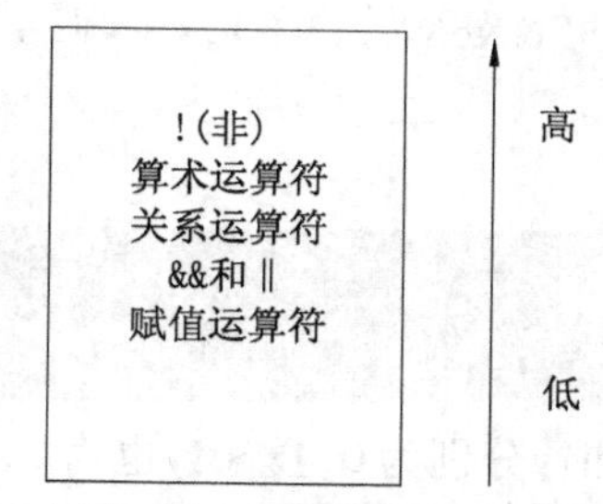

图5-2 运算符的优先级

按照运算符的优先顺序可以得出：

a > b && c > d	等价于	(a > b)&&(c > d)
!b == c‖d < a	等价于	((! b) == c)‖(d < a)
a + b > c&&x + y < b	等价于	((a + b) > c)&&((x + y) < b)

2. 逻辑表达式

用逻辑运算符将关系表达式或逻辑量连接起来的式子称为逻辑表达式。逻辑表达式的一般形式为

表达式 逻辑运算符 表达式

逻辑表达式的运算数和值均为布尔值：true 或 false。下面是3种最基本的逻辑表达式：

（1）A&&B：表示只有A和B的值都为true时，表达式的值为true，否则其值为false。

（2）A‖B：表示只有A和B中的值都为false时，表达式的值为false，否则其值为true。

（3）！A：表示对A取反，即如果A为true，则表达式的值为false；如果A为false，则其值为true。

【注意】 在C语言中，布尔值true(真)和false(假)分别用整数1和0表示。在进行逻辑值的"真"和"假"判断时，若非0则判断为"真"，0则判断为"假"。

为了提高运算速度，在计算含有多个"&&"运算符的表达式时，只要其中一个运算数的值为false，表达式的值就为false，不再对后面的运算数进行计算。例如，表达式A&&B&&C，如果A的值为false，表达式的值就为false，不再计算B&&C。同理，在计算含有多个"‖"运算符的表达式时，只要其中一个运算数的值为true，表达式就为true，不再计算后面的其他运算数。

【例5-6】 逻辑运算符的使用。

```
1  #include <stdio.h>
2  void main()
3  {
4     char c = 'k';
5     int i = 1, j = 2, k = 3;
6     float x = 3e + 5, y = 0.85;
7  printf("%d,%d\n", !x * !y, !!!x);
8  printf("%d,%d\n", x||i&&j - 3, i < j&&x < y);
```

```
9      printf("%d,%d\n",i==5&&c&&(j=8),x+y||i+j+k);
10     }
```

程序运行的结果如下：

```
0,0
1,0
0,1
```

【程序分析】 本例中!x和!y分别为0，!x * !y也为0，故其输出值为0。由于x为非0，故!!!x的逻辑值为0。对于x||i && j-3，先计算j-3的值为非0，再求i && j-3的逻辑值为1，故x||i&&j-3的逻辑值为1。对于i<j&&x<y，由于i<j的值为1，而x<y为0，故表达式的值为1和0相与，最后结果为0。对于i==5&&c&&(j=8)，由于i==5为假，即值为0，该表达式由两个与运算组成，所以整个表达式的值为0。对于x+y||i+j+k，由于x+y的值为非0，故整个表达式的值为1。

5.3.3 关系运算符与表达式

1. 关系运算符

在程序中经常需要比较两个量的大小关系，以决定程序下一步的工作。比较两个量的运算符称为关系运算符。

在C语言中有以下关系运算符：

(1) 小于运算符<，如a<b表示a小于b。

(2) 小于等于运算符<=，如c<=5表示c小等于5。

(3) 大于运算符>，如b>c表示b大于c。

(4) 大于等于运算符>=，如b>=0表示b大于等于0。

(5) 等于运算符==，如c==b表示c等于b。

(6) 不等于运算符!=，如c!=10表示c不等于10。

关系运算符的优先级：关系运算符都是双目运算符，其结合性均为左结合。关系运算符的优先级低于算术运算符，高于赋值运算符。在6个关系运算符中，前4种关系运算符(<，<=，>，>=)的优先级别相同，后2种(==，!=)的优先级别也相同，但前4种的优先级别高于后2种。

例如，“<”优先于“==”，而“<”与“>”优先级相同。

c>a+b　　等价于　　c>(a+b)

a>b==c　　等价于　　(a>b)==c

【注意】 (1) C语言中等于运算符(==)与数学运算符中的等于(=)的表示形式不同，C语言关系运算符中的等于是用两个连在一起的等号表示(==)。一个等号(=)在C语言中是表示赋值运算。

(2) 由于实型数据在计算机内部的表示存在精度问题，因此不能直接使用等于运算符来判断两个实数(float，double类型)是否相等。一般的处理方法是通过两实数相减后的绝对值是否小于某一正小数(精度要求)来判断。

2. 关系表达式

用关系运算符将两个基本表达式(可以是关系表达式、逻辑表达式、赋值表达式、字符表达式)连接起来的式子称为关系表达式。

关系表达式的一般形式为:

```
表达式 关系运算符 表达式
```

例如,合法的关系表达式如下:

```
a > c
a > (b > c)
```

关系表达式的值是“真”和“假”,用整数1和0表示。如5 >0 的值为“真”,即为1。

5.3.4 自增、自减运算符

自增、自减运算符是单目运算符,使得变量的值增1或减1。

(1) 自增、自减运算分为以下两种:

① ++i(或 --i),称为前置运算,i的值增加1(减少1),表达式++i(或 --i)的值为i改变之后的值,即先自增(自减),再参与运算。

② i++(或i--),称为后置运算,i的值增加1(减少1),表达式i++(或i--)的值为i改变之前的值,即先参与运算,再自增(自减)。

例如:

```
i=3,j= ++i;      // i值为4,j值为4
```

而

```
i=3,j=i++;       // i值为4,j值为3
```

(2)自增、自减运算符只用于变量,而不能用于常量或表达式。

例如:6 ++ ,(a + b) ++ ,(-i) ++都不合法。

(3) ++ , -- 的结合方向是“自右向左”,与一般算术运算符不同。

例如: -i ++等同于 -(i ++)是合法的。

5.3.5 逗号运算符与表达式

在C语言中逗号“,”也是一种运算符,称为逗号运算符,其功能是把两个表达式连接起来组成一个表达式,称为逗号表达式。根据运算符优先级,“ = ”运算符优先级高于“,”运算符,逗号运算符级别是最低的。

逗号表达式的一般形式为

```
表达式1,表达式2,…,表达式n
```

逗号表达式的求解过程是:自左向右,先求解表达式1,再求解表达式2,…,最后求解表达式n。整个逗号表达式的值是表达式n的值。

【例5-7】 逗号运算符应用实例。

```
1    #include <stdio.h>
2    void main()
3    {
4       int a =0,b =0,c =0;
5       c = ((a -= a -5),(a =b));
6       printf("%d,%d,%d\n",a,b,c);
```

```
7     }
```

程序的运行结果如下:

```
0,0,0
```

【程序分析】 该例的难点是c=((a-=a-5),(a=b));语句。由分析可知,主体是一个赋值语句,右边是一个带有逗号运算符的表达式,每个表达式又分别是赋值语句。c等于整个逗号表达式的值,也就是表达式2的值。

(a-=a-5)可以看成(a=a-a+5),那么c=((a-=a-5),(a=b));可以看成c=((a=a-a+5),(a=b));,也就是a=a-a+5; c=a=b; ,综上所述,a=0, b=0,c=0。

如果将c=((a-=a-5),(a=b));修改为c=(a-=a-5),(a=b);,意思就不一样了,这就成了一个具有两个表达式的逗号表达式。这两个表达式分别为c=((a-=a-5)和(a=b),逗号表达式的值在计算后并不赋值给任何变量。

【注意】 (1) 逗号表达式中的表达式1和表达式2允许嵌套,即也可以是逗号表达式。

例如:

```
表达式1,(表达式2,表达式3)
```

形成了嵌套情形,因此可以把逗号表达式扩展为以下形式:

```
表达式1,表达式2,…,表达式n
```

整个逗号表达式的值等于表达式n的值。

(2) 逗号表达式主要用于将若干表达式"串联"起来,表示一个顺序的操作(计算),在许多情况下,使用逗号表达式的目的只是想分别得到各个表达式的值,而并非需要得到整个逗号表达式的值。

需要注意的是,不是在所有出现逗号的地方都组成逗号表达式,如在变量说明中,函数参数表中逗号只是用作各变量之间的间隔符。

例如,当a,b,c取值为0时,

```
c=((a-=a-5),(a=b,b+3));printf("%d,%d,%d\n",a,b,c);
```

结果就是0,0,3。

```
c=(a-=a-5),(a=b,b+3); printf("%d,%d,%d\n",a,b,c);
```

结果就是0,0,5。

5.3.6 赋值运算符及表达式

由赋值运算符组成的表达式称为赋值表达式,其一般形式为

```
变量=表达式
```

例如,x=10+23。

赋值号"="的含义是将赋值运算符右边的表达式的值存放到左边变量名标识的存储单元中。

赋值表达式是类似这样的句子:a=5,注意后边没有分号,而a=5;就是一个赋值语句。赋值表达式的结果是赋值运算符右边表达式的值。

例如,x=10+y;执行赋值运算(操作),将10+y的值赋给变量x,同时整个表达式的值就是刚才所赋的值。

【注意】(1)赋值运算符左边必须是变量,右边可以是常量、变量、函数调用或它们组成的表达式。

例如,x=10,y=x+10,y=func()都是合法的赋值表达式。

(2)赋值运算时,当赋值运算符两边数据类型不同时,将由系统自动进行类型转换。转换原则是“先将赋值号右边表达式类型转换为左边变量的类型,然后赋值”。

(3)C语言的赋值符号“=”除了表示一个赋值操作外,还是一个运算符,也就是说赋值运算符完成赋值操作后,整个赋值表达式还会产生一个所赋的值,这个值可以被使用。

(4)赋值表达式的求解过程如下:① 计算赋值运算符右侧的“表达式”的值;② 将赋值运算符右侧“表达式”的值赋值给左侧的变量;③ 整个赋值表达式的值就是被赋值变量的值。

例如,分析x=y=z=3+5这个表达式。根据运算符的优先级,原式等同于x=y=z=(3+5);根据结合性(从右向左),原式等同于x=(y=(z=(3+5))),等同于x=(y=(z=3+5))。

z=3+5:先计算3+5,得值8赋值给变量z,则z的值为8,(z=3+5)整个赋值表达式值的为8。

y=(z=3+5):将(z=3+5)整个赋值表达式的值8赋值给变量y,则y的值为8,(y=(z=3+5))整个赋值表达式的值为8。

x=(y=(z=3+5)):将(y=(z=3+5))整个赋值表达式的值8赋值给变量z,则z的值为8,整个表达式x=(y=(z=3+5))的值为8。

最后,得出x,y,z都等于8。

(5)将赋值表达式作为表达式的一种,使赋值操作不仅可以出现在赋值语句中,而且可按表达式的形式出现在其他语句中。

复合赋值表达式的一般形式为

```
        变量  双目运算符  表达式
```

等价于

```
        变量=变量  双目运算符  表达式
```

例如,

```
n+=1       等价于  n=n+1
x*=y+1     等价于  x=x*(y+1)
```

赋值运算符、复合赋值运算符的优先级比算术运算符低。

5.3.7 类型转换

在进行表达式运算或运行赋值语句时,不同类型的数据先转换成同一类型,然后进行计算或赋值,如整型(包括int,short,long)和实型(包括float,double)数据可以混合运算,字符型数据和整型数据可以通用,因此,整型、实型、字符型数据之间可以混合运算。例如,表达式10+'a'+1.5-8765.1234*'b'是合法的。

具体转换的方法有两种:自动转换和强制转换。

1. 自动转换(隐式转换)

C语言自动转换不同类型的行为称为隐式类型转换,它由编译系统自动完成。转换规则如下：

（1）在不同类型数据进行混合运算时，先转换为同一类型，然后进行运算。

（2）低精度类型向高精度类型转换，即数据总是由低级别向高级别转换，按数据长度增加的方向进行，以保证精度不降低。

```
int→unsigned int →long→unsigned long→long long→
→unsigned long long→float→double→long double
```

（3）如字符数据参与运算必定转化为整数，float 型数据在运算时一律先转换为双精度型，以提高运算精度（即使是两个 float 型数据相加，也先都转换为 double 型，然后再相加）。

```
char,short→int
```

（4）赋值运算，如果赋值号"="两边的数据类型不同，赋值号右边的类型转换为左边的类型。这种转换是截断型的转换，并不进行四舍五入。

C 语言这种赋值时的类型转换形式可能会出现不精确的问题，因为不管表达式的值怎样，系统都自动将其转为赋值运算符左部变量的类型。而转变后数据可能有所不同，若不加注意，就可能带来错误。

2. 强制转换

强制转换是通过类型转换运算来实现的，在需要强制转换类型的变量或常量前面加上"（类型说明符）"，其一般形式为

```
(类型说明符)表达式
```

强制转换的功能是把表达式的结果强制转换为类型说明符所表示的类型。

例如：

```
(int)a              //将 a 的结果强制转换为整型量。
(int)(x+y)          //将 x+y 的结果强制转换为整型量。
(float)a+b          //将 a 的内容强制转换为浮点数，再与 b 相加。
```

【注意】 （1）类型说明符和表达式都需要加括号（单个变量可以不加括号）。

（2）对变量而言，无论是隐式转换还是强制转换，都只是为了本次运算的需要而对变量的数据长度进行的临时性转换，并不改变数据说明时对该变量定义的类型，也不改变变量值。

（3）强制转换的优缺点正好与自动类型转换相反，强制转换需要手动指定一个准确的数据类型，使程序的可读性、可移植性增强，并易于排错。

【例 5-8】 强制类型转换。

```
1   #include <stdio.h>
2   void main()
3   {
4     float f=5.75;                          //声明部分，定义变量
5     printf("(int)f=%d\n",(int)f);          //将 f 的结果强制转换为整型并输出
6     printf("f=%f\n",f);                    //输出 f 的值
7   }
```

程序的运行结果如下：

```
(int)f=5
f=5.750000
```

【例5-9】 隐式类型转换。

```
1   #include <stdio.h>
2   void main()
3   {
4     unsigned short a,b;
5     short i,j;
6     a=65535;
7     i=-1;
8     j=a;                                   //隐式类型转换
9     b=i;                                   //隐式类型转换
10    printf("(unsigned)%u→(int)%d\n",a,j);
11    printf("(int)%d→(unsigned)%u\n",i,b);
12  }
```

程序的运行结果如下：

```
(unsigned)65535→(int)-1
(int)-1→(unsigned)65535
```

5.4 位运算

位运算是指进行二进制位的运算，例如对两个数按位与操作。C语言提供了位运算的功能，主要是用于开发系统软件或计算机控制外部设备等功能。这也是C语言比其他的面向过程的语言功能强大的一个方面。

C语言提供了6种位操作运算符。位运算符除了取反“~”是单目运算符外，其他都是双目运算符。这些运算符只能用于整型操作数，即只能用于带符号或无符号short，int，long类型和char类型，不能用于实型。C语言提供的位运算符见表5-8。

表5-8 C语言中的6种位运算符

运算符	含义	描述
&	按位与	若两个相应的二进制位都为1，则该位的结果值为1，否则为0
|	按位或	若两个相应的二进制位中有一个为1，则该位的结果值为1，否则为0
^	按位异或	若参加运算的两个二进制位值相同则为0，否则为1
~	取反	单目运算符，对一个二进制数按位取反，即将0变1，将1变0
<<	左移	将一个数的各二进制位全部左移若干位，右边补0
>>	右移	将一个数的各二进制位右移若干位，移到右端的低位被舍弃，对于无符号数，高位补0；对于带符号数，通常高位补符号位，因系统不同会有所差别

5.4.1　按位与运算符

按位与是指参加运算的两个数据，按二进制位进行“与”运算。如果两个相应的二进制位都为1，则该位的结果为1，否则为0。这里，1和0对应逻辑中的true和false，即0^0=0，0^1=0，1^0=0，1^1=1。

内存储存数据的基本单位是字节(Byte)，一个字节由8个位(Bit)所组成。位是用以描述机器数的最小单位。例如，3&5的二进制编码是$(00000001)_2$，按位与运算的过程如下：

```
     00000011
&    00000101
-------------
     00000001
```

【例5-10】　按位与运算。

```
1   #include <stdio.h>
2   void main()
3   {
4     int a=3;
5     int b = 5;
6     printf("%d",a&b);
7   }
```

按位与运算常能实现一定的运算目的。

1. 置零

若要对一个存储单元某位进行置零，而其他位不变，此时只需寻找一个二进制数，某位的相应位为0，其他位为1，然后使二者进行按位与运算，即可达到清零某一位的目的。

例如，原数为43，要求将最低位置0，其余位不变。

找一个数254，即$(11111110)_2$，将两者按位与运算即可。

```
     00101011
&    11111110
-------------
     00101010
```

【例5-11】　按位与运算置零某位。

```
1   #include <stdio.h>
2   void main()
3   {
4     int a=43;
5     int b = 254;
6     printf("%d",a&b);
7   }
```

若要求全部清零，只需同0进行按位与即可。

2. 取某些指定位

若有一个2字节整数a,想要取其中的低字节,只需要将a与8个1按位与即可。

```
  00101100 10101100
& 00000000 11111111
-------------------
  00000000 10101100
```

3. 保留指定位

若要保留指定位,另需与一个数进行按位与运算,此数在该位取1。

例如,有一整数84,即$(01010100)_2$,想把其中从左边数起的第3,4,5,7,8位保留下来,运算过程如下:

```
    01010100
&   00111011
------------
    00010000
```

【例5-12】 使用按位与运算保留指定位。

```
1   #include <stdio.h>
2   void main( )
3   {
4      int a =84;
5      int b  =  59;                    //保留第3,4,5,7,8位
6      printf("%d",a&b);
7   }
```

5.4.2 按位或运算符

两个相应的二进制位中只要有一个为1,该位的结果值为1。通俗地说,即一真为真,如0^0 =0,0^1 =1,1^0 =1,1^1 =1。

例如,$(60)_8|(17)_8$,将八进制60与八进制17进行按位或运算。

```
    00110000
|   00001111
------------
    00111111
```

【例5-13】 使用按位或运算。

```
1   #include <stdio.h>
2   void main( )
3   {
4      int a =060;
5      int b  =  017;                   //按位或
6      printf("%d",a|b);
7   }
```

同按位与运算类似,按位或有置1的应用。如果想使一个数a的低4位改为1,则只需将a与$(17)_8$进行按位或运算即可。

5.4.3 按位异或运算符

按位异或“^”的运算规则是：若参加运算的两个二进制位值相同则为0，否则为1。即0^0 =0，0^1 =1，1^0 =1，1^1 =0。

例如：

```
    00111001
^   00101010
------------
    00010011
```

【例5-14】 使用按位异或运算符。

```
1   #include <stdio.h>
2   main()
3   {
4     int a =071;
5     int b  = 052;
6     printf("%d",a^b);
7   }
```

按位异或也能实现一定的运算目的。

1. 使特定位翻转

设有数$(01111010)_2$，若想使其低4位翻转，即1变0，0变1，则可以将其与$(00001111)_2$进行“异或”运算，即

```
    01111010
^   00001111
------------
    01110101
```

运算结果的低4位正好是原数低4位的翻转。由此可见，要使哪几位翻转就将与其进行异或运算的位置设为1，其余位置设为0即可，因与0相异或，保留原值。

2. 交换两个值，不用临时变量

例如，已知a =3，即$(11)_2$；b =4，即$(100)_2$。

若要将a和b的值互换，可以用以下赋值语句实现：

```
a = a^b;
b = b^a;
a = a^b;
```

语句1的执行结果为：a = a^b =$(011)_2$^$(100)_2$，即a =7 =$(111)_2$。

语句2的执行结果为：b = b^a =$(111)_2$^$(100)_2$ =$(011)_2$ =3。

语句3的执行结果为：a = a^b =$(111)_2$^$(011)_2$ =$(100)_2$ =4。

执行前两个赋值语句a = a^b;和b = b^a;等效于b = b^(a^b)，再执行第三个赋值语句a = a^b;。此时由于a的值等于(a^b)，b的值又等于(b^(a^b))，因此，代入后相当于a = a^b^b^a^b，即a的值等于a^a^b^b^b，等于b。

【例5-15】 使用按位异或交换两个整数。

```
1   #include <stdio.h>
2   void main()
3   {
4     int a=3;
5     int b = 4;
6     a=a^b;
7     b=b^a;
8     a=a^b;
9     printf("a=%d b=%d",a,b);
10  }
```

程序的运行结果如下：

```
a=4 b=3
```

5.4.4 按位取反运算符

按位取反运算符"~"优先级比算术运算符、关系运算符、逻辑运算符和其他位运算符都高。它是一个单目运算符，用于求整数的二进制反码，即分别将操作数各二进制位上的1变为0，0变为1。

【例5-16】 对八进制数77按位取反。

```
1   #include <stdio.h>
2   void main()
3   {
4     int a=077;
5     printf("%d", ~a);
6   }
```

5.4.5 按位左移运算符

左移运算符是用来将一个数的各二进制位左移若干位，移动的位数由非负右操作数指定，其右边空出的位用0填补，高位左移溢出则舍弃该高位。

【例5-17】 将a的二进制数左移2位，右边空出的位补0，左边溢出的位舍弃。若a=15，即$(00001111)_2$，左移2位得$(00111100)_2$。

```
1   #include <stdio.h>
2   void main()
3   {
4     int a=15;
5     printf("%d",a<<2);
6   }
```

左移1位相当于该数乘以2，左移2位相当于该数乘以4。例如：15<<2=60，即乘

了4。但此结论只适用于该数左移时被溢出舍弃的高位中不包含1的情况。

假设以一个字节(8位)存一个整数a,若a为无符号整型变量,则a=64时,左移1位时溢出的是0,而左移2位时,溢出的高位中包含1。

5.4.6 按位右移运算符

右移运算符是用来将一个数的各二进制位右移若干位,移动的位数由非负右操作数指定,移到右端的低位被舍弃。对于无符号数,高位补0;对于有符号数,通常对左边空出的部分用符号位填补,具体依不同的系统而定。

例如,设a的值是八进制数113755。

a:1001011111101101（用二进制形式表示）

a >>1:1100101111110110（右移）

【例5-18】 使用按位右移运算符。

```
1    #include  <stdio.h>
2    void main( )
3    {
4      int a =0113755;
5      printf("%d",a >>1);
6    }
```

5.4.7 位运算赋值运算符

将按位运算符和赋值运算符结合,可形成复合的赋值运算符,简称为位运算赋值运算符。例如:&=,|=,>>=,<<=,^=等。a|=a相当于a=a|a,a>>=2相当于a=a>>2。

5.5 综合程序举例

【例5-19】 将一个32位整数b进行右循环移动n位,并对移动后的高n位进行各位置反。

【问题分析】 将b中原来左边32－n位向右移动n位,原来右边n位移动到最左边n位,再对高8位置反即可,如图5-3所示。

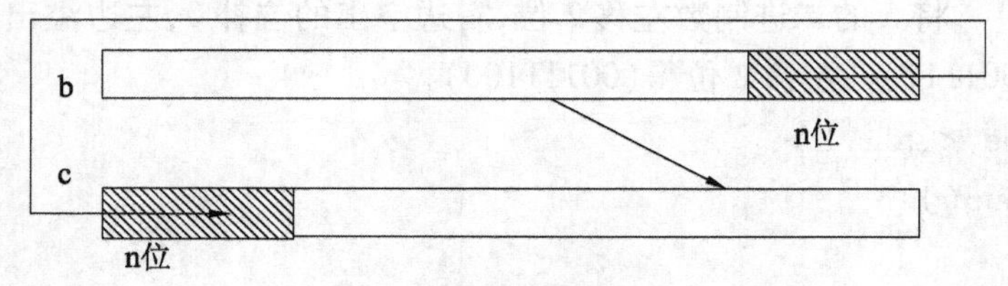

图5-3 例5-19图

具体过程如下:

(1)将b的右边n位放到a的高n位中,通过以下语句实现:

```
a=b<<(32-n);
```

将b向左移动32－n位,移动后b的左边32－n位被移除了,剩下右边n位,然后赋给a。注意,b的值没有变化。

(2) 将b向右移动n位,其左边高n位补0,放入c中,通过以下语句实现:

```
c = b >> n ;
```

(3) 将a与c按位进行或运算,通过以下语句实现:

```
c = c|a ;
```

(4) 将c的值与0xff000000进行异或运算,将高8位取反,通过以下语句实现:

```
c = c^0xff000000
```

总程序如下:

```
1   #include <stdio.h>
2   void main( )
3   {
4     unsigned int a , b ,c ;
5     int n ;
6     printf("input b:") ;
7     scanf("%d", &b ) ;
8     printf("input n:") ;
9     scanf("%d", &n ) ;
10    a = b << (32 - n) ;                          //左移32－n位
11    c = b >> n ;                                 //右移n位
12    c = c | a ;                                  //高n位与低32－n位合并
13    c = c^0xff000000 ;                           //高n位取反
14    printf("b = 0x%x c = 0x%x\n", b, c );        //十六进制输出b和c
15  }
```

程序的运行结果如下:

```
input  b:59
input  n:4
b=0x3b c=0x4f000003
```

【程序分析】 (1) 运行时输入b的值59＝$(0000\ 0000\ 0000\ 0000\ 0000\ 0000\ 0011\ 1011)_2$,b左移32－4＝28位,a＝b＜＜(32－4),即b的高28位被移除了,低4位放到a＝$(1011\ 0000\ 0000\ 0000\ 0000\ 0000\ 00000000)_2$中。

(2) b右移4位,c＝b＞＞4,即b的低4位被移除了,剩下的高28位放到c＝$(00000000\ 0000\ 0000\ 0000\ 0000\ 0000\ 0011)_2$中。

(3) a与c合并,c＝c|a,即b的低4位(在a中)与b的高28位(在c中)合并,得到c＝$(1011\ 0000\ 0000\ 0000\ 0000\ 0000\ 0000\ 0011)_2$。

(4) c高8位取反,c＝c^0xff000000,最后的结果是c＝$(0100\ 1111\ 0000\ 0000\ 0000\ 0000\ 0000\ 00110)_2$＝0x4f000003。

本章小结

本章主要介绍了C语言程序的基本构成，标识符、常量和变量，基本数据类型，运算符与表达式及按位运算符等内容。其中，标识符、常量和变量的定义与应用是本章的重点，要深入理解变量的三大基本属性。另外，各种C语言运算符的表示及功能也需重点掌握。本章内容虽有些零碎，但都是非常基础的知识且十分重要，一定要切实领会，并加以掌握。

考点提示

在二级等级考试中，本章内容主要出题方向及考察点如下：① C语言的数据类型（基本类型、构造类型、指针类型、无值类型）及其定义方法；② C语言运算符的种类、运算优先级和结合性；③ 不同类型数据间的转换与运算；④ C语言表达式类型（赋值表达式、算术表达式、关系表达式、逻辑表达式、条件表达式、逗号表达式）和求值规则；⑤ 按位运算符的含义和使用；⑥ 简单的位运算应用。

1. 设有语句int a=3;，则执行语句a+=a-=a*a;后，变量a的值是________。
2. 在C语言中，要求运算数必须是整数的运算符是________。
3. 若有以下程序，则输出结果是________。

```
1   #include <stdio.h>
2   void main( )
3   {
4     int i=010, j=10;
5     printf("%d,%d\n", ++i,j--);
6   }
```

4. 阅读以下程序，输出结果是________。

```
1   #include <stdio.h>
2   void main()
3   {
4     unsigned a=32768;
5     printf("a=%d\n",a);
6   }
```

5. 设X,Y,Z和K是int型变量，则执行表达式X=(Y=4,Z=16,K=32)后，X的值为________。

6. 若定义变量int K=7,X=12;，则表达式(X%=K)-(K%=5)的值

是________。

7. 若有以下程序,则输出结果是________。

```
1    #include  <stdio.h>
2    void main( )
3    {
4      int a = 12;
5      printf("%d   %d\n", --a,a++);
6    }
```

8. 若有以下程序段,则输出结果是________。

```
1    int a = 0,c = 0;
2    c = (c -= a - 5);
3    printf("%d   %d", a,c);
```

9. 当运行以下程序时,在键盘上从第一列开始输入9876543210<CR>(<CR>代表Enter键),则程序的输出结果是________。

```
1    #include  <stdio.h>
2    void main( )
3    {
4      int a; float b, c;
5      scanf("%2d%3f%4f", &a, &b, &c);
6      printf("\na = %d, b = %f, c = %f\n", a, b, c);
7    }
```

10. 若有以下程序,则输出结果是________。

```
1    #include  <stdio.h>
2    void main()
3    {
4      double d = 3.2;
5      int x,y;
6      x = 1.2; y = (x + 3.8)/5.0;
7      printf("%d \n", d * y);
8    }
```

11. 变量a中的数据用二进制表示的形式是01011101,变量b中的二进制数据是11110000。如要将a的高4位取反,低4位不变,所要执行的运算是________。

12. 若有以下程序,则输出结果是________。

```
1    #include  <stdio.h>
2    void main( )
3    {
4      int a = 1 , b = 2 , c = 3 , x ;
5      x = (a^b)&c ;
6      printf("%d\n", x);
```

```
7    }
```

13. 若有以下程序段,c 的值是________。

```
1    int a =1 , b = 2 , c ;
2    c = a^(b <<2) ;
```

14. 若有以下程序,则输出结果是________。

```
1    #include <stdio.h>
2    void main( )
3    {
4        unsigned char a =2 , b =4 , c =5 , d ;
5        d = a|b ;
6        d& = c ;
7        printf("%d\n" , d ) ;
8    }
```

第6章　顺序结构程序设计

第5章介绍了编程中用到的一些基本要素：常量、变量、运算符、表达式等，它们是构成C语言程序的基本成分。从本章开始的连续3章将依次介绍3种基本结构：顺序结构、分支结构和循环结构。C语言是一种结构化语言，它采用结构化程序设计的方法，也就是使用3种基本结构来编写程序，就像人们建造房时使用一些固有的房子结构一样。这就要求程序设计者按照一定的结构形式来设计和编写程序，并且符合C语言的语法规范，不能随心所欲。这种结构化程序是由顺序结构、分支结构和循环结构3种基本结构组成的。通过这种方法设计编写出来的程序结构清晰，容易阅读和理解，且便于检查、修改、验证和维护。

为更好地学习本章内容，需预先掌握以下知识点：常量、变量的定义与应用，运算符及其表达式的应用，基本的C语言程序语句等。通过本章的学习，应学会使用顺序结构进行程序设计，掌握C语言中格式化输入输出函数及字符输入输出函数的使用等。

6.1　顺序结构概述

顺序结构的程序是一种最简单的结构化程序结构，只要按照解决问题的顺序写出相应的语句即可，它的执行顺序是自上而下，依次执行，如图6-1所示（这里假设程序由两个语句A和B组成，当然程序可以由更多的语句构成），即先执行A，再执行B。顺序结构是一般程序都包含的结构。

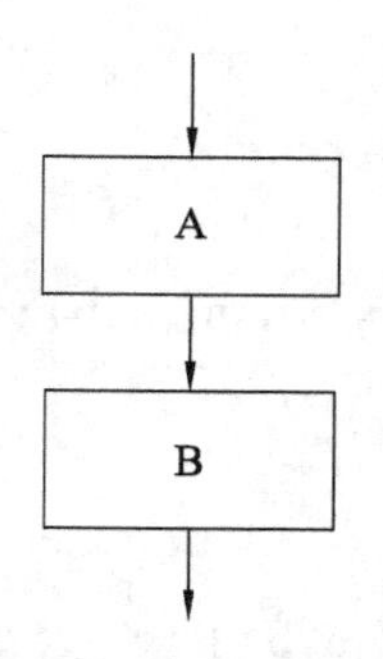

图6-1　顺序结构流程图

下面以例6-1说明顺序结构的程序设计过程。

【例6-1】　编程实现交换两个整型变量的值并输出。

【问题分析】　“交换两个变量的值”是程序设计中常碰到的问题。第5章中已经说明了变量的作用，形象地说，变量的作用相当于在内存中提供一个存放数据的空间或容器;变量的特点是每个变量占用一个内存空间,每当有新的内容被送到这个变量中,旧的内容就被覆盖。在程序中可以根据当前的情况,定义一个指定类型的容器来存放该类型的数据。因此,本例可以转换成将两个容器中的数据进行对换的问题。

借鉴实际生活中交换两个容器内物品的方法(如图6-2所示),借助第三个容器C,先将第一个容器A中的物品放到C中,然后将第二个容器B中的物品放到A中,最后将C中的物品放到B中即可。将该方法应用到程序设计中,可以简称为"交换三部曲",其流程如图6-3所示。

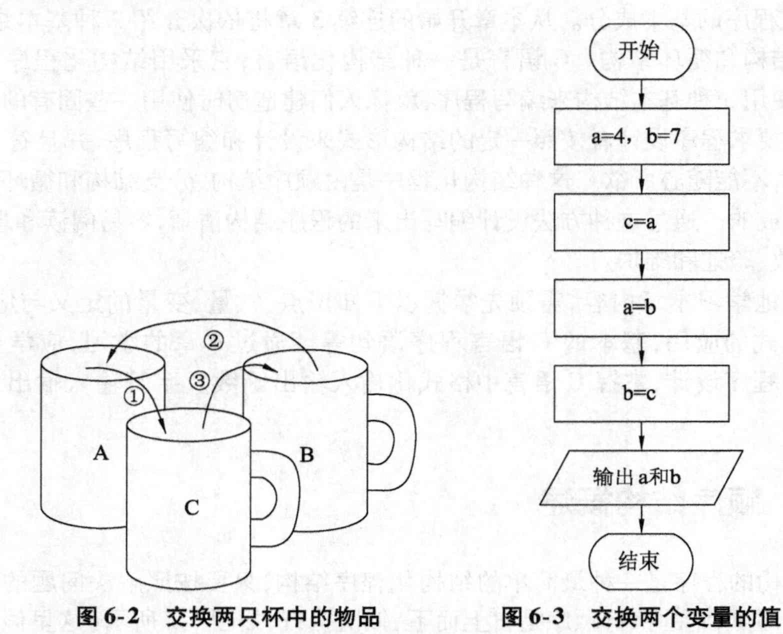

图6-2 交换两只杯中的物品 **图6-3 交换两个变量的值**

程序的源代码如下(算法1):

```
1   #include <stdio.h>
2   void main()
3   {
4      int a=4,b=7,c;
5      printf("交换前:a=%d,b=%d\n",a,b);
6      c=a;
7      a=b;
8      b=c;
9      printf("a=%d,b=%d\n",a,b);
10  }
```

程序的运行结果如下:

```
交换前: a=4 , b=7
a=7 , b=4
```

【程序分析】 上述方法可以称为"第三人"交换法,从中可以了解中间变量(本例中对应为变量c)的作用,以加深对程序的理解。观察整个算法,可以看出"第三人"(即中间变量)的功能就像一个邮递员。

此外,还可以使用一种不需要中间变量即可进行交换的算法,即"近距离互换"法。

程序的源代码如下(算法2):

```
1   #include <stdio.h>
2   void main()
3   {
4       int a=4,b=7;
5       printf("交换前:a=%d,b=%d\n",a,b);
6       a=a+b;
7       b=a-b;
8       a=a-b;
9       printf("交换后:a=%d,b=%d\n",a,b);
10  }
```

无论是算法1的程序还是算法2的程序,从运行的结构上说都有一个共同的特点:从程序开始到程序结束,程序运行没有出现某一行语句重复运行,或者某一行语句不执行的情况。

从以上两个简单程序可以看出,程序设计的顺序结构是在程序执行过程中语句按先后顺序自上而下,自左向右逐一执行每一语句,没有分支,没有重复,直到程序结束。

当然在程序中还需要实现数据的输入输出操作,以便计算机接收外部数据进行处理并将结果输出,下面将介绍在C语言中如何实现数据的输入、输出操作。

6.2 数据输出

所谓数据输出,是指把数据从计算机内部(主要指内存中的数据)送到计算机外部设备上的操作。例如,把计算机内的运算结果显示在屏幕上,或者送到磁盘上保存起来,或者打印出来等。与此过程相反,数据输入则是指从计算机外部设备将数据送入计算机内部的操作。例如,从终端键盘上(或从文件中等)读入数据等。

C语言本身没有设计专门的输入输出语句,但可以通过调用C语言提供的I/O标准库函数实现数据的输入输出(简称为I/O)操作。在Visual C++6.0环境下,在调用I/O库函数之前,要求在源程序的头部书写包含头文件stdio.h的命令行,即

```
#include <stdio.h>
```

在进行数据的输入、输出时,需要告诉程序3种信息:一是输入、输出哪些数据;二是用何种格式输入、输出;三是从什么设备上输入、输出。

本节介绍两个常用的输出函数:格式输出函数printf()和字符输出函数putchar();其余输入、输出函数将在第13章中介绍。这两个函数都是将内存数据通过显示器(称为标准输出设备)输出的。

6.2.1 printf函数的一般调用形式

printf函数称为格式输出函数，是C语言提供的标准输出函数之一，实现按指定的格式在显示器上输出数据的功能。printf函数的调用形式如下：

```
printf(格式控制, 输出项1,输出项2,…)
```

其中，“格式控制”是一个字符串（用双引号括起来的），所以也称为格式控制字符串，简称为格式字符串，其之后为输出项，且各项间用逗号分隔。

【例6-2】 简单的格式输出实例程序段。

```
1    int a =-1,b =2;
2    printf("a = %d,b = %d",a,b);
```

在第2行的输出语句中，printf是函数名，"a = %d,b = %d"为输出格式，它决定了输出数据的内容和格式。后面a,b为两个输出项，是printf函数的实参，实现将a和b的值在屏幕上输出，运行结果如下所示：

```
a=-1,b=2
```

6.2.2 printf函数的常用格式说明

在printf函数中，格式控制字符串中包含两种字符：

一种是格式说明字符（如例6-3第6行中%d部分），它们都必须用“%”开头、以一个格式字符结束，在此之间可以根据需要插入“宽度说明”、左对齐符号“-”、前导零符号“0”等，以起到控制相应输出项的输出格式的作用；

另一种是普通字符（如例6-3第6行中两者乘积为a*b=部分），将按原样输出。

【例6-3】 简单的格式输出实例程序。

```
1    #include <stdio.h>
2    void main( )
3    {
4      int a =4,b =5,product;                    //定义变量
5      product = a * b;
6      printf("两者乘积为 a * b = %d\n", product);
7    }
```

程序的运行结果如下：

```
两者乘积为a*b=20
```

在C语言中，printf的主要格式控制如下：

```
% [-][0][m.n] [l或h] 格式字符
```

其中，第一个和最后一个部分是不可缺少的，其余组成是按需选择，不是必须的组成部分。“[ ]”表示可选项，可缺省。

【说明】 (1) %：表示格式说明的起始符号，不可缺少。

(2) -：表示左对齐输出，如省略表示右对齐输出。

(3) 0：表示指定空位填0，如省略表示指定空位不填。

(4) m.n：m指域宽，即对应的输出项在输出设备上所占的字符数。n指精度，用于

说明输出的实型数的小数位数,没有指定n时,隐含的精度为n=6位。

(5) l或h:l对于整型指long型,对于实型指double型。h用于将整型的格式字符修正为short型。

(6) 格式字符:格式字符用以指定输出项的数据类型和输出格式。格式字符可用以下几种不同控制形式:

① d格式:用来输出十进制整数。

%d:按整型数据的实际长度输出。

%md:按指定的字段宽度m进行输出。如果数据的位数小于m,则左端补以空格,若大于m,则按实际位数输出。

%ld:按长整型格式输出数据。

② o格式:以无符号八进制形式输出整数,对长整型可以用"%lo"格式输出。同样也可以指定字段宽度用"%mo"格式输出。

【例6-4】 阅读以下程序,分析运行结果。

```
1   #include <stdio.h>
2   void main( )
3   {
4     int a =-1;
5     printf("%d, %o", a, a);
6   }
```

程序的运行结果如下:

```
-1, 37777777777
```

【程序分析】 -1在内存单元中(以补码形式存放)为$(11111111111111111111111111111111)_2$,转换为八进制数为$(377\ 7777\ 7777)_8$,所以以上程序按%o格式输出时为37777777777。

③ x格式:以无符号十六进制形式输出整数,对长整型可以用"%lx"格式输出。同样也可以指定字段宽度用"%mx"格式输出。

④ u格式:以无符号十进制形式输出整数,对长整型可以用"%lu"格式输出。同样也可以指定字段宽度用"%mu"格式输出。

⑤ c格式:输出一个字符。

⑥ s格式:输出一个串。可用以下几种具体形式:

%s:输出一个字符串。

【例6-5】 输出一个字符串的程序段。

```
printf("%s\n","CHINA");      // 输出字符串"CHINA"(不包括双引号)
```

程序的运行结果如下:

```
CHINA
```

%ms:输出的字符串占m列,如字符串本身长度大于m,则突破m的限制,将字符串全部输出。若串长小于m,则左补空格。

%-ms:如果串长小于m,则在m列范围内,字符串向左靠,右补空格。

%m.ns：输出占m列，但只取字符串中左端n个字符。这n个字符输出在m列的右侧，左补空格。

% -m.ns：其中m,n含义同上，n个字符输出在m列范围的左侧，右补空格。如果n>m，则自动取n值，即保证n个字符的正常输出。

⑦ f格式：用来输出实数，包括单、双精度两种，以小数形式输出。可用以下几种具体形式：

%f：不指定宽度，整数部分全部输出并输出6位小数。

%m.nf：输出共占m列，其中有n位小数，如数值宽度小于m，则左端补空格。

% -m.nf：输出共占m列，其中有n位小数，如数值宽度小于m，则右端补空格。

【注意】 输出实数时，其数据的实际精度并不完全取决于格式控制中的域宽和小数的域宽，而是取决于数据在计算机内的储存精度。对于单精度数，使用%f格式符输出时，仅前7位是有效数字，输出6位小数。对于双精度数，使用%lf格式符输出时，前16位是有效数字，但仍输出6位小数。因此，若程序中指定的域宽和小数的域宽超过相应类型数据的有效数字，输出的多余数字是没有意义的，只是系统用来填充域宽而已。

【例6-6】 阅读以下语句，分析运行结果。

```
printf("%lf\n",10000000.0/3);
```

语句的运行结果如下：

```
3333333.333333
```

⑧ e格式：以指数形式输出实数。可用以下几种具体形式：

%e：数字部分（又称尾数）输出6位小数，指数部分占5位，其中小数点占一位。且小数点前必须有且仅有1位非0数字。

%m.ne和% -m.ne：m,n和“-”字符含义与前相同。此处n指数据的数字部分的小数位数，m表示整个输出数据所占的宽度。

⑨ g格式：自动选f格式或e格式中较短的一种输出，且不输出无意义的0。

另外，如果想输出字符“%”，则应该在“格式控制”字符串中用%%表示。

【例6-7】 一个输出带有%的程序段。

```
printf("%f%%\n",1.0/3);            // 输出0.333333%
```

语句的运行结果如下：

```
0.333333%
```

6.2.3 使用printf函数的注意事项

在程序中使用printf函数时应该注意以下几个事项：

（1）printf的输出格式为自由格式，是否在两个数之间留逗号、空格或回车，完全取决于格式控制。如果不注意，易造成数字连在一起，使得输出结果没有意义。

【例6-8】 格式输出。

```
1   #include <stdio.h>
2   void main() {
3       int k = 1234;double f = 123.456;
```

```
4        printf("%d%d%.3f\n",k,k,f);
5    }
```

程序的运行结果如下：

```
12341234123.456
```

由第4行语句的输出结果可以看出，计算机无法分辨其中的数字含义。而如果将第4行语句改为

```
printf("%d %d %.3f\n",k,k,f);
```

其运行结果是

```
1234 1234 123.456
```

即在相邻数之间加了空格，使结果分开显示，当然也可加其他字符(如分号等)。

(2) 格式控制中必须含有与输出项一一对应的输出格式说明，且类型必须匹配。若格式说明与输出项的类型不一一对应匹配，则不能正确输出，而且编译时不会报错。若格式说明个数少于输出项个数，则多余的输出项不予输出；若格式说明个数多于输出项个数，则将输出一些毫无意义的数字乱码。

(3) 在格式控制中，除了前面要求的输出格式外，还可以包含任意的合法字符(包括汉字和转义符等)，这些普通字符输出时将"原样"输出。此外，还可利用'\n'(回车)等转义符进一步控制输出格式。

(4) printf 函数有返回值，返回值是本次调用输出字符的个数，包括回车等控制符。

考虑C语言学习的侧重点和篇幅限制，printf 函数的其他详细、完整格式(如输出数据时的域宽可以改变等)可参考C语言手册和集成环境中的开发文档等。

6.2.4　putchar 函数输出字符

putchar 函数是C语言提供的标准输出函数之一，实现在标准终端输出设备(即显示器)上输出字符。putchar 函数的调用形式如下：

```
putchar(字符变量或常量)
```

【例6-9】　一个简单的输出字符实例。

```
1    #include <stdio.h>
2    void main() {
3        char ch = 'a';
4        putchar('A');            //输出大写字母A
5        putchar(ch);             //输出字符变量ch的值
6        putchar('\101');         //也是输出字符A
7        putchar('\n');           //换行
8    }
```

程序的运行结果如下：

```
AaA
```

【注意】　对于控制字符(如例6-9中的换行字符'\n')，仅执行其控制功能(如换行)，并不在屏幕上显示其字符。

6.3 数据输入

scanf 函数是 C 语言提供的标准输入函数之一,通过该函数实现从终端键盘上读入数据的功能。

6.3.1 scanf 函数的一般调用形式

scanf 函数的一般调用形式如下:

```
scanf(格式控制, 输入项1, 输入项2,…)
```

【例 6-10】 一个简单的输入实例。

```
1  #include <stdio.h>
2  void main()
3  {
4     int x; float y; double z;
5     scanf("%d%f%lf",&x,&y,&z);                    //通过键盘输入 x, y, z 值
6     printf("x = %d, y = %f, z = %lf\n",x,y,z);    //在显示器上输出 x, y, z 值
7  }
```

从键盘输入如下:

```
1 2.3 4.5
```

相应程序输出如下:

```
x=1, y=2.300000, z=4.500000
```

【程序分析】 例 6-10 中第 5 行通过 scanf 函数分别为变量 x, y, z 进行输入操作。其中 scanf 是函数名,双引号括起来的字符串部分为格式控制部分,其后的 &x,&y,&z 为输入项。

格式控制的主要作用是指定输入时的数据转换格式,即格式控制符。scanf 的格式控制符与 printf 类似,也是由"%"开始,其后是格式字符。例 6-10 中 scanf 函数格式控制的%d,%f(或%e),%lf(或%le)分别用于 int,float 和 double 型数据的输入。

在 C 语言中,scanf 函数的常用格式控制如下:

```
% [*] [width] [l | h] 格式符
```

【说明】 (1)"[ ]"表示可选项,可缺省;"|"表示互斥关系。

(2) width:指定输入数据的域宽,遇空格或不可转换字符则结束。

(3) 格式符:各种格式转换符(参照 printf)。

(4) *:抑制符,输入的数据不会赋值给相应的变量。

(5) l:用于 d,u,o,x(或 X)前,指定输入为 long 型整数;用于 e(或 E),f 前,指定输入为 double 型实数。

(6) h:用于 d,u,o,x(或 X)前,指定输入为 short 型整数。

输入项之间用逗号隔开。对于 int,float 和 double 型简单变量,在变量之前必须加"&"符号作为输入项,这一点与 printf 函数是不相同的。在使用 scanf 函数进行数据输

入时变量名前忘记写“&”是初学者常犯的错误之一，“&”是C语言中的求地址运算符，输入项必须是地址表达式。

【注意】 printf中“%f”格式符，既可以输出float型又可以输出double型的数据。但scanf是区分%f和%lf的，如果要输入double型的数据一定要指定为%lf。

6.3.2　scanf函数的常用格式说明

每个格式说明都必须用“%”开头，以一个“格式字符”作为结束。通常允许用于输入的格式字符及其对应的功能与printf函数中的格式声明相似，但以下几点需要注意：

（1）在格式串中，必须含有与输入项一一对应的格式控制符。若格式说明与输入项的类型不一一对应匹配，则不能正确输入，且编译时不会报错。若格式说明个数少于输入项个数，scanf函数结束输入，则多余的输入项将无法得到正确的输入值；若格式转换说明个数多于输入项个数，scanf函数也结束输入，多余的数据作废，不会作为下一个输入语句的数据。

（2）在Visual C++6.0环境下，输入short型整数，格式控制要求用%hd，输入double型数据，格式控制必须用%lf（或%le），否则数据不能正确输入。

（3）在scanf函数的格式字符前可以加入一个正整数指定输入数据所占的宽度，但不可以对实数指定小数位的宽度。

（4）当输入项与输入格式一一对应时，由于输入的是一个字符流，scanf从这个字符流中按照格式控制指定的格式解析出相应数据，送到指定地址的变量中。因此当输入的数据少于输入项时，运行程序将等待输入，直到满足要求为止；当输入的数据多于输入项时，多余的数据在输入流中不作废，而是等待下一个输入操作语句继续从此输入流读取数据。

（5）scanf函数有返回值，其值就是本次scanf调用正确输入的数据项的个数。

（6）当格式控制字符串中含有抑制符“*”时，表示本输入项对应的数据读入后不赋给相应的变量（该变量由下一个格式指示符输入）。

例如：

```
int n1,n2;
scanf ("%2d%*2d%3d", &n1, &n2);
printf ("n1 =%d, n2 =%d\n", n1, n2);
```

若输入123456789↙，则输出结果为n1 =12，n2 =567。其运行结果如下：

```
123456789
n1=12, n2=567
```

（7）使用格式控制符“%c”输入单个字符时，空格和转义字符均作为有效字符被输入。

（8）输入数据时遇到以下情况，系统认为该数据输入结束：

① 遇到空格，或者回车键、Tab键。

② 遇到输入域宽度结束。例如“%3d”，只取3列。

③ 遇到非法输入。例如，在输入数值数据时，遇到字母等非数值符号。

例如，`scanf ("%d", &a);`，如果输入为`12a3↙`，a的值将是12。

（9）当一次scanf调用需要输入多个数据项时，如果前面数据的输入遇到非法字符，并且输入的非法字符不是格式控制字符串中的常规字符，那么这种非法输入将影响后面数据的输入，导致数据输入失败。

6.3.3 使用scanf函数从键盘输入数据

当使用scanf函数从键盘输入数据时，每行数据在未按下回车键（Enter键）之前，可以任意修改。但按下回车键后，scanf函数即接收了这一行数据，不能再修改。对此类输入，需作如下两方面的说明。

1. 输入数值数据

在输入整数或实数数值型数据时，输入的数据之间必须用空格、回车符或制表符（Tab键）等默认间隔符隔开，间隔符个数不限。即使在格式控制字符中人为指定了输入宽度，也可以用此方式输入。

例如，在例6-10中，若要给x赋值10，y赋值12.3，z赋值1234567.89，输入格式可以是

```
10   12.3   1234567.89↙
```

也可以是

```
10↙
12.3↙
1234567.89↙
```

在输入整数或实数等数值型数据时，输入的数据之间也可以在格式符中指定其他分隔符，如逗号、冒号等。例如，例6-10中的输入语句（第5行）可以改为

```
scanf("%d,%f,%lf",&x,&y,&z);
```

则输入格式应在每个输入数据之间用指定分隔符（如逗号）分开：

```
10, 12.3, 1234567.89↙
```

2. 指定输入数据所占的宽度

当格式控制字符串中指定了输入数据的域宽width时，将读取输入数据中相应的width位，并按需要的位数赋给相应的变量，多余部分被舍弃。

例如，例6-10中的输入语句（第5行）可改为

```
scanf("%3d%5f%5lf",&x,&y,&z);
```

若从键盘上从第1列开始输入，即将输入改为

```
123456.789.123↙
```

则其输出的结果是

```
x=123, y=456.700012, z=89.120000
```

【程序分析】 （1）由于对应于变量x的格式控制是“%3d”，故把输入数字串的前三位（即123）赋值给了x。

（2）由于对应于变量y的格式控制是“%5f”，故把输入数字串中随后的5位数（包括小数点）456.7赋值给了y。

（3）由于对应于变量z的格式控制是“%5lf”，故把数字串中随后的5位（包括小数点）89.12赋值给了z。

由以上示例可知，在 scanf 函数格式字符中指定输入数据所占宽度的情况下，数字之间不需要间隔符，若插入了间隔符，系统也将按指定的宽度来读取数据，从而引起输入混乱。除非数字“粘连”在一起，否则不提倡指定输入数据所占的宽度。

6.3.4 使用 getchar 函数从键盘输入数据

getchar 函数也是 C 语言提供的标准输入函数之一，通过该函数实现从终端键盘读单个字符的功能。getchar 函数的调用形式如下：

```
int getchar( );
```

getchar 函数有一个 int 型的返回值，即为键盘输入字符的 ASCII 码。当程序调用 getchar 函数时，程序就等待用户按键，用户输入的字符被存放在键盘缓冲区中，直到用户按回车为止（回车字符也放在缓冲区中）。当用户键入回车之后，getchar 函数才开始从键盘缓冲区中每次读入一个字符。getchar 函数的返回值是用户输入的第一个字符的 ASCII 码，如出错则返回 -1，且将用户输入的字符回显到屏幕。若用户在按回车之前输入多于一个字符时，其他字符会保留在键盘缓存区中，等待后续 getchar 函数调用读取。也就是说，后续的 getchar 函数调用不会等待用户按键，而直接读取缓冲区中的字符，直到缓冲区中的字符读完为止，才启动等待用户按键。

6.4 综合程序举例

下面举一个典型的应用例子，使用有格式输入、输出功能编写实现数据输入、输出数据整齐划一的 C 语言程序。

【例 6-11】 表 6-1 是一张 1998 年主要气象站汛期雨量的统计表。

表 6-1 1998 年主要气象站汛期雨量的统计表

站名	汛期各月雨量(毫米)				
	5月	6月	7月	8月	9月
江阴气象站	76.8	176.5	308.1	41.0	69.6
定波闸气象站	71.5	208.5	352.1	47.2	62.6
肖山气象站	65.5	200.0	239.7	44.3	63.0

输入 3 个气象站 5 个月（汛期）雨量数据，统计每个气象站的总雨量和平均雨量，计算 5 月、6 月、7 月、8 月和 9 月的平均雨量，输出每个气象站每个月的雨量、总雨量和平均雨量。

要求按以下格式输入雨量数据：

```
                               5月     6月     7月     8月     9月
输入江阴气象站5个月的雨量：    76.8    176.5   308.1   41.0    69.6
输入定波闸气象站5个月的雨量：  71.5    208.5   352.1   47.2    62.6
输入肖山气象站5个月的雨量：    65.5    200.0   239.7   44.3    63.0
```

要求按以下格式输出有关数据：

	5月	6月	7月	8月	9月	总雨量	平均雨量
江阴气象站5个月的雨量：	76.8	176.5	308.1	41.0	69.6	672.0	134.4
定波闸气象站5个月的雨量：	71.5	208.5	352.1	47.2	62.6	741.9	148.4
肖山气象站5个月的雨量：	65.5	200.0	239.7	44.3	63.0	612.5	122.5

【问题分析】 根据题意，需要使用21个实型变量。设：

r11，r12，r13，r14，r15，total1，av1分别存放江阴气象站5个月的雨量、总雨量和平均雨量；

r21，r22，r23，r24，r25，total2，av2分别存放定波闸气象站5个月的雨量、总雨量和平均雨量；

r31，r32，r33，r34，r35，total3，av3分别存放肖山气象站5个月的雨量、总雨量和平均雨量。

编写程序如下：

```
1    #include <stdio.h>
2    void main()
3    {
4        float r11,r12,r13,r14,r15,total1,av1;
5        float r21,r22,r23,r24,r25,total2,av2;
6        float r31,r32,r33,r34,r35,total3,av3;
7        printf("\t\t\t    5月    6月    7月    8月    9月\n");
8        printf("输入江阴气象站5个月的雨量： ");
9        scanf("%f%f%f%f%f",&r11,&r12,&r13,&r14,&r15);
10       printf("输入定波闸气象站5个月的雨量： ");
11       scanf("%f%f%f%f%f",&r21,&r22,&r23,&r24,&r25);
12       printf("输入肖山气象站5个月的雨量： ");
13       scanf("%f%f%f%f%f",&r31,&r32,&r33,&r34,&r35);
14       total1 = r11 + r12 + r13 + r14 + r15;
15       av1 = total1/5;
16       total2 = r21 + r22 + r23 + r24 + r25;
17       av2 = total2/5;
18       total3 = r31 + r32 + r33 + r34 + r35;
19       av3 = total3/5;
20       printf("5月    6月    7月    8月    9月     总雨量   平均雨量\n");
21       printf("江阴气象站：%.1f  %.1f  %.1f  %.1f  %.1f  %.1f  %.1f\n",r11,
           r12,r13,r14,r15,total1,av1);
22       printf("定波闸气象站:%.1f  %.1f  %.1f  %.1f  %.1f  %.1f  %.1f\n",r21,
           r22,r23,r24,r25,total2,av2);
23       printf("肖山气象站：  %.1f  %.1f  %.1f  %.1f  %.1f  %.1f  %.1f\n",r31,
           r32,r33,r34,r35,total3,av3);
24   }
```

程序的运行结果如下：

```
                        5月     6月      7月     8月    9月
输入江阴气象站5个月的雨量:   76.8   176.5   308.1   41.0   69.6
输入定波闸气象站5个月的雨量: 71.5   208.5   352.1   47.2   62.6
输入肖山气象站5个月的雨量:   65.5   200.0   239.7   44.3   63.0
              5月     6月     7月     8月    9月    总雨量   平均雨量
江阴气象站:     76.8   176.5   308.1   41.0   69.6   672.0   134.4
定波闸气象站:   71.5   208.5   352.1   47.2   62.6   741.9   148.4
肖山气象站:     65.5   200.0   239.7   44.3   63.0   612.5   122.5
```

【程序分析】 通过该程序，读者可进一步体会计算机解决问题的环节：输入——处理——输出，理解顺序结构。该程序中数据来源是程序运行时从输入设备读入的，处理后再通过输出设备输出结果。

本章小结

结构化程序是由顺序、分支和循环3种基本结构组成的，其中顺序结构是最简单的一种，严格按语句的先后顺序依次执行。本章主要介绍顺序结构，其中需要用到数据的输入、输出操作；然后介绍几种常见的输入、输出函数：格式输入、输出函数和字符输入、输出函数，从而实现数据的输入、输出功能；最后给出了一个综合实例来进一步说明顺序结构。

考点提示

在二级等级考试中，本章主要出题方向及考察点如下：

（1）printf 函数的格式。

① %d 对应整型，%c 对应字符，%f 对应单精度。

② 宽度、左对齐等修饰。

（2）scanf 函数的格式。

① 格式控制符（ *，o，d，x，c）。

② 使用 scanf 时要求给出变量地址，一次可输入多个数据的处理。

（3）putchar 和 getchar 函数的使用。

习题 6

一、简答题

1. 请给出顺序结构程序的简单描述及流程图。

2. 在C语言中，如何实现数据的输入与输出功能？

3. C语言的格式化输入、输出函数，字符输入、输出函数分别是什么？这两种不同类型的输入、输出函数又有什么区别？

二、程序完善题

1. 当运行以下程序时，通过键盘从第一列开始输入9876543210<CR>（<CR>代表Enter键），则程序的输出结果是________。

```
1    #include <stdio.h>
2    void main()
3    {
4        int a; float b,c;
5        scanf("%2d%3f%4f",&a,&b,&c);
6        printf("a=%d,b=%f,c=%f\n",a,b,c);
7    }
```

2. 若int类型占4个字节，则以下程序段的输出结果是________。

```
1    #include <stdio.h>
2    void main()
3    {
4        int a=-1;
5        printf("%d,%x\n",a,a);
6    }
```

3. 输入两个整数a,b，然后交换它们的值，最后输出结果是________。

```
1    #include <stdio.h>
2    void main()
3    {
4        int a,b,temp;
5        printf("请输入a和b的值:");
6        scanf("%d%d",&a,&b);
7        ________
8        ________
9        ________
10       printf("交换后，a=%f, b=%f\n",a,b);
11   }
```

三、编程题

1. 若a=3,b=4,c=5,x=1.2,y=2.4,z=-3.6,ch='a'。若想得到以下的输出格式和结果，请写出程序。

```
a=3,b=4,c=5
x=1.20,y=2.400,z=-3.6
x+y=3.60, y+z=-1.20, z+x=-2.40
ch='a' or 97
```

2. 输入一个摄氏温度，编程输出相应等值的华氏温度。已知华氏温度转换为摄氏温度的计算公式为：$C=5/9(F-32)$，其中F表示华氏温度，C表示摄氏温度。

输入格式:100　　　　输出格式:38

3. 编程实现输入千米数,输出显示其英里数。已知1英里=1.60934千米(用符号常量)。

输入格式:10　　　　输出格式:6.2137

4. 从键盘输入一个三位的自然数m,分离出它的百位、十位与个位上的数字并求和输出。

输入格式:724　　　　输出格式:13

5. 键盘输入一个小写字母,要求输出其大写字母。

输入格式:d　　　　输出格式:D

第7章　分支结构程序设计

第6章介绍了顺序结构及其程序设计，以及如何实现数据的输入、输出功能。顺序结构的程序只能实现简单的逻辑，且所有的代码均被执行。但有一种逻辑要根据某一条件是否满足，才决定本次程序运行时选择哪些代码去执行，并且所有的代码在某次运行时均有可能会被执行到。如何处理现实中的此类逻辑呢？这就需要用到本章将介绍的结构化程序设计中的另一个重要结构——分支结构及其程序设计。

为了更好地学习本章内容，需预先掌握以下知识点：基本C语言程序输入、输出语句，顺序结构程序设计等。通过本章的学习，应理解和掌握分支结构的含义，掌握if语句和switch语句的使用，掌握break语句在switch语句中的使用，能编写带有逻辑判断的分支结构程序。

7.1　分支结构概述

在编写程序时，有时并不能保证程序一定执行某些指令，而是要根据一定的外部条件来判断哪些指令需要执行。例如，学生每次上课将根据课表（周几第几节）做出判断，确定上什么课。对于这种事先不知道具体操作的事件，课表给出了不同条件下的处理方式，计算机程序也是如此，可以根据不同的条件执行不同的代码，这就是分支结构，也称为选择结构。

C语言提供了可以进行逻辑判断的两类分支语句：if语句和switch语句，由这些分支语句可构成程序中的分支结构，即根据给定条件是否成立而决定执行不同步骤的一种算法结构。分支结构的基本模式分为两种：单分支结构（如图7-1所示）和双分支结构（如图7-2所示）。由图看出，执行到分支结构时，在两条可能的路径中，计算机将根据条件是否成立而选择其中一条路径执行。

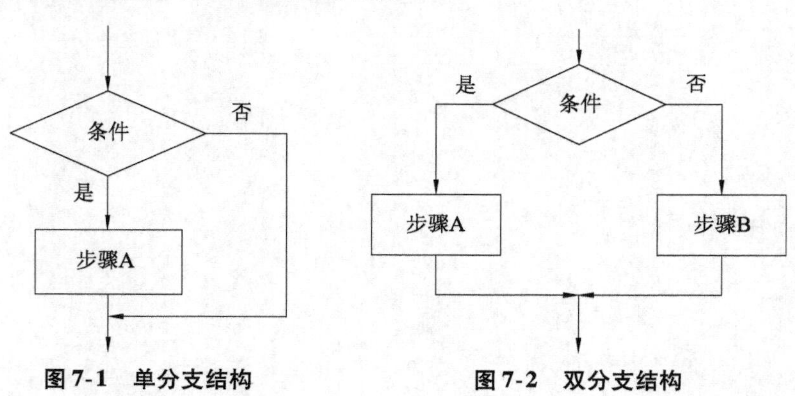

图7-1　单分支结构　　　　图7-2　双分支结构

在图7-1所示的单分支结构中，当条件判断成立时，往下执行预定步骤A，否则跳过预定步骤A。在图7-2所示的双分支结构中，根据条件判断的“是”与“否”，分别执行步骤A或B。无论单、双分支都一定有判断框和汇聚点，判断框是分支结构的开始，汇聚点是分支结构的结束。分支结构只有一个入口（即判断框的入口）和一个出口（即汇聚点的出口）。

分支结构在实际应用程序中无处不在，因为程序总是为解决某个实际问题而设计的，而问题往往包含多个方面，不同的情况需要有不同的处理。若没有分支结构，则很多情况将无法处理，因此，正确掌握选择结构程序设计方法对于成功编写实际应用程序是非常重要的。

7.2 if 语句

C语言提供的if语句有两种基本形式，见表7-1。

表7-1　if语句的基本形式

类别	特征	语句形式
单分支结构	不含else子句的if语句	if(表达式)　语句
双分支结构	含else子句的if语句	if(表达式)　语句1 else 语句2

7.2.1　单分支if语句

1. 语句形式

```
if(表达式)　语句
```

例如

```
if(a<b){ t=a; a=b; b=t; }
```

其中，if是关键字，其后是表达式，称为条件表达式，作为条件判断使用。if语句后面的表达式必须用括号括起来，可以是C语言中任意合法的表达式。表达式之后只允许有一条语句，称为if子句。如果想在满足条件时执行一组（多个）语句，则必须把这一组语句用{}括起来，组成一个复合语句，如{ t=a; a=b; b=t; }。但要注意的是，在“}”之后不能再加分号。

在逻辑结构上，复合语句相当于一条语句。有时可形象地称之为“语句打包”。该例子中，当a<b时，就执行if子句{ t=a; a=b; b=t; }。复合语句是可以嵌套的，即复合语句内还可有复合语句。

2. if语句的执行过程

如图7-3所示，执行if语句时，首先计算紧跟在if后面一对圆括号中的表达式的值并判断；若表达式的值为非零（“真”，即为1）则执行其后的if子句；若表达式的值为零（“假”，即为0），则跳过if子句，直接执行if语句后的下一条语句。

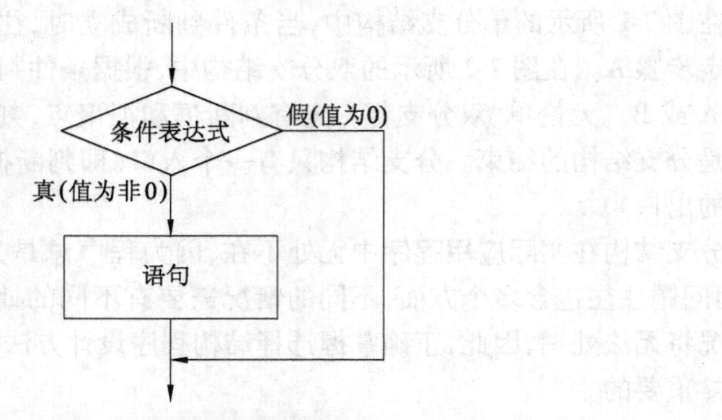

图 7-3　if 语句的执行过程图

【例 7-1】　由键盘输入两个整数，分别放入 x 和 y 中，要求输出其中较小的那个数。

```
1   #include < stdio. h >
2   void main( ) {
3       int x, y, min;
4       printf("输入 x 和 y: ");                  //提示输入
5       scanf("% d% d",&x,&y);
6       printf("x = % d, y = % d\n",x,y);
7       min = x;
8       if (min > y) min = y;
9       printf("最小值为: % d\n",min);
10  }
```

例 7-1 是一个 if 语句的简单应用，其流程图如图 7-4 所示。

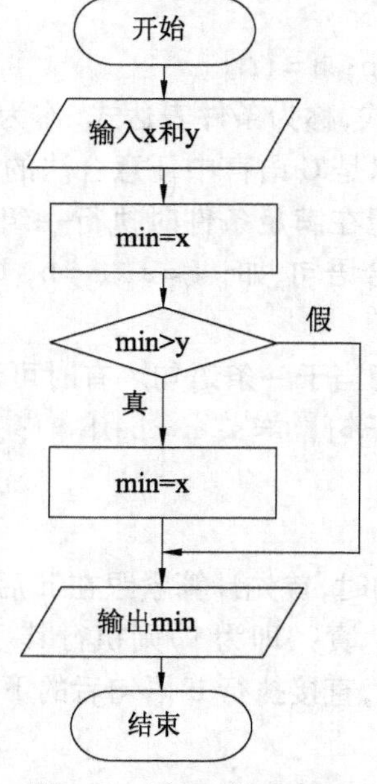

图 7-4　例 7-1 的流程图

（1）执行完第4行printf语句，在屏幕上显示提示信息输入x和y：之后，scanf语句等待用户给变量x，y输入两个整数，然后把输入的两个数显示在屏幕上。

（2）执行第7行时，程序为min赋初值为x，接下来执行if语句，计算表达式min > y的值：如果min大于y，表达式的值为1，则令min值为y；否则（即min小于或等于y）表达式的值为0，则跳过此if子句，继续执行下面的语句，即调用printf函数，输出min的值，程序结束。

程序的运行结果如下：

```
输入 x和y: 28 65
x=28,y=65
最小值为: 28
```

【程序分析】 以上程序功能是求两个数的最小值，那么如何求3个数或更多数的最小值呢？此时也可以使用该方法，即打擂算法：先找出任一人站在台上（例7-1中对应第7行语句），第2人上去与之比武，胜者留在台上（例7-1中对应第8行语句）；第3人与留在台上的人比武，胜者留台上，败者下台；以后每一个人都与当时留在台上的人比武，直到所有人都上台比过为止，最后留在台上的就是冠军。例7-1中是按值进行打擂，值小者为胜者，min用来存放为擂主的值。如果求最大值，则仅需设定值大者为胜者。此方法可与数组结合用来求几个数的最大值或最小值。

7.2.2 双分支if…else语句

1. 语句形式

```
if(表达式)  语句1
else  语句2
```

例如：

```
int a; scanf("%d",&a);
if(a!=0) printf("a!=0\n");
else  printf("a==0\n");
```

在该结构中，if和else是C语言的关键字。“语句1”称为if子句，“语句2”称为else子句，这些子句只允许为一条语句，若需要多条语句时，则应该使用复合语句进行“语句打包”。

【注意】 else不是一条独立的语句，它只是if语句的一部分。在程序中else必须与if配对，共同组成一条if…else语句。

2. if…else语句的执行过程

如图7-5所示，执行if…else语句时，首先计算紧跟在if后面一对圆括号内表达式的值。如果表达式的值为非0，则执行if子句，然后跳过else子句，去执行if语句之后的下一条语句；如果表达式的值为0，则跳过if子句，去执行else子句，执行完之后接着去执行if语句之后的下一条语句。

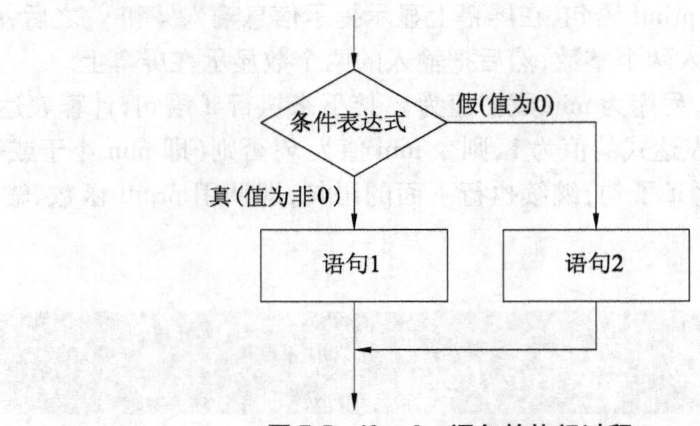

图 7-5 if…else 语句的执行过程

【例 7-2】 键盘输入一个年份,判断其是否为闰年,并且输出相应信息。

【问题分析】 判断年份是不是闰年,可以根据闰年的定义:能被 4 整除但不能被 100 整除,或能被 400 整除,其流程如图 7-6 所示。

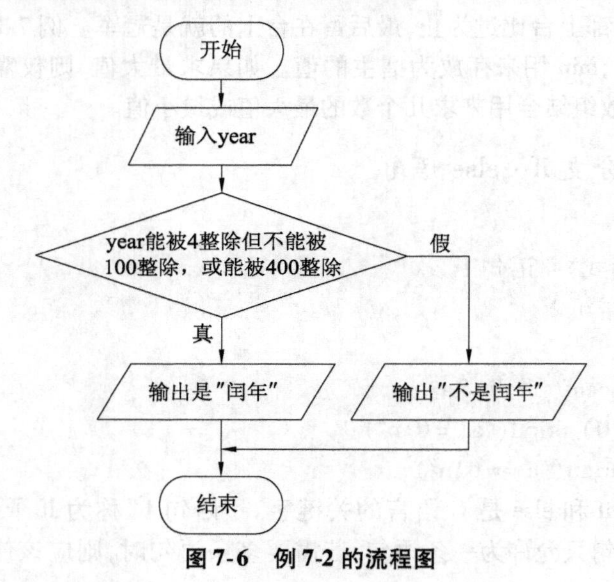

图 7-6 例 7-2 的流程图

参照流程图编写程序如下:

```
1    #include < stdio. h >
2    void main( ) {
3      int year;
4      printf("\n 请输入年份 year:");
5      scanf("% d",&year);
6      if( year% 400 = = 0 || ( year% 4 = = 0&&year% 100 ! = 0) )      //判断是不是闰年
7        printf("% d 年是闰年\n",year);
8      else
9        printf("% d 年不是闰年\n",year);
10   }
```

程序的第一次运行情况：

```
请输入年份 year:2006
2006年不是闰年
```

程序的第二次运行情况：

```
请输入年份 year:2012
2012年是闰年
```

7.3 多分支结构

分支结构在现实生活中处处可见，例如学生的活动安排、按照不同收入扣的税点、将百分制的分数转换为相应的等级等。

7.3.1 嵌套的 if 语句

if 子句和 else 子句中可以是任意合法的 C 语句（包括复合语句），因此当然也可以是 if 语句，通常称此为嵌套的 if 语句。内嵌的 if 语句既可以嵌套在 if 子句中，也可以嵌套在 else 子句中，具体形式有以下 3 种。

1. 在 if 子句中嵌套具有 else 子句的 if 语句

语句形式如下：

```
if(表达式1)
  if(表达式2) 语句1
  else 语句2
else 语句3
```

当表达式 1 的值为非 0 时，执行内嵌的 if…else 语句，根据表达式 2 的值再次决定执行语句 1 还是语句 2；当表达式 1 的值为 0 时，执行语句 3。

2. 在 if 子句中嵌套不含 else 子句的 if 语句

语句形式如下：

```
if(表达式1)
{    if(表达式2) 语句1    }
else
  语句2
```

【注意】 在 if 子句中的一对花括号不可缺少。因为 C 语言的语法规定：else 子句总是与前面离它最近的不带 else 的 if 相结合，与书写格式无关。因此，若以上语句中删去一对花括号，则逻辑就发生变化，即：当表达式 1 成立，且表达式 2 也成立时，执行语句 1；当表达式 1 成立，且表达式 2 不成立时，执行语句 2。也就是说，只有表达式 1 成立时，才会执行语句 1 或语句 2，否则什么语句也不执行，从最外面看就变成了一条单分支的 if 语句。

如果存在这对花括号，含义与上大不相同，即：当表达式 1 成立时，且表达式 2 也成立时，执行语句 1；当表达式 1 不成立时，就执行语句 2；当表达式 1 成立而表达式 2 不成立时，什么语句都不执行。

因此在编程时要注意是否需要加一对花括号，仔细分析嵌套后的逻辑判断关系，否则出现逻辑错误后很难排查。

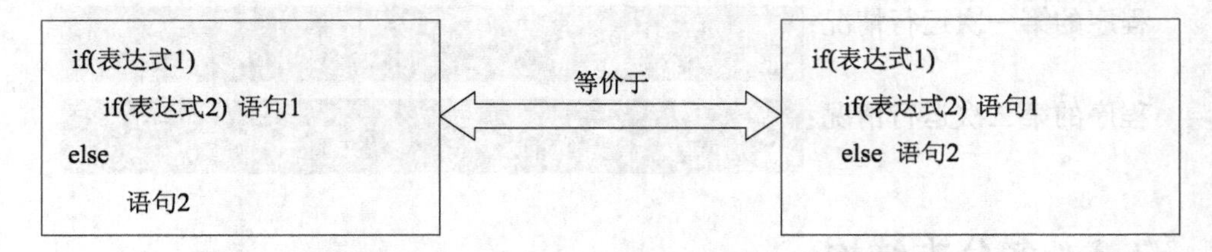

当用花括号把内层if语句括起来后，此内层if语句在语法上成为一条独立的语句，从而在语法上使得else与外层的if配对。

3．在else子句中嵌套if语句

（1）内嵌的if语句带有else子句

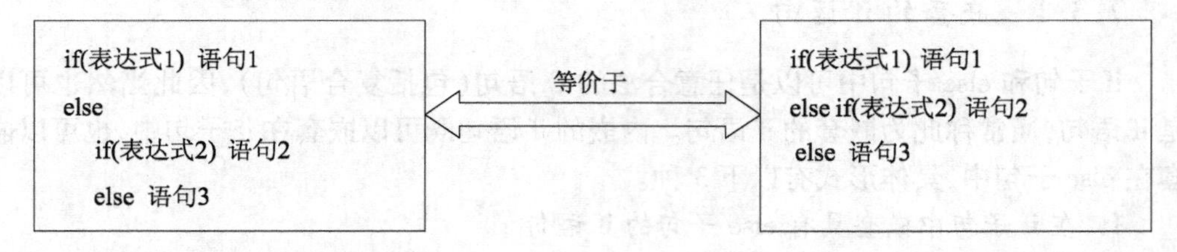

（2）内嵌的if语句不带else

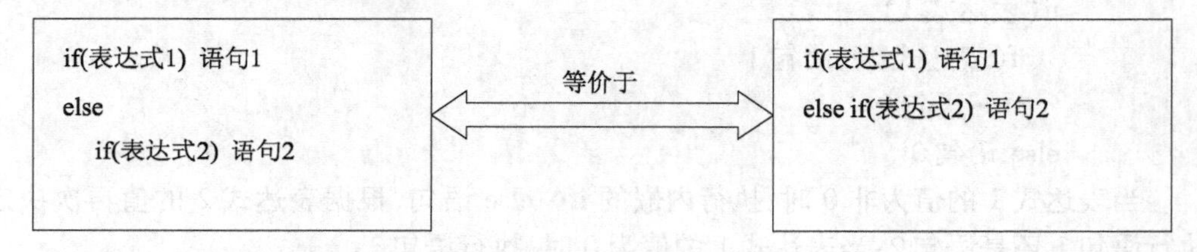

由以上两种语句形式可以看出，内嵌在else子句中的if语句无论是否有else子句，在语法上都不会引起误会，因此建议在设计嵌套的if语句时，尽量把内嵌的if语句嵌在else子句中。

在else子句中嵌套if语句可形成多层嵌套，这时形成了层次式的嵌套if语句，此语句可用以下语句形式表示：

```
if(表达式1)   语句1
else if(表达式2) 语句2
else if(表达式3) 语句3
else if(表达式4) 语句4
    …
else 语句n
```

这样使程序读起来既层次分明，又不占太多的篇幅。

以上形式的嵌套if语句执行过程如下：自上而下逐一对if后的表达式进行检测，当某一个表达式的值为非0时，就执行与此有关子句中的语句，层次式中的其余部分不执行，直接跳过去；如果所有表达式的值都为0，则执行最后的else子句，此时如果程序中最内层的if语句没有else子句，即没有最后的那个else子句，那么将不进行任何操作。以此方式可实现多分支的结构。

【例 7-3】　编写程序实现以下功能：根据输入的学生成绩给出相应的等级，大于或等于 90 分以上的等级为 A，60 分以下的等级为 E，其余每 10 分为一个等级。而对于超出0 ~ 100 范围的成绩则给出错误数据提示。

【问题分析】　本例要求根据输入的学生百分制成绩来确定相应的等级，其处理流程如图 7-7 所示。

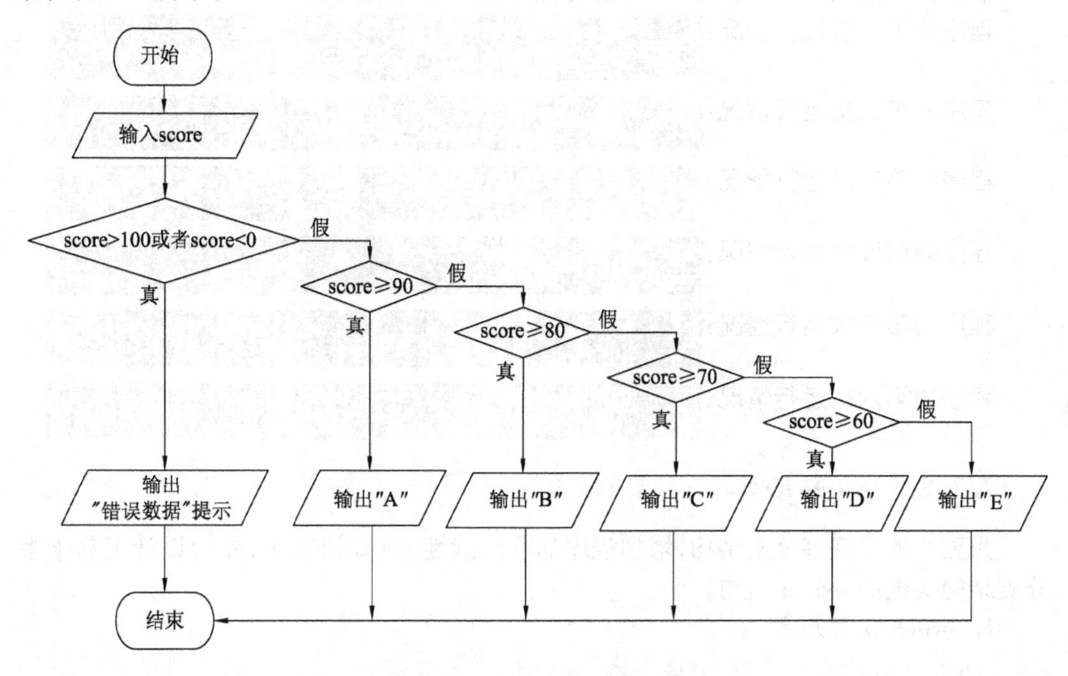

图 7-7　例 7-3 流程图

参考例 7-3 的流程图，将其转换为代码，用 if…else 语句编写程序如下：

```
1    #include < stdio. h >
2    void main( ) {
3       int score;
4       printf("输入成绩 score:"); scanf("% d",&score);
5       printf("score = % d:  ",score);
6       if( score > 100 || score < 0)  printf("错误数据! \n");
7       else if( score >= 90)  printf("等级为 A\n");
8       else if( score >= 80) printf("等级为 B\n");
9       else if( score >= 70) printf("等级为 C\n");
10      else if( score >= 60) printf("等级为 D\n");
11      else printf("等级为 E\n");
12   }
```

【程序分析】　当执行以上程序时，首先输入学生的成绩，然后进入 if 语句。if 语句中的表达式将依次对学生成绩进行判断，若能使某 if 后的表达式值为 1，则执行与其相应的子句，之后便退出整个 if 结构。例如，若输入的成绩为 97 分，首先输出score = 97:，当自上而下逐一检测时，使score >= 90这一表达式的值为1，因此在以上输出之后再输出A，然后便退出整个if结构。如果输入的成绩为36分，则首先输出score = 36:，因为所有if子句中的表达式的值都为0，因此执行最后else子句中的语句，接着输出E，然后退出if结构。

根据输入成绩score的6种不同情况，依次得到6种结果如下：

程序的第一次运行情况：
```
输入成绩score:97
score=97: 等级为 A
```

程序的第二次运行情况：
```
输入成绩score:84
score=84: 等级为 B
```

程序的第三次运行情况：
```
输入成绩score:72
score=72: 等级为 C
```

程序的第四次运行情况：
```
输入成绩score:60
score=60: 等级为 D
```

程序的第五次运行情况：
```
输入成绩score:36
score=36: 等级为 E
```

程序的第六次运行情况：
```
输入成绩score:120
score=120 : 错误数据!
```

7.3.2 switch 语句

为更好地实现多分支结构，增加程序的可阅读性，在C语言中，专门设计了易于多分支结构实现的switch语句。

1. switch语句形式

```
switch(表达式)
{
   case 常量表达式1:语句1
   case 常量表达式2:语句2
     …
   case 常量表达式n:语句n
   default:语句n+1
}
```

【说明】

(1) switch是C语言中的关键字，switch后面用花括号括起来的部分称为switch语句体。

(2) 紧跟在switch后一对圆括号中的表达式，可以是整型表达式或字符型表达式等可枚举的数据，但不允许是实型数据；另外表达式两边的一对括号也不能省略。

(3) case也是C语言的关键字，与其后面的常量表达式合称case语句标号。注意常量表达式中不能包含变量。常量表达式的类型必须与switch后圆括号中的表达式类型相同，各case语句标号的值应该互不相同，否则会出现相互矛盾的现象。

(4) default也是C语言的关键字，起标号的作用，代表所有case标号之外的那些标号。default标号可以出现在语句体中任何标号的位置上。在switch语句体中也可以没有 default 标号。

(5) case 语句标号后的语句1、语句2 等可以是一条语句,也可以是若干语句,语句组可加花括号{}也可以不加,但一般不加。

(6) 必要时,case 语句标号后的语句可以省略不写。

(7) 在关键字 case 和常量表达式之间一定要有空格。

2. switch 语句执行过程

当执行 swicth 语句时,首先计算紧跟其后圆括号中表达式的值,然后在 switch 语句体内寻找与该值吻合的 case 标号。如果有与该值相等的标号,则执行该标号后开始的各语句,包括在其后的所有 case 和 default 中的语句,直到 switch 语句体结束;如果没有与该值相等的标号,并且存在 default 标号,则从 default 标号后的语句开始执行,直到 switch 语句体结束;如果没有与该值相等的标号,同时又没有 default 标号,则跳过 switch 语句体,去执行 switch 语句之后的语句。

【例 7-4】 用 switch 语句改写例 7-3。

参照图 7-7 中例 7-4 的流程图,用 swicth 语句实现的程序如下:

```
1   #include <stdio.h>
2   void main(){
3     int score;
4     printf("输入成绩:");scanf("%d",&score);/* score 中存放学生的成绩 */
5     printf("score = %d:",score);
6     if(score>100||score<0) printf("错误数据!\n");
7     else{
8       switch(score/10){
9         case 10:
10        case 9:printf("A\n");
11        case 8:printf("B\n");
12        case 7:printf("C\n");
13        case 6:printf("D\n");
14        default:printf("E\n");
15      }
16    }
17  }
```

【程序分析】 当执行以上程序时,输入一个 67 分的学生成绩后,接着执行 switch 语句,首先计算 switch 之后一对括号中的表达式67/10,它的值为 6,然后寻找与 6 吻合的case 6分支,开始执行其后的语句。执行该程序的输入输出结果如下:

```
输入成绩:67
score=67: D
E
```

在输出了与67分相关的D之后,同时输出了与67不相关的等级E,这显然不符合原意。为了改变这种多余输出的情况,switch语句常需要与break语句配合使用。

【注意】 case后面的常量表达式仅起语句标号作用,并不进行条件判断。系统一旦找到入口标号,就从此标号开始执行,不再进行标号判断,因此必须加上break语句,以便结束switch语句。

3. 在switch语句体中使用break语句

break为C语言中的关键字,break语句又称中断语句。break语句可以放在case标号之后的任何位置,通常是在case之后的语句最后加上break语句。每当执行到break语句时,立即跳出switch语句体。switch语句通常总是和break语句联合使用(如图7-8所示),使得switch语句真正起到分支的作用。

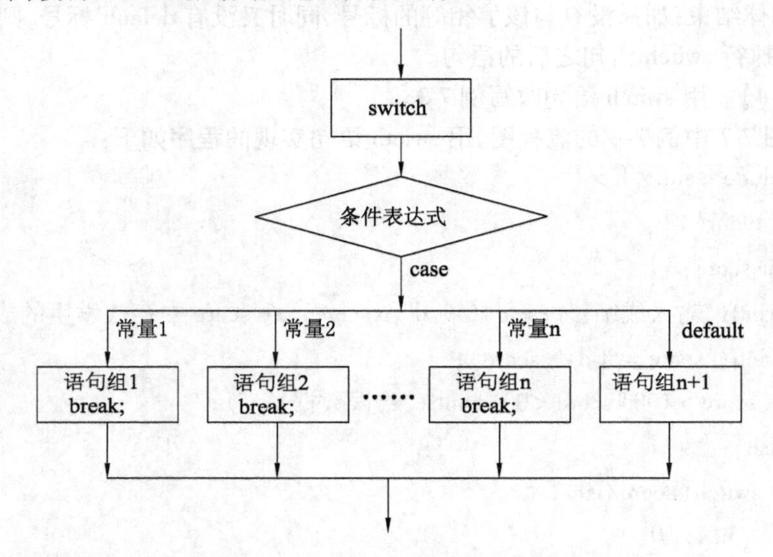

图7-8 带break的switch结构流程图

【例7-5】 现用break语句修改例7-4的程序。

```
1    #include <stdio.h>
2    void main(){
3      int score;
4      printf("输入成绩:");scanf("%d",&score);/* score中存放学生的成绩 */
5      printf("score=%d:",score);
6      if(score>100||score<0) printf("Error data!\n");
7      else{
8        switch(score/10){
9          case 10:
10         case 9:printf("A\n");break;
11         case 8:printf("B\n");break;
12         case 7:printf("C\n");break;
```

```
13              case 6:printf("D\n");break;
14              default:printf("E\n");
15          }
16      }
17  }
```

【程序分析】 程序执行过程如下:

(1) 当给 score 输入 100 时,switch 后一对括号中的表达式score/10的值为 10,因此选择 case 10 分支,因为没有遇到 break 语句,所以继续执行 case 9 分支,输出 score = 100:A之后,遇 break 语句,执行 break 语句,退出 switch 语句体。由此可见,成绩 90 到 100 分,执行的是同一分支。

(2) 当输入成绩为 72 时,switch 后一对括号中表达式的值为 7,因此选择case 7分支,在输出score = 72:C之后,执行 break 语句,退出 switch 语句体。

(3) 当输入成绩为 36 时,switch 后一对括号中表达式的值为 3,将选择default分支,在输出score = 36:E之后,退出 switch 语句体。

7.4 无条件转移语句

其实在 C 语言中,除了条件分支转移语句外,还提供了一种无条件转移语句。无条件转移语句由语句标号和转移语句共同配合实现。

7.4.1 语句标号

在 C 语言中,语句标号不必特意加以定义,标号可以是任意合法的标识符,当在标识符后面加一个冒号,如flag1:或stop0:,该标识符就成了一个语句标号。

【注意】 在 C 语言中,语句标号必须是标识符,因此不能简单地使用10:或15:等形式。标号可以和变量同名。通常标号用作 goto 语句的转向目标。例如:

```
goto stop0;
```

在 C 语言中,可以在任何语句前加上语句标号。例如:

```
stop0: printf("END\n");
```

7.4.2 goto 语句

goto 语句称为无条件转向语句,goto 语句的一般形式如下:

```
goto 语句标号;
```

goto 语句的作用是把程序的执行转向语句标号所在的位置,这个语句标号必须与此 goto 语句同在一个函数内。使用 goto 语句将使程序流程混乱且可读性差,因此应尽量避免使用无条件转移语句。

7.5 综合程序举例

【例 7-6】 输入 3 个整数,分别放在变量 a,b 和 c 中,然后把输入的数据重新按由小到大的顺序放在变量a,b和c中,最后输出a,b和c中的值。

【问题分析】 先将a和b进行比较,若a>b,则将a与b进行值交换,使得a值为a和b中的较小值;接着将a和c进行比较,若a>c,则将a与c进行值交换,此时使得a值为a,b和c中的最小值;最后将b和c进行比较,若b>c则将b与c进行值交换,此时使得b值为b和c中的较小值,且c值为最大值。其流程图如图7-9所示。

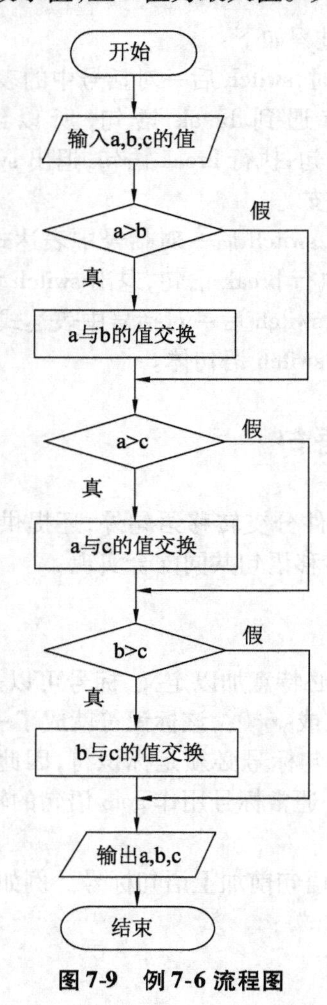

图7-9 例7-6流程图

实现程序的源代码如下:

```
1    #include < stdio. h >
2    main( )
3    {
4       int a, b, c, t;
5       printf("input a,b,c:");
6       scanf("% d% d% d",&a,&b,&c);
7       printf("a = % d,b = % d,c = % d\n",a,b,c);
8       if (a > b)            /* 如果a比b大,则进行交换,把小的数放入a中 */
```

```
9        { t=a; a=b; b=t; }
10       if (a>c)                    /* 如果a比c大,则进行交换,把小的数放入a中 */
11       { t=a; a=c; c=t; }          /* 此时a,b,c中最小的数已放入a中 */
12       if (b>c)                    /* 如果b比c大,则进行交换,把小的数放入b中 */
13       { t=b; b=c; c=t; }          /* 此时a,b,c中的数按由小到大顺序放好 */
14       printf("%d,%d,%d\n",a,b,c);
15       }
```

程序的运行结果如下：

```
input a,b,c:  21 45 12
a=21,b=45,c=12
12,21,45
```

【程序分析】 以上程序无论给 a,b 和 c 输入什么数,最后总是把最小数放在 a 中,把最大数放在 c 中。当然,此题可稍做变化,如不改变输入 a,b,c 的值,可通过改变输出的 a,b,c 的顺序来实现对输入数据的有序输出。请读者自行考虑,并编程实现。

【例 7-7】 已知函数：

$$y=\begin{cases}x & (x<1)\\2x-1 & (1\leqslant x<10)\\3x-1 & (x\geqslant 10)\end{cases}$$

写一程序,输入 x,输出 y 值。

【问题分析】 这是一个典型的分段函数,由输入 x 的值,确定 y 的求解公式,从而获得 y 值。其流程图如图 7-10 所示。

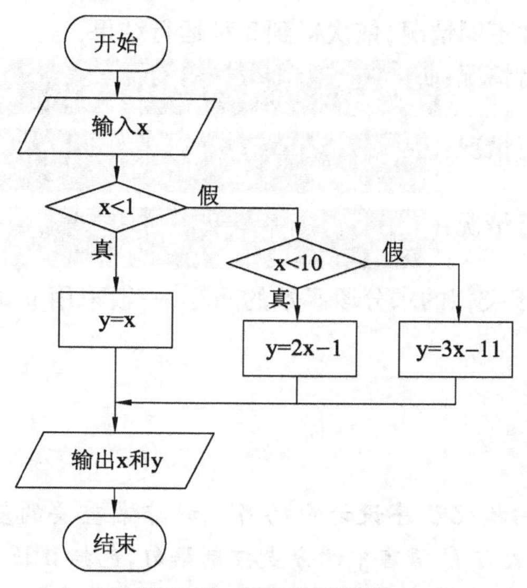

图 7-10　例 7-7 流程图

参照流程图7-10,将其转换成程序如下：

```
1    #include <stdio.h>
2    void main(){
3       int x,y;
4       printf("input x: ");
5       scanf("%d",&x);
6       if(x<1){                                   //当x<1时，求对应y值
7           y=x;
8           printf("x=%3d,y=x=%d\n",x,y);
9       }
10      else if(x<10){                             //当1≤x<10时，求对应y值
11          y=2*x-1;
12          printf("x=%3d,y=2*x-1=%d\n",x,y);
13      }
14      else{                                      //当x≥10时，求对应y值
15          y=3*x-11;
16          printf("x=%3d,y=3*x-11=%d\n",x,y);
17      }
18   }
```

根据输入x的3种不同情况,依次得到3种运行结果：

程序的第一次运行情况：

```
input x: -3
x= -3,y=x=-3
```

程序的第二次运行情况：

```
input x: 8
x=  8,y=2*x-1=15
```

程序的第三次运行情况：

```
input x: 10
x= 10,y=3*x-11=19
```

【程序分析】 对于类似的求分段函数的问题,一般采用if语句分情况表示相应的求值公式。

本章小结

本章主要介绍结构化程序设计中的另一种非常重要的基本结构——分支结构,并在此基础上介绍了C语言中的分支控制语句,包括if语句和switch语句的语法和用法,以及它们的嵌套使用等。本章的难点与重点是各分支语句的各种嵌套,稍微复杂些的条件判断逻辑一定会使用到嵌套,因此一定要熟练掌握。

考点提示

在二级等级考试中，本章主要出题方向及考察点如下：

（1）if 语句

① 条件表达式通常是逻辑和关系表达式。

② 条件表达式必须用括号括起来。

③ 如果是多条语句，需加“{}”。

④ if 语句的嵌套时要注意，else 与最接近且没有配对的 if 语句进行自动配对，与书写格式无关。

（2）switch 语句

① 在 case 后不可以是变量，且各常量表达式的值不能重复。

② 在 case 后可以有多个语句，可以不用加“{}”。

③ case 子句的前后顺序可调整，但是要注意，若不加 break 则不可随意调整顺序，否则逻辑关系就会发生变化。

④ 多个 case 可以共用一组执行语句。

习题7

一、简答题

1. 请给出分支结构程序的简单描述及其流程图。

2. 在 C 语言中，switch 结构中的 break 语句的作用是什么？

3. 在 C 语言中，switch 结构中必须有 default 语句吗？在什么情况下会执行default 语句？

二、程序完善题

1. 完成下面的程序，在空白处填入 a,b,c，取 a,b,c 中最大者赋给 max。

A.
```
if(a > b && a > c)
    max = ________
else
    if(b > c)
        max = ________
    else
        max = ________
```

B.
```
if (a > b)
    if(a > c)________
        max = ________
    else
        max = ________
else
    if(b > c)
        max = ________
    else
        max = ________
```

2. 若整数 x 分别等于 95,87,100,43,66,79，则以下程序段运行后屏幕显示什么？

```
1	#include <stdio.h>
2	void main()
3	{
4	   int x;
5	   printf("please input the x value:");
6	   scanf("%d",&x);
7	switch(x/10)
8	{
9	     case 6:
10	     case 7:printf("Pass\n");break;
11	     case 8:printf("Good\n");break;
12	     case 9:
13	     case 10:printf("Very Good\n");break;
14	     default:printf("Fail\n");
15	   }
16	}
```

当读入的x等于95时,程序段运行后屏幕上显示________;
当读入的x等于87时,程序段运行后屏幕上显示________;
当读入的x等于100时,程序段运行后屏幕上显示________;
当读入的x等于43时,程序段运行后屏幕上显示________;
当读入的x等于66时,程序段运行后屏幕上显示________;
当读入的x等于79时,程序段运行后屏幕上显示________。

三、编程题

1. 国庆期间,某超市购物优惠规定:所购物品不超过100元时,按九折付款,如超过100元,超过部分按8折收费,请编一程序完成超市自动计费的工作。

输入格式:90　　　　输出格式:81
　　　　　110　　　　　　　　　98

2. 要求用户输入一个字母字符,求出该字母字符的前驱和后继字符,例如,c字符的前驱和后继分别是b和d,a字符的前驱和后继分别是z和b,z字符的前驱和后继分别是y和a。

输入格式:a　　　　输出格式:z和b
　　　　　c　　　　　　　　　b和d

第 8 章　循环结构程序设计

前面两章介绍了顺序结构及其程序设计、分支结构及其程序设计，但只有两种结构无法表达复杂的思想，缺乏周而复始过程的逻辑表达语句。下面介绍结构化程序设计中的最后一个重要结构——循环结构。通过本章的深入学习，你一定会找到一种突破的感觉，发现不论多么复杂的逻辑，都可以逐层分解成 3 种基本逻辑结构，像是给编程插上了腾飞的翅膀。

为更好地学习本章内容，需预先掌握以下知识点：基本 C 语言程序输入、输出语句，顺序结构程序设计，分支结构程序设计等。通过本章的学习，应理解循环结构的含义，掌握 C 语言 3 种循环结构的特点，掌握 while，do…while，for，break，continue 语句的使用方法，掌握不同循环结构的选择及其转换方法，掌握混合控制结构程序设计的方法，能编写比较复杂一些的程序。

8.1　循环结构概述

在实际问题中往往存在某些有规律的重复操作，如一个面包师做 10 次面包是对做一次面包步骤的重复，相应的操作在计算机程序中就体现为某些语句的重复执行，这就是所谓的循环。当程序要反复执行同一操作时，就必须使用循环结构。其中，重复执行一组指令（或一个程序段）称为循环操作。在解决许多问题时需要用到循环操作，例如，求若干个数之和，输入多个实验数据等。

循环结构的功能是通过设置执行循环体的条件和改变循环变量，重复执行一系列操作。利用循环结构处理各类重复操作既简单又方便。

在 C 语言中，构成循环结构的循环语句有 3 种：while，do…while 和 for。

8.2　简单循环结构

8.2.1　while 循环

由 while 语句构成的循环，常称“当”型循环。while 循环的一般形式如下：

```
while(表达式)
    循环体语句;
```

while 循环的执行过程如图 8-1 所示。

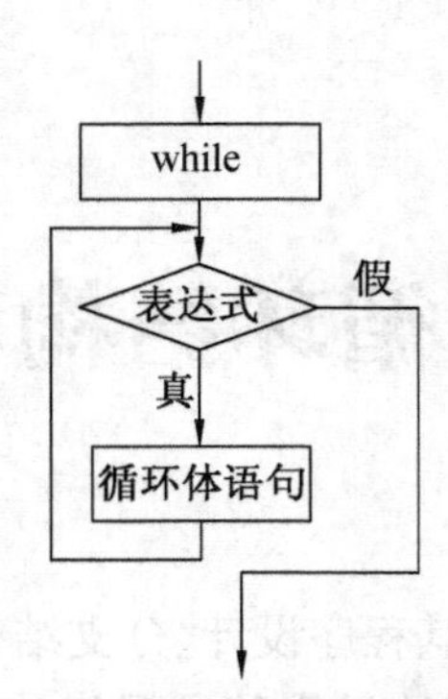

图 8-1　while 循环执行过程示意图

【例 8-1】　阅读下面的程序，并分析结果。

```
1    #include < stdio. h >
2    void main( ) {
3      int   i = 0;
4      while ( i < 10 ) {
5        printf(" * "); i ++ ;
6      }
7      printf("\n");                              //回车
8    }
```

程序段将重复执行输出语句 printf，输出结果如下（输出 10 个星号）：

```
**********
```

例 8-1 程序的执行流程如图 8-2 所示。

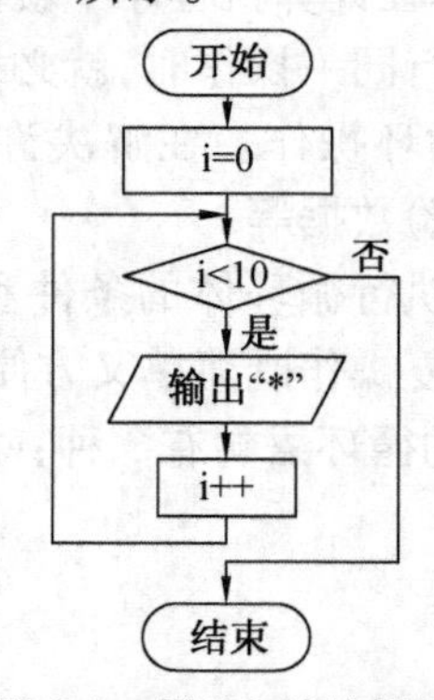

图 8-2　例 8-1 的流程图

具体如下：

（1）计算 while 后圆括号中表达式的值，当值为非 0 时，执行步骤（2）；当值为 0 时，执行步骤（4）。

（2）执行循环体一次。

（3）转向执行步骤（1）。

（4）退出 while 循环。

由此可见，while 后圆括号中表达式的值决定了循环体是否将被继续执行。因此，进入 while 循环后，一定要有能使此表达式的值变为 0 的操作，否则循环将会无限制地进行下去，成为无限循环（死循环）。若此表达式的值不变，则循环体内应有在某种条件下强行终止循环的语句（如 break 等），应避免死循环的发生。

【说明】（1）while 是 C 语言的关键字。

（2）while 后面的一对圆括号不能省略，括号中的表达式可以是 C 语言中任意合法的表达式（但不能为空），由它来控制循环体是否执行。

（3）在语法上，循环体只能是一条可执行语句，若循环体内有多个语句，应该使用复合语句。

【注意】（1）while 语句的循环体可能一次都不执行，因为 while 后圆括号中的条件表达式可能一开始就为 0。

（2）不要把由 if 语句构成的分支结构与由 while 语句构成的循环结构混同起来。若 if 后条件表达式的值为非 0，其后的 if 子句只可能执行一次；而 while 后条件表达式的值为非 0 时，其后的循环体语句可能被重复执行。在设计循环时，通常应在循环体内改变条件表达式中有关变量的值，使条件表达式的值最终变成 0，以便结束循环。

（3）当循环体需要无条件循环时，条件表达式可以设为 1（恒真），但在循环体内要有带条件的非正常出口，如 break 语句等。

【例 8-2】 编写程序，求 1 + 3 + 5 + … + n，直到累加和大于或等于 1000，输出 n 的值及其累加和。

【问题分析】 这是一个求 n 个数累加的问题，所加的数从 1 变化到 n，且加数是有规律变化的，第一个加数为 1，后一个加数比前一个加数增加 2。因此，编写程序时可以在循环中使用一个整型变量 i，每循环一次使 i 增加 2，同时使用一个整型变量 sum 存放累加和，每循环一次使 sum 增加 i，一直循环到 sum 的值超过 1000。本例事先并不知道这个循环要执行多少次。但需特别注意的是，变量 i 与累加和变量 sum 需要有一个正确的初值，在这里 i 初值为 1，sum 初值为 0，其流程图如图 8-3 所示。

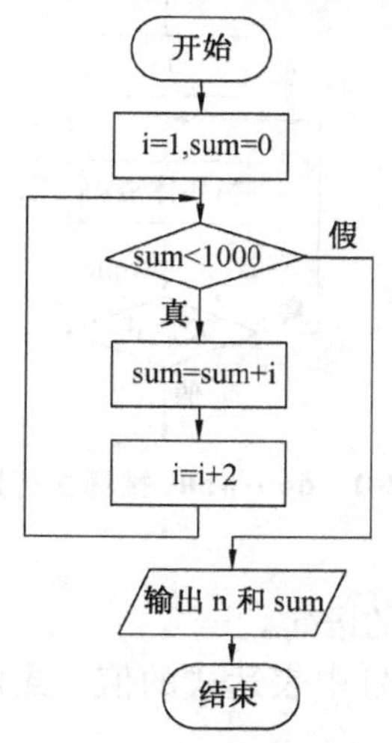

图 8-3　例 8-2 的流程图

参照例 8-2 的流程图，用 while 语句实现的源程序如下：

```
1   #include <stdio.h>
2   void main(){
3       int i,sum;
4       i=1; sum=0;                  /* i 和 sum 的初值分别为 1,0 */
5       while(sum<1000){             /* 当 sum 小于 1000 时执行循环体 */
6           sum+=i;                  /* sum 累加 i */
7           i=i+2;                   /* 在循环体中每累加一次后,i 增 2 */
8       }
9       printf("n=%d sum=%d\n",i-2,sum);
10  }
```

程序的运行结果如下(其中 n 代表最后一项的值):

```
n=63 sum=1024
```

【程序分析】 上述累加求和的思想可以推广到数据累乘求积等类似问题。例如,求 s=1×2×3×…×n 的值,其中 n 由键盘输入。注意,存放累积的变量 product 应赋初值为 1,循环体中第 6 行的代码就变为product=product*i;,其他代码做相应的修改即可。

8.2.2 do…while 语句

由 do…while 语句构成的循环,常称“直到”型循环。do…while 循环的一般形式如下:

```
  do
  循环体
while(表达式);
```

do…while 循环执行过程如图 8-4 所示。

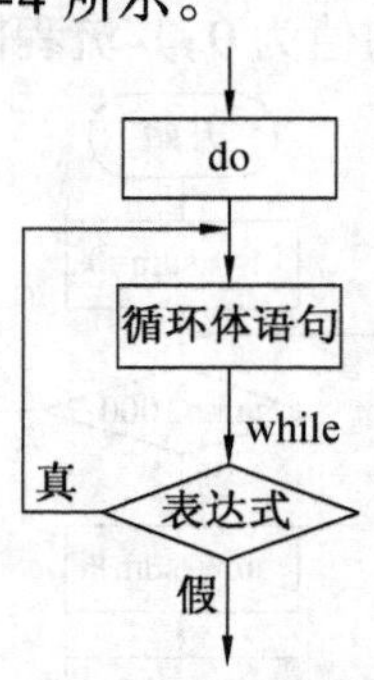

图 8-4 do…while 循环执行过程

具体如下:

(1) 执行 do 后面循环体中的语句。

(2) 计算 while 后一对圆括号中表达式的值。当值为非 0 时,转向执行步骤(1);当值为 0 时,执行步骤(3)。

(3) 退出 do…while 循环。

【说明】 (1) do 是 C 语言中的关键字,必须与 while 联合使用。

（2）do…while 循环由 do 开始，至 while 结束。必须注意的是，在 while(表达式)后的“;”不可丢，它表示 do…while 语句的结束。

（3）while 后一对圆括号中的表达式可以是 C 语言中任意合法的表达式，由它控制循环是否执行。

（4）按语法规则，在 do 和 while 之间的循环体只能是一条可执行语句；若循环体内需要多个语句，应该使用复合语句。

例如，将例 8-1 改用 do…while 循环结构表示如下：

```
1    #include <stdio.h>
2    void main() {
3       int k = 0;
4       do {
5            printf("*"); k++;
6       } while(k < 10);
7       printf("\n");
8    }
```

do…while 循环与 while 循环的异同点：

（1）while 循环的控制出现在循环体之前，只有当 while 后面条件表达式的值为非 0 时，才可能执行循环体，因此循环体可能一次都不执行。

（2）在 do…while 构成的循环中，总是先执行一次循环体，然后再求条件表达式的值，因此，无论条件表达式的值是 0 还是非 0，循环体至少要被执行一次。

（3）和 while 循环一样，在 do…while 循环体中一定要有能使 while 后表达式的值变为 0 的操作，否则循环将会无限地进行下去，除非循环体中有带条件的非正常出口，如 break 语句等。

【例 8-3】　古典问题：有一对兔子，从出生后第 3 个月起每个月都生一对兔子，小兔子长到第 3 个月后每个月又生一对兔子，假如兔子都不死，问第几个月的兔子数超过 500 只？此时兔子的总数为多少？

【问题分析】　本例的规律为数列 1,1,2,3,5,8,13,21,…，这是一个 Fibonacci 数列，其中

$$\begin{cases} f_1 = 1 & (n=1) \\ f_2 = 1 & (n=2) \\ f_n = f_{n-1} + f_{n-2} & (n \geqslant 3) \end{cases}$$

这样问题即转换为“直到数列中某项大于 500 为止，并输出该项的值”。因此，在程序中先定义 3 个变量 f1，f2，m，并给 f1 赋初值 1，f2 赋初值 1，然后进行以下步骤（其流程图如图 8-5 所示）：

（1）f1 = f1 + f2；f2 = f2 + f1。

（2）判断 f2 是否大于 500，若不大于，重复步骤（1）继续循环，否则执行步骤（3）。

（3）循环结束，输出 f2 的值。

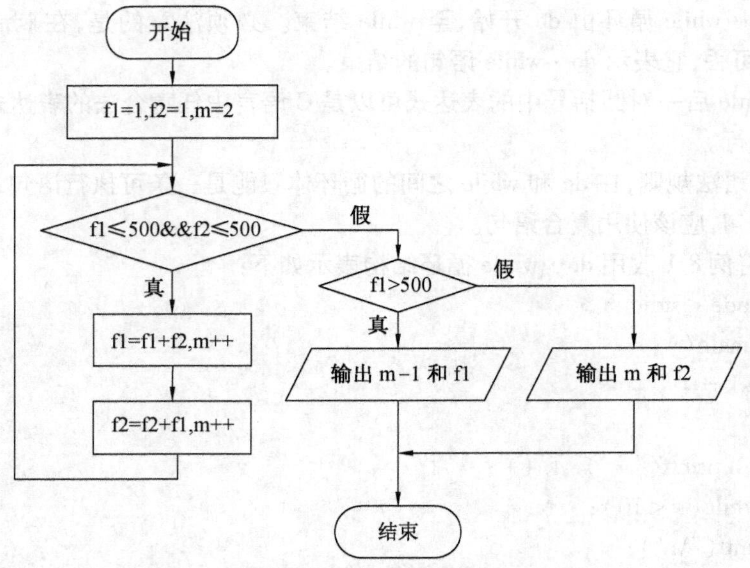

图8-5　例8-3的流程图

参照例8-3的流程图,使用do…while语句,实现的程序源代码如下:

```
1      #include <stdio.h>
2      void main()
3      {   int f1,f2,m;
4        f1 = 1; f2 = 1; m = 2;
5        do{
6          f1 = f1 + f2; m ++;
7          f2 = f2 + f1; m ++;
8        } while(f1 <= 500 || f2 <= 500);
9          if(f1 > 500) printf("在第%d 个月有%d 只兔子。\n",m - 1, f1);
10         else printf("在第%d 个月有%d 只兔子。\n",m, f2);
11     }
```

程序的运行结果如下:

```
在第15个月有610只兔子。
```

8.2.3　for 语句

由for语句构成的循环,常称"计数"型循环。for循环的一般形式如下:

```
for(表达式1; 表达式2; 表达式3)
    循环体
```

例如,将例8-1改用for循环结构表示如下:

```
1      #include <stdio.h>
2      void main(){
3        int i;
```

```
4        for(i =0;i <10;i ++)
5            printf("*");
6        printf("\n");
7    }
```

for 循环的执行过程如图 8-6 所示。

由图 8-6 可知,for 循环的执行过程如下:

(1) 计算表达式 1。

(2) 计算表达式 2,若其值为非 0,转步骤(3);若其值为 0,转步骤(5)。

(3) 执行一次 for 循环体。

(4) 计算表达式 3,转向步骤(2)。

(5) 结束循环。

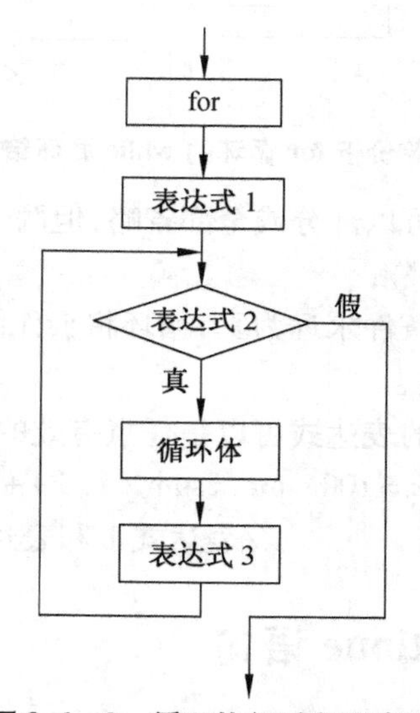

图 8-6　for 循环执行过程示意图

【说明】 (1) for 是 C 语言中的关键字,其后的一对圆括号中通常含有 3 个表达式,各表达式之间用";"隔开。这 3 个表达式可以是任意形式的表达式,通常主要用于 for 循环的控制。紧跟在 for 之后的循环体语句在语法上要求是一条语句,若在循环体内需要多条语句时,应该使用复合语句。

(2) for 循环的一般形式等价于下面的程序段(其执行过程如图 8-7 所示):

```
表达式 1;
while(表达式 2)
{
    循环体;
    表达式 3;
}
```

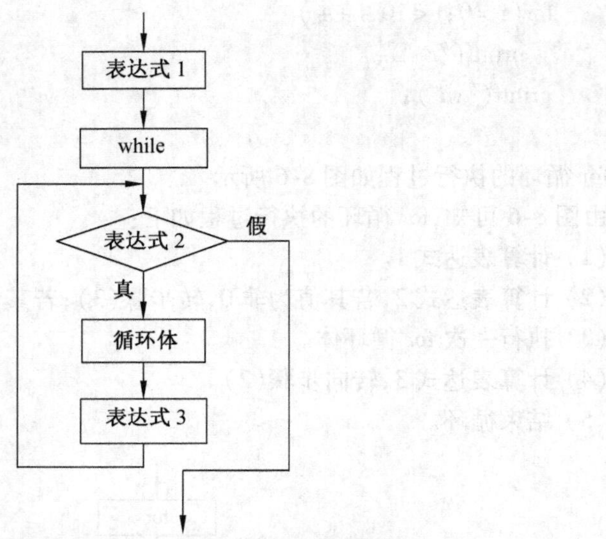

图 8-7 等价于 for 循环的 while 循环结构示意图

（3）for 语句中的表达式可以部分或全部省略，但两个“;”不可省略。例如：

```
for( ; ; ) printf("*");
```

3 个表达式均省略，但因循环条件永远为真，循环将会无限制地执行，形成无限循环，因此应该尽量避免这种情况发生。

（4）for 后一对圆括号中的表达式可以是任意有效的 C 语言表达式。例如：

```
for(sum = 0, i = 1; i <= 100; sum = sum + i, i ++ ) {…}
                    //表达式 1 和表达式 3 都是一个逗号表达式
```

8.3 break 和 continue 语句

8.3.1 break 语句

通过第 7 章的学习可知，用 break 语句可以直接跳出 switch 语句体，同时，用 break 语句也可以在循环结构中终止本层循环体，从而提前结束本层循环。图 8-8 为 break 语句在 3 种循环语句中的流程图。

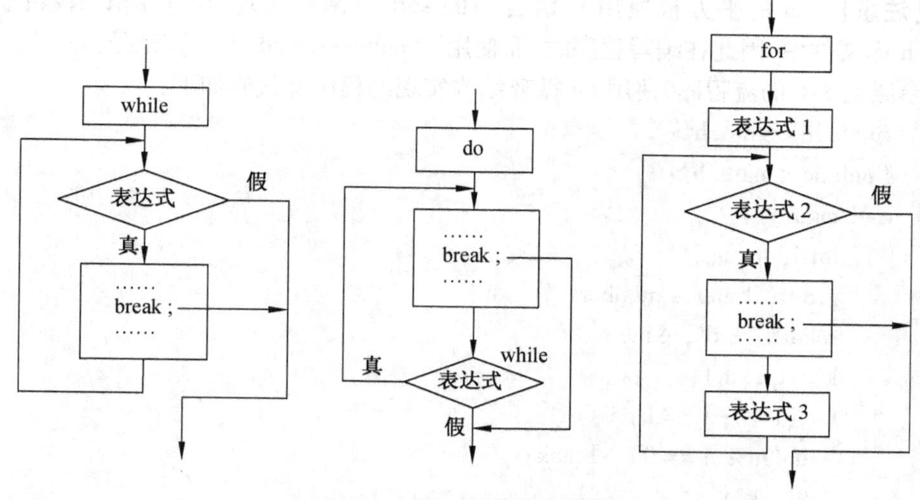

图 8-8　带 break 的循环结构

【例 8-4】　由键盘输入一个正整数 m,判断它是否为素数。

【问题分析】　如果一个数只能被 1 和它本身整除,则这个数是素数;反过来,如果一个数 m 能被 2 ~(m−1)之间的某个数整除,则这个数 m 就不是素数。假设 i 取值范围为[2,(m−1)],如果 m 不能被该区间上的任何一个数整除,即对每个 i,m%i 都不为 0,则 m 是素数。因此,只要找到一个 i,使 m%i 为 0,则 m 肯定不是素数。i 取值范围可以是[2,m/2]或[2,$\sqrt{m}$],以优化循环,减少循环的次数,提高算法执行效率。其求解流程如图 8-9 所示。

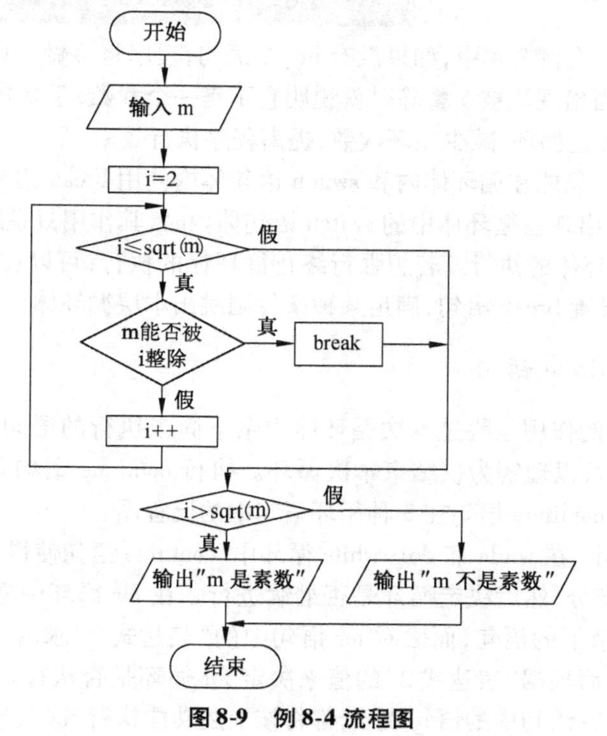

图 8-9　例 8-4 流程图

【注意】 m的平方根使用C语言中的sqrt()函数实现，由于sqrt函数包含在math.h库文件中，因此在编写程序时，需使用"#include <math.h>"来预处理。

参照例8-4的流程图，使用for循环结构实现的程序源代码如下：

```
1   #include <stdio.h>
2   #include <math.h>
3   void main() {
4       int i, m,k;
5       printf("Enter a number: ");
6       scanf ("%d", &m);
7       k = sqrt(m);
8       for (i =2; i <= k; i ++)
9         if (m% i ==0)   break;
10      if (i > k )
11        printf("%d is a prime number!\n", m);
12      else
13        printf("%d is not a prime number!\n",m);
14  }
```

根据输入m的2种不同情况，依次得到2种运行结果：

程序的第一次运行情况如下：

```
Enter a number: 193
193 is a prime number!
```

程序的第二次运行情况如下：

```
Enter a number: 165
165 is not a prime number!
```

【程序分析】 在例8-4中，如果没有break语句，程序将多做一些不需要的重复工作。如输入165，当出现能被5整除时就说明它不是一个素数，于是执行break语句，跳出for循环，从而终止循环，减少循环次数，提高程序执行效率。

【注意】 (1) 只能在循环体内和switch语句体内使用break语句。

(2) 当break出现在循环体中的switch语句体内时，其作用只是跳出该switch语句体，并不能终止循环体的执行。若想强行终止循环体的执行，可以在循环体中，但并不在switch语句中设置break语句，满足某种条件则跳出本层循环体。

8.3.2 continue语句

continue语句的作用是跳过本次循环体中余下尚未执行的语句，立刻进行下一次的循环条件判定，可以理解为仅结束本次循环。执行continue语句并没有使整个循环终止。图8-10为continue语句在3种循环语句中的流程图。

如图8-10所示，在while和do…while循环中，continue语句使得流程直接跳到循环控制条件的测试部分，然后决定循环是否继续进行。在for循环中遇到continue后，程序跳过循环体中余下的语句，而去对for语句中的"表达式3"求值，然后进行"表达式2"的条件测试，最后根据"表达式2"的值来决定for循环是否执行。在循环体内，不论continue是作为何种语句中的语句成分，都将按上述功能执行，这点与break有所不同。

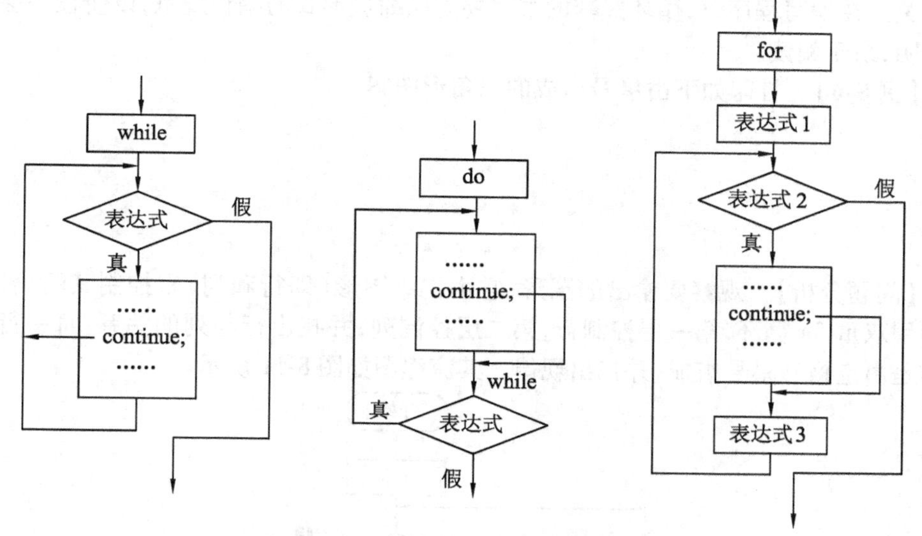

图8-10　带continue的循环结构

【例8-5】　在循环体中continue语句执行示例。

```
1    #include <stdio.h>
2    void main(){
3       int i,sum=0;
4       for(i=1;i<=10;i++){
5          if(i%2==0) continue;
6          sum+=i;
7       }
8       printf("sum=%d\n",sum);
9    }
```

程序的运行结果如下：

```
sum=25
```

【程序分析】　程序运行时，当i为偶数时，if条件为真，所以执行continue语句，并跳过其后的sum+=i;语句；接着执行for后面括号中的i++，继续执行下一次循环。由输出结果可见，sum中为1~10中的奇数之和。

8.4　循环的嵌套

在一个循环体内又完整地包含了另一个循环，称为循环嵌套。嵌套可以实现复杂的循环逻辑。这节是本章的重点和难点，在学习过程中要注意理解循环嵌套以及循环与分支间混合使用的真正内涵。

前面介绍的3种类型的循环都可以互相嵌套，循环的嵌套可以多层，但每一层循环在逻辑上必须是完整的。

【注意】　循环嵌套时，break和continue只影响包含它们的最内层循环，与外层循环无关。在编写程序时，循环嵌套的书写要遵循缩进形式的编程规范，以使程序层次更加分明，易于阅读。

【例8-6】 打印如下由星号组成的三角形图案：

```
   *
  ***
 *****
*******
```

【问题分析】 观察要输出的图形，它由二维图形（即行和列）来控制其输出，因此可利用双重for循环，第一层控制行，第二层控制列，并找出行与列的关系；每一行可以看作是由空格和星号组成，并找出规律。其流程图如图8-11所示。

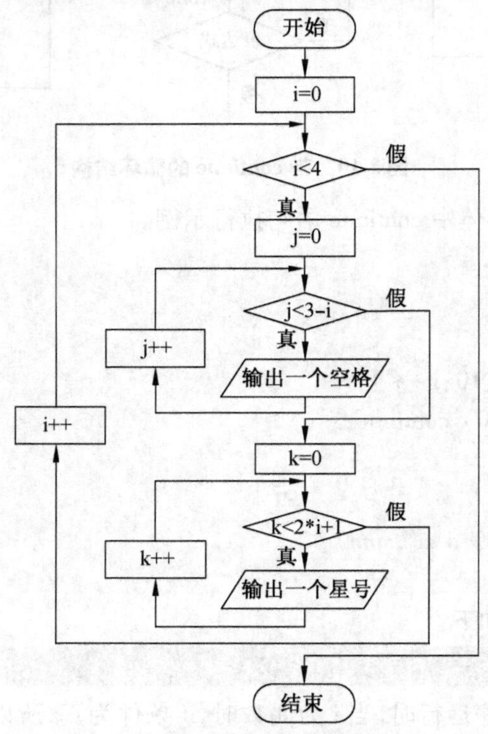

图8-11 例8-6的流程图

参照例8-6的流程图，使用循环嵌套实现的程序源代码如下：

```
1    #include <stdio.h>
2    void main(){
3        int i,j,k;
4        for(i=0;i<4;i++){                 //输出行数为4
5          for(j=0;j<3-i;j++)              //输出每行星号前面的空格
6             printf(" ");
7          for(k=0;k<2*i+1;k++)            //输出每行星号
8             printf("*");
9             printf("\n");                //本行输出结束，换行
```

```
10          }
11      }
```

【程序分析】 以上程序中,由 i 控制的 for 循环中内嵌了一个平行的 for 循环,其循环次数控制输出的行数。由 j 控制的 for 循环体只有一个语句,用来输出一个星号,其循环次数控制该行输出的星号个数。

【注意】 以上内嵌的两个 for 循环的循环结束条件都和外循环的控制变量 i 有关。使用嵌套的难点之一在于内外层间的逻辑关系及相关配合等。

8.5　综合程序举例

【例 8-7】 已知一个分数序列:$+\frac{2}{1},-\frac{3}{2},+\frac{5}{3},-\frac{8}{5},+\frac{13}{8},-\frac{21}{13},\cdots$,求出这个数列前 20 项之和。

【问题分析】 该数列中前后数有以下关系:分子为前一个数的分子与分母之和;分母为前一个数的分子;符号的规律是相邻数的符号正好相反。单独设定一个表示正负的变量 sign,初值设为 1,令 sign =- sign 可以使符号取反交替。其流程图如图 8-12 所示。

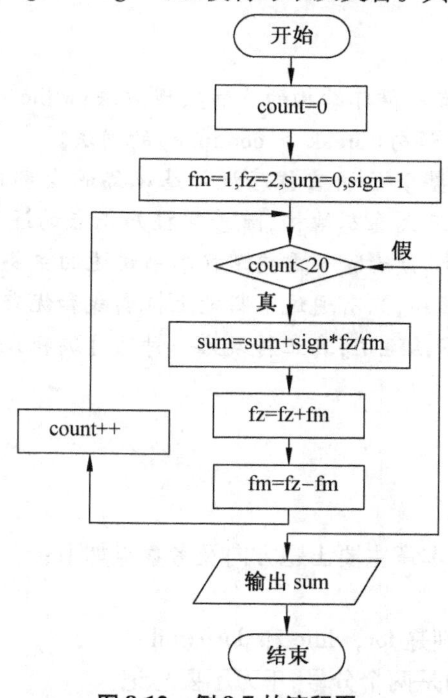

图 8-12　例 8-7 的流程图

参照例 8-7 的流程图,实现的程序源代码如下:

```
1   #include < stdio. h >
2   void main( ) {
3       int count, sign = 1;                    //count 控制求前 20 项之和
4       double fm = 1, fz = 2, sum = 0;         //赋初值
```

```
5        for(count = 0;count < 20;count ++ ){
6           sum = sum + sign * fz/fm;              //sign * fz/fm 为数列的每一项
7           fz = fz + fm;                          //分子 fz 为前一项的分子与分母之和
8           fm = fz - fm;                          //分母 fm 为前一项的分子
9           sign =- sign;                          //下一项的符号,交替取反
10       }
11       printf("数列前 20 项之和为:%.2lf\n",sum);
12   }
```

程序的运行结果如下：

```
数列前20项之和为：0.58
```

【程序分析】 对于类似的求数列的问题，一般要先找出其每项的构成规律，如本例抓住了分子与分母的变化规律，然后用循环去求，从而得到所求值。因此，解决有规律数据求和、求积问题的方法是：先考虑数据个数（即循环次数），后分析数据与循环变量的关系。

本章小结

本章介绍了C语言中循环结构的3种实现方法：while循环、do…while循环和for循环，以及两个辅助语句（break和continue）的用法。

至此，已经介绍了整个C语言程序设计基础篇的全部内容，详细讲解了程序中的顺序、分支与循环三大基本结构，随着掌握知识点的逐渐增多，能实现的程序逻辑越来越复杂。因此，读者除了需要掌握本书讲述的主要内容之外，更需要重视上机调试和阅读经典程序，只有通过不断地上机实践和优秀程序的赏析，才能进一步巩固所学的知识并灵活运用，真正转换为一种通过编程来解决问题的综合能力。

考点提示

在二级等级考试中，本章主要出题方向及考察点如下：

（1）3种循环结构

① 3种循环结构分别是for，while和do…while。

② for循环当中必须是两个分号，千万不要忘记。

③ 编写程序的时候要注意，循环一定要有结束的条件，否则会成为死循环。

④ do…while循环的最后一个while()；的分号一定不能够丢；do…while循环至少执行一次循环。

（2）语句break和continue的差别

① 语句break是退出它所在的那一整层循环。

② 语句continue是提前结束本次循环，循环体内剩下的语句不再执行，跳到循环

开始,然后判断循环条件,进行新一轮的循环。

(3) 嵌套循环是指循环中包含循环,要一层一层耐心地分析与设计;同时要善于灵活使用多层循环,如循环与后面数组操作的综合使用。

一、简答题

1. 请给出循环结构程序的简单描述及其流程图。

2. 在C语言中,while语句与do…while语句的主要区别是什么?

3. 在循环中,continue语句与break语句的区别是什么?

二、程序完善题

1. 请填空,使程序具有以下功能:从键盘上输入若干个学生的成绩,统计并输出最高成绩和最低成绩,当输入负数时结束输入。

```
1     #include <stdio.h>
2     void main()
3     {
4         float x,amax,amin;
5         scanf("%f",&x);
6         amax = x;
7         amin = x;
8         while(________)
9         {
10            if(x > amax) amax = x;
11            if(________) amin = x;
12            scanf("%f",&x);
13        }
14        printf("\namax = %f\namin = %f\n",amax,amin);
15    }
```

2. 请填空,使程序可求出1~1 000的自然数中所有的完全数。所谓完全数,是指它所有的真因子(即除了自身以外的约数之和)等于该数本身的数。

```
1     #include <stdio.h>
2     void main()
3     {
4       int m, n, s;
5       for(m = 2;m < 1000;m ++)
6       {
7         ________
8         for(n = 1;n <= m/2;n ++)
```

```
9               if(________) s += n;
10        if(________) printf("%d\n", m);
11        }
12    }
```

3. 请填空,使以下程序可根据 $e = 1 + \frac{1}{1!} + \frac{1}{2!} + \frac{1}{3!} + \cdots$ 求 e 的近似值,精度要求为 10^{-6}。

```
1    #include <stdio.h>
2    void main()
3    {
4        int i = 1; double e,item;
5        e = 1.0; item = 1.0;
6        while(________)
7        {
8            item * = (double) i;    e += ________;________;
9        }
10       printf("e = %e\n",e);
11   }
```

三、编程题

1. 请编写一程序,使输入的整数按输入顺序的反方向输出。例如,输入数是12345,要求输出结果是54321。

2. 中国古代数学家张丘建提出一个"百鸡问题":一只大公鸡值5个铜板,一只母鸡值3个铜板,3个小鸡值一个铜板。现在有100个铜板,要买100只鸡,是否可以?若可以,给出一个解,要求3种鸡都有。请写出求解该问题的程序。

3. 请编写一程序,打印出九九乘法口诀表(例1*1=1)。

4. 请编写一程序,求 $1-3+5-7+\cdots-99+101$ 的值。

5. 求 sn = a + aa + aaa + aaaa + … + (aa…a)的值,其中 a 是一个数字。例如,2 + 22 + 222 + 2222 + 22222(此时 n = 5,共有 5 个数相加,sn = 24690)。n 和 a 的值由键盘输入,请编写实现以上求和的程序。

6. 有1,2,3,4共4个数字,能组成多少个互不相同且无重复数字的三位数?具体写出这些三位数。

7. 编程实现求100 ~1000的素数,按照每行10个素数的方式输出。

第3篇　C语言程序设计能力

第9章　数　组

第6章到第8章主要介绍了C语言中的3种控制结构。其中顺序结构是最基本的控制结构,分支结构用以实现条件判断和处理,循环结构用来进行重复处理。熟练掌握上述3种结构的使用方法是进行C语言程序设计的基础。

利用3种控制结构可以解决很多问题,但对于一些较复杂的应用,如数据的排序和链表的处理等,仅掌握这些知识还是不够的,因此需要进一步学习数组和指针等知识。本章将对数组进行介绍,主要包括一维数组、二维数组及字符数组的定义与使用。

9.1　数组概述

C语言中的数组由一组具有相同数据类型的数据构成。在C语言程序设计中,为了便于进行成批数据的表示和处理,常把具有相同类型的若干数据组织在一起,并为每个数据指定其在这组数据中的顺序,这组有序数据的集合就称构成了数组。在C语言中,数组属于构造数据类型,即一个数组可以分解为若干构成元素,每个构成元素可以通过其在数组中的序号进行标识,这些构成元素就称为数组元素,在C语言中,数组元素既可以是基本数据类型,也可以是构造数据类型。如果能够充分利用数组的特点,在处理某些问题时,就可以在很大程度上简化程序的编写。例9-1对变量和数组的使用进行了比较,以便更深刻地认识这两者。

【例9-1】　通过键盘输入一周内某一观测点在中午12点所测得的温度值,并计算一周内此时刻的平均温度。

【方法1】　使用变量来保存每个温度值,程序如下:

```
1    #include <stdio.h>
2    void main()
3    {
4        float c1,c2,c3,c4,c5,c6,c7;
5        float ave =0;
6        scanf("%f",&c1);
7        scanf("%f",&c2);
```

```
8        scanf("%f",&c3);
9        scanf("%f",&c4);
10       scanf("%f",&c5);
11       scanf("%f",&c6);
12       scanf("%f",&c7);
13       ave = ave + c1 + c2 + c3 + c4 + c5 + c6 + c7;
14       ave = ave/7;
15       printf("平均温度为 %f\n",ave);
16   }
```

【程序分析】 程序中定义了7个简单变量，用来保存一周内7天同一时刻的温度值，但这些变量无法用循环控制语句进行输入和处理，这样的程序书写起来既麻烦又容易出错。设想一下：如果要求输入100个数据，按这种方式就需要定义100个变量并书写100条输入语句。很显然，这是非常繁琐而又低效的。

【方法2】 使用数组来保存并操作数据，其流程图如图9-1所示。

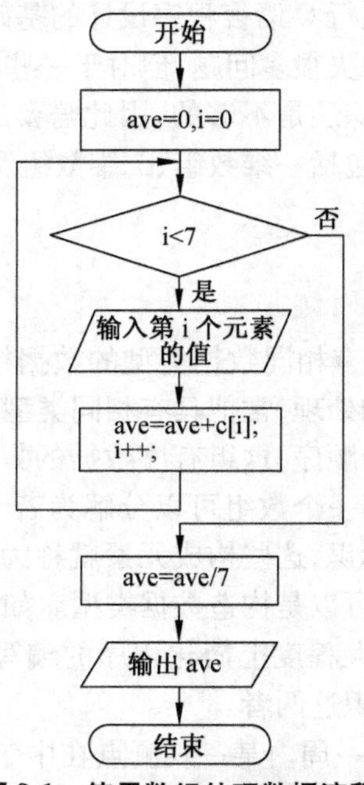

图9-1 使用数组处理数据流程

参考图9-1，转换为程序的源代码如下：

```
1    # include <stdio. h>
2    #define Len 7
3    void main( )
4    {
5      float c[Len];
6      int i;
7      float ave =0;
```

```
8        for(i=0;i< Len;i++)
9        {
10          scanf("%f",&c[i]);
11          ave=ave+c[i];
12       }
13       ave=ave/Len;
14       printf("The average score is %.1f\n",ave);
15    }
```

程序的运行结果如下：

```
20.3
21.5
23.4
20.7
24.1
22.6
25.0
The average score is 22.5
```

【程序分析】 上面的程序使用了包含7个元素的数组c来存储一周内7天同一时刻的温度值，可通过下标区分每一天的温度值，因此可以利用循环控制语句控制下标的变化，在循环中完成数据的输入和处理。按照方法2，如果要求处理100天的数据，只要将程序中的预处理语句Len定义成100就可以了，非常简单。由此可见，使用数组成批处理数据十分高效，但数组的功能远不止这些，后面将详细介绍。

在C语言中，数组是非常重要的概念，也是操作性非常强的重点内容。就数组实现来说，C语言允许定义一维数组、二维数组以及三维数组等，应根据问题的具体情况，选择合适维数的数组来解决问题。

9.2 一维数组

一维数目是内存中连续存储的一组有序数据，其中每一个元素只需一个位置序号来标识它在整个数组中的位置。

9.2.1 一维数组的定义

与变量的定义与使用类似，C语言中使用数组时也必须先对其进行定义，即创建数组，然后才能使用数组的元素。

一维数组定义的一般格式

```
类型说明符 数组名[常量表达式],……;
```

其中，“类型说明符”指数组中每个数组元素的数据类型，可以是任意一种基本数据类型，也可以是构造数据类型；“数组名”是用户指定的符合标识符命名规范的一个名称；方括号中的“常量表达式”指定数组长度，用来规定数组元素的总个数。

例如：

int a[10];定义整型数组a，长度为10，可以存放10个整数。

float b[10],c[20];定义浮点型数组 b,长度为 10,可以存放 10 个实数;定义浮点型数组 c,长度为 20,可以存放 20 个实数。

char ch[20];定义字符型数组 ch,长度为 20,可以存放 20 个字符。

一维数组中的元素在内存中是连续存放的,也就是说数组中各元素连续存储于一块内存。以上面语句中定义的数组 a 为例,若假定 a 的第一个元素的首地址为 1000,则数组 a 在内存中的存储如图 9-2 所示。图中给出的每个元素的地址为该元素的首地址,因为该数组类型为整型,所以每个元素在内存中占 4 个字节,因此相邻元素的首地址相差 4。

1000	a[0]
1004	a[1]
1008	a[2]
1012	a[3]
1016	a[4]
1020	a[5]
1024	a[6]
1028	a[7]
1032	a[8]
1036	a[9]

图 9-2　一维数组 a 在内存中的存储结构

定义一维数组时,需注意以下几点:

(1) 在定义数组时所指定的数据类型是指数组中每个元素的数据类型,因此同一数组中所有元素的数据类型都相同。

(2) 数组名的命名规则应符合标识符的命名规则。

(3) 数组的名称不能与其他变量的名称或数组的名称等相同,否则系统会认为是重复定义错误。

例如:

```
1   void main( )
2   {
3      int t;
4      float t[10];
5      ……
6   }
```

是错误的,在进行程序编译时,编译器会提示出错。

(4) 方括号中的常量表达式为数组的大小(元素个数),如 a[5]表示数组 a 有 5 个元素。

(5) 不能在方括号中使用变量或包含变量的表达式来指定数组的大小,但可以使用符号常量或常量表达式。

例如:

```
1   #define LEN 5
2   void main( )
3   {
```

```
4       int a[1+3],b[2+LEN];
5       ……
6   }
```

是正确的。但下面的定义方式是错误的：

```
1   void main()
2   {
3       int n=5;
4       int a[n];
5       ……
6   }
```

（6）允许在同一个数组定义中同时进行多个数组和变量的定义。

例如：

```
int a,b,c,d,k1[10],k2[20];
```

在数组定义的同时就已经确定了每个数组元素的数据类型和数组中包含数组元素的个数。

9.2.2 一维数组元素的引用

使用数组是通过对数组元素施以某种操作实现的,那么数组元素应如何表示呢？数组元素是构成数组的基本单元,数组元素也可看作是一种变量,其表示方法为数组名后跟一个加方括号的下标。下标表示该数组元素在数组中的顺序号。数组元素的表示形式为：

```
数组名[下标]
```

其中,下标必须为整型表达式(注意:这里的整型表达式既可以包含常量,也可以包含变量)。引用数组元素时,C语言中规定下标从0开始依次递增,若数组有n个元素,则下标的变化范围是0到n-1。

例如,a[5],a[i+j],a[i++]都是合法的数组元素的引用。

数组元素也可称为下标变量。只有完成数组的定义后,才可以引用数组元素。在C语言中必须通过下标逐个引用数组元素,而不能一次引用整个数组中的所有元素;换言之,若想对整个数组中全部元素统一处理,需借助循环逐一对每个元素进行操作。例如,若需输出包含10个元素的数组,必须使用循环语句逐个输出数组元素：

```
for(i=0; i<10; i++)
    printf("%d", a[i]);
```

而不能用一个语句输出整个数组。下面的写法是错误的：

```
printf("%d",a);
```

对数组元素的引用可能有两种情况:一种是引用数组元素的值;另一种则是对数组元素进行赋值。下面的程序就同时完成了这两种不同的操作：

```
1   #include <stdio.h>
2   void main()
3   {
4       int i, c[5];
5       for(i=0; i<5; i++)
```

```
6        c[i] = i;                          //对数组元素赋值
7     for(i = 0; i <= 4; i ++)
8        printf("%d\n",c[i]);               //引用数组元素的值
9     }
```

9.2.3　一维数组元素的初始化

要指定数组元素的值,既可以使用赋值语句对数组元素逐个赋值,也可以通过在定义数组时为数组元素指定初始值(即数组元素的初始化)来实现。定义数组时,数组元素的初始化是在编译阶段进行的。因此,相对于第一种方式而言,第二种方式可以缩短程序的运行时间,提高运行效率。

初始化赋值的一般形式为

```
        类型说明符　数组名[常量表达式] = {值,值,……,值};
```

其中,"类型说明符"、"数组名"及"常量表达式"与上一节中定义数组部分含义相同,不同的是在"{ }"中的各数据值为各数组元素的初值,各值之间用逗号分隔。

例如:

```
        int a[10] = {0, 1, 2, 3, 4, 5, 6, 7, 8, 9 } ;
```

相当于

```
        int a[10];                              //数组定义
        a[0] =0; a[1] =1;…; a[9] =9;  //数组元素赋值
```

在C语言中,对数组的初始化还需注意以下几点:

(1) 数组初始化时可以只给部分元素指定初始值。当"{ }"中给出初始值的个数少于元素个数时,只给前面的部分元素赋初值。例如:

```
        int a[10] = {0,1,2,3,4};
```

表示只给a[0] ~ a[4]这5个元素赋初值,而后面未指定初始值的5个元素编译器自动为其赋0值。如果全部元素都没有赋初值的话,系统将不会自动给数组元素赋0值。

(2) 只能给元素逐个赋初值,不能给数组整体赋值。例如,给10个元素全部赋1值,只能写为

```
        int a[10] = {1, 1, 1, 1, 1, 1, 1, 1, 1, 1};
```

而不能写为

```
        int a[10] =1;
```

(3) 若给全部元素赋初始值,则在数组定义中可不指定数组元素的个数,此时系统根据初始值的个数来确定数组元素的个数。例如:

```
        int a[5] = {1,2,3,4,5};
```

可写为

```
        int a[ ] = {1,2,3,4,5};
```

9.2.4　应用举例

【例9-2】　定义一个由整数组成的数组,求数组中奇数的个数和偶数的个数,并输出统计结果。

【问题分析】 对一维数组的处理,可以通过循环来实现,在循环体中逐个判断每个数组元素的奇偶性,根据其奇偶性修改奇偶元素统计个数。判断数组元素的奇偶可通过判断该元素是否能被 2 整除来实现。其处理流程如图 9-3 所示。

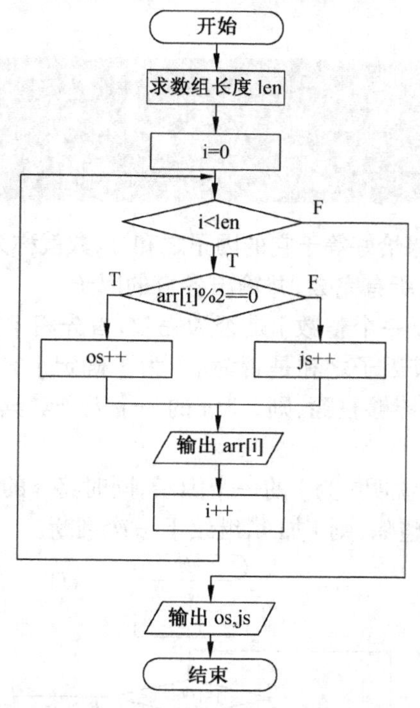

图 9-3 例 9-2 的流程图

程序源代码如下:

```
1   #include <stdio.h>
2   #include <stdlib.h>
3   void main()
4   {
5       int arr[] = {4,3,5,8,7,6,9,12};
6       int i,js = 0,os = 0;                   //js 保存奇数个数,os 保存
                                               //偶数个数
7       int len  = sizeof(arr)/sizeof(int);    //求数组长度
8       printf("数组元素为:\n");
9       for(i = 0;i < len;i ++)
10      {
11          if(arr[i]%2 ==0)                   //判断第 i 个元素的奇偶性
12            os +=1;
13          else
14            js +=1;
15          printf("%d ",arr[i]);
16  }
```

```
17          printf("\n");
18      printf("偶数个数为:%d\n奇数个数为:%d\n",os,js);
19      }
```

程序运行结果如下：

```
数组元素为:
4 3 5 8 7 6 9 12
偶数个数为: 4
奇数个数为: 4
```

【例9-3】 一个数如果恰好等于它的因子之和，该数就称为“完数”。例如6＝1＋2＋3。编程找出1000以内的所有完数，并输出各自的因子。

【问题分析】 要判断一个整数j是否为完数，首先将j的值赋予另一变量s，接下来对j分解；然后再计算其因子之和是否为j。为了确定j的因子，可以用1到j－1之间的每个数i去除j，如果能够整除，则i为j的一个因子。其处理流程如图9-4所示。

具体如下：

（1）若i能整除j，则说明i为j的一个因子，同时将s的值减去i。

（2）如果j不能被i整除，则i加1，继续下一次判断。

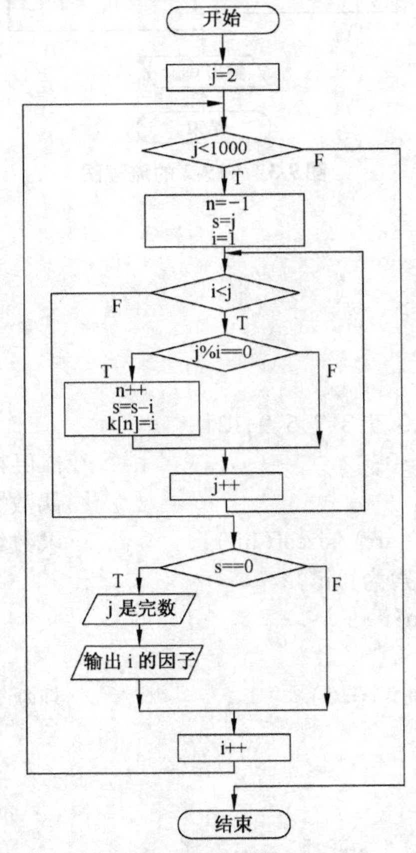

图9-4 例9-3的流程图

程序的源代码如下：

```
1   #include <stdio.h>
2   void main()
3   {
4       int k[10];                               //k 用来保存完数的因子
5       int i,j,n,s;
6       for(j=2;j<1000;j++)
7       {
8           n=-1;
9           s=j;
10          for(i=1;i<j;i++)                     //判断 j 是否为完数
11          {
12              if((j%i)==0)                     //判断是否能够整除 j
13              {
14                  n++;
15                  s=s-i;
16                  k[n]=i;
17              }
18          }
19          if(s==0)                             //说明是完数
20          {
21              printf("%d 是完数,其因子包括: ",j);
22              for(i=0;i<=n;i++)
23                  printf("%d  ",k[i]);
24              printf("\n");
25          }
26      }
27  }
```

程序的运行结果如下：

```
6 是完数,其因子包括:1  2  3
28 是完数,其因子包括:1  2  4  7  14
496 是完数,其因子包括:1  2  4  8  16  31  62  124  248
```

【程序分析】 此程序的主体是一个两层循环，外层循环负责依次给出 2～1000 的每一个整数；外层循环体主要包括两个部分：内层用来统计外层给出的某整数所有因子与该整数的差，然后根据差值是否为 0 判断其是否为完数，若是完数则输出其所有的因子。

9.3 二维及以上高维数组

前面介绍的一维数组，其数组元素是通过数组名和一个下标来访问的。在实际问题中有很多数据是二维的或高维的，为了表示和存储这些数据，C 语言允许构造多维数组。多维数组元素需要多个下标来标识，即数组元素在数组中的位置需要使用多个下标来表示。

9.3.1 二维数组的定义

与一维数组类似，二维数组的定义也需要包含数组名、数组元素个数及数组元素的数据类型几个组成部分，但二维数组元素个数需通过分别指定每一维的元素个数来指定。二维数组定义的一般格式如下：

```
类型说明符　数组名[常量表达式1][常量表达式2]；
```

其中，"常量表达式 1"指定第一维的长度，"常量表达式 2"指定第二维的长度。C 语言中规定每一维的下标都从 0 开始递增。

例如：

```
int a[3][4]；
```

定义了一个 3 行 4 列的数组，数组名为 a，其数组元素的类型为整型。该数组的元素共有 3×4 = 12 个，即

a[0][0]，a[0][1]，a[0][2]，a[0][3]
a[1][0]，a[1][1]，a[1][2]，a[1][3]
a[2][0]，a[2][1]，a[2][2]，a[2][3]

二维数组在概念上是二维的，也就是说其下标在行和列两个方向上变化，数组元素在数组中的位置处于一个平面之中，有行、列之分。但实际的硬件存储器是连续编址的，也就是说存储器单元是按一维线性地址排列的。那么如何在一维存储器中存放二维数组呢？通常在实际存储时有两种实现方式：一种是按行优先排列，即存放完一行数据之后再依次存放下一行数据；另一种是按列优先排列，即存放完一列数据之后再依次存放下一列的数据。在 C 语言中，二维数组是按行优先排列的；有些语言是按列优先排列的，如 FORTRAN 语言。对上述定义的数组 a[3][4]而言，按行顺序优先存放时，先存放第一行，再存放第二行，最后存放第三行。每行中的 4 个元素也是依次存放，存放顺序如下：

a[0][0]→a[0][1]→a[0][2]→a[0][3]

a[1][0]→a[1][1]→a[1][2]→a[1][3]

a[2][0]→a[2][1]→a[2][2]→a[2][3]

由于数组 a 定义为 int 类型，该类型占 4 个字节的内存空间（在 Visual C++6.0 环境下），所以每个元素均占有 4 个字节。假定该数组第一个元素在内存中的首地址为 1000，则此二维数组在内存中的存储结构如图 9-5 所示。

地址	元素
1000	a[0][0]
1004	a[0][1]
1008	a[0][2]
1012	a[0][3]
1016	a[1][0]
1020	a[1][1]
1024	a[1][2]
1028	a[1][3]
1032	a[2][0]
1036	a[2][1]
1040	a[2][2]
1044	a[2][3]

图 9-5 二维数组 a 在内存中的存储结构

对二维数组而言，其数组名及数组元素的下标等同样需要满足本章 9.2 节中对一维数组的要求，在此不再赘述。

9.3.2 二维数组元素的引用

二维数组元素也称双下标变量，使用时其表示形式为

数组名[下标1][下标2]

其中，“下标1”和“下标2”要求为整型表达式，可以为整数常量、整数变量和整数表达式等。

也就是说，若需访问二维数组的元素，就需要分别指定该元素的行、列下标（第一维为行下标，第二维为列下标）。如对上一节定义的数组 a 而言，a[2][3]表示 a 数组第 3 行第 4 列的元素，注意下标均从 0 开始编号。

因此数组元素的引用和数组的定义虽然在形式上有些相似，但这两者却具有完全不同的含义。数组定义中方括号内给出的是某一维的长度；而数组元素引用中的下标是该元素在数组中的位置标识。前者只能是常量，而后者可以是整型常量、整型变量或整型表达式。类似于一维数组元素的使用，使用二维数组的数组元素时，可以引用数组元素或给数组元素赋值。

【例 9-4】 求一个 3×3 矩阵对角线元素之和。

【问题分析】 矩阵可以用二维数组表示，然后利用双重 for 循环控制输入二维数组的元素，最后利用单重循环将对角线元素累加后输出。

程序源代码如下：

```
1    #include <stdio.h>
2    void main()
3    {
4        float a[3][3],sum=0;
5        int i,j;
```

```
6        printf("请按照行的顺序输入元素:\n");
7        for(i=0;i<3;i++)
8            for(j=0;j<3;j++)
9                scanf("%f",&a[i][j]);
10       for(i=0;i<3;i++)                    //以i作为对角线元素的行列下标
11           sum = sum + a[i][i];
12       printf("对角线元素之和为%6.2f\n",sum);
13   }
```

程序的运行结果如下：

```
请按照行的顺序输入元素:
2.3 4.2 5.6
3.7 4.5 6.1
4.3 2.7 5.3
对角线元素之和为 12.10
```

9.3.3 二维数组的初始化

二维数组的初始化与一维数组类似，也是在数组定义时通过为各数组元素指定初始值来实现的。与一维数组的初始化不同，二维数组既可按行分段赋初值，也可按行连续赋初值。例如对数组a[5][3]，按行分段赋值可写为

```
int a[5][3] = { {80,75,92},{61,65,71},{59,63,70},{85,87,90},{76,77,85} };
```

按行连续赋值可写为

```
int a[5][3] = { 80,75,92,61,65,71,59,63,70,85,87,90,76,77,85 };
```

这两种赋初值的效果完全相同，第一种初始化方式是以行为单位赋值的，而第二种方式则按照二维数组元素的存放顺序依次指定各个元素的初始值。

【例9-5】 一个学习小组有5个人，每个人有3门课的考试成绩，求全组分科的平均成绩和各科总平均成绩。

【问题分析】 成绩数据需用二维数组保存，求全组分科平均成绩可通过对列求平均值来实现，每列的平均值求出之后，再求三列平均值的平均值。

程序源代码如下：

```
1    #include <stdio.h>
2    void main()
3    {
4      int i,j,s=0,l,v[3];
5      int a[5][3] = { {80,75,92},{61,65,71},{59,63,70},{85,87,90},{76,77,85} };
6      for(i=0;i<3;i++)
7      {
8        s=0;
9        for(j=0;j<5;j++)
10         s=s+a[j][i];
```

```
11        v[i] = s/5;
12      }
13      l = (v[0] + v[1] + v[2])/3;
14      printf("math:%d\nc languag:%d\ndbase:%d\n",v[0],v[1],v[2]);
15      printf("total:%d\n",l);
16  }
```

程序的运行结果如下：

```
math:72
c languag:73
dbase:81
total:75
```

对于二维数组的初始化，还需注意以下两点：

（1）与一维数组类似，二维数组也可以只对部分数组元素赋初值，而未赋初值的元素将自动取0值。

例如：

```
int a[3][3] = {{1},{2},{3}};
```

是对每一行的第一列元素赋值，未赋值的元素取0值。赋值后各元素的值为1,0,0,2,0,0,3,0,0；而

```
int a [3][3] = {{0,1},{0,0,2},{3}};
```

赋值后的元素值为0,1,0,0,0,2,3,0,0。

（2）如需要对全部元素赋初值，则二维数组的第一维的长度可以不指定，但第二维的长度必须给出，否则无法确定各维的大小。

例如：

```
int a[3][3] = {1,2,3,4,5,6,7,8,9};
```

可以写为

```
int a[ ][3] = {1,2,3,4,5,6,7,8,9};
```

数组是一种构造数据类型，二维数组可以看作是由一维数组嵌套而成的一维数组，此一维数组的每个元素又都是一个一维数组，从而构成二维数组，或称一维数组的一维数组。例如，二维数组a[3][4]可以看作是由3个一维数组构成的一维数组，这3个一维数组的数组名分别为a[0],a[1],a[2]，对它们无需另作说明即可使用。这3个一维数组都有4个元素，例如一维数组a[0]的元素为a[0][0],a[0][1],a[0][2],a[0][3]。但必须强调的是，a[0],a[1],a[2]不能当作数组元素使用，它们是数组名，不是一个单纯的数组元素。

9.3.4 其他高维数组

C语言中除了一维和二维数组外，还有三维甚至更高维的。例如，a[2][3][4],b[3][4][5][6]等。虽然C语言对数组维数的上限没有要求，但在实际编程过程中，对高维数组的处理确实要比一维数组复杂得多，一般应尽量避免处理四维和四维以上

的数组。另外在处理高维数组时，需要特别注意其中数据的存储顺序，避免处理数组时出现错误。

【例9-6】 定义一个三维数组，用于存储操场上两个3行4列方阵中每个同学的年龄，每个同学的年龄从键盘输入。

程序源代码如下：

```
1    void main( )
2    {
3        int array[2][3][4];
4        int i,j,k;
5        for(i =0;i <2;i ++ )
6            for(j =0;j <3;j ++ )
7                for(k =0;k <4;k ++ )
8                    scanf("% d", &array[i][j][k]);
9    }
```

这个三维数组可以看成两个二维数组，每个二维数组又可以看成3个一维数组，而每个一维数组包含4个元素。

高维数组是按照数组元素下标的变化顺序存储的，而C语言中下标的变化顺序为自右向左依次变化，越向右的下标变换频率越快，即上述数组array元素的存储顺序为

array[0][0][0],array[0][0][1],array[0][0][2],array[0][0][3],array[0][1][0],array[0][1][1],array[0][1][2],array[0][1][3],……,array[1][2][0],array[1][2][1],array[1][2][2],array[1][2][3]。

9.3.5 应用举例

【例9-7】 输出杨辉三角形的前10行数据。

【问题分析】 杨辉三角形最本质的特征是它的两条边（矩阵对角线元素为一条边，矩阵第一列为一条边）是由数字1组成的，而其余的数等于它正上方与左上方数之和。

```
1
1  1
1  2  1
1  3  3  1
1  4  6  4  1
1  5  10 10 5  1
```

其处理流程如图9-6所示。

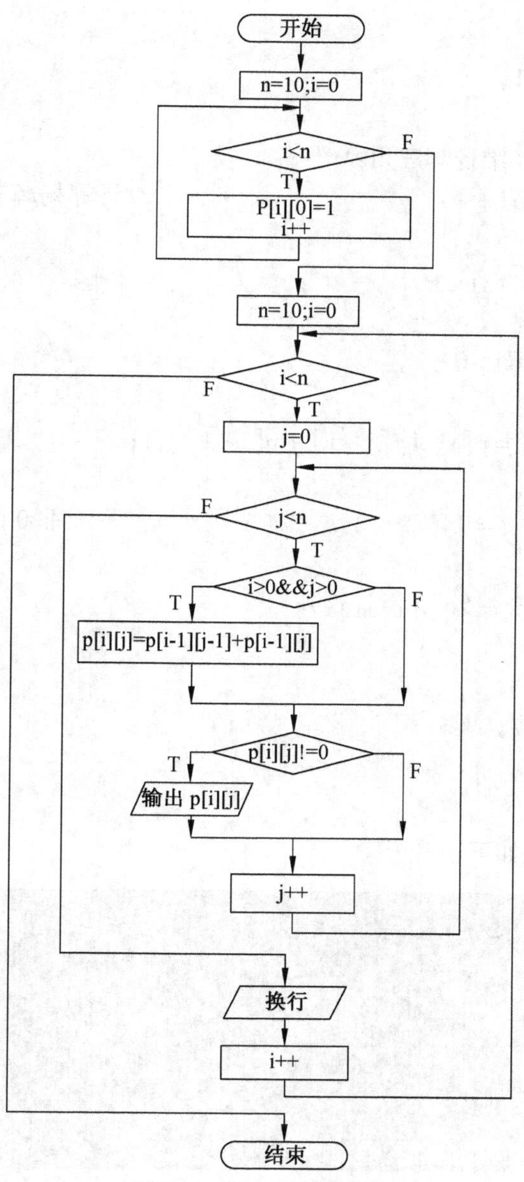

图 9-6 例 9-7 的流程图

程序源代码如下：

```
1   #include < stdio. h >
2   #include < stdlib. h >
3   void main( )
4   {
5     int i,j;
6     int p[10][10] = {0};                    //p 用来存储杨辉三角
7     int n = 10;
8     for( i = 0;i < n;i ++ )                 //初始化第一列为 1
```

```
9        {
10         p[i][0]=1;
11       }
12       printf("输出N维杨辉三角:\n");
13       for(i=0;i<n;i++)                              //计算杨辉三角其他位置的元素
14       {
15         for(j=0;j<n;j++)
16         {
17           if(i>0&&j>0)
18           {
19            p[i][j]=p[i-1][j-1]+p[i-1][j];
20           }
21         if( p[i][j]!=0 )                            //非0的输出
22         {
23           printf("%-5d",p[i][j]);
24         }
25       }
26         printf("\n");
27         }
28   }
```

程序的运行结果如下：

```
输出N维杨辉三角:
1
1    1
1    2    1
1    3    3    1
1    4    6    4    1
1    5    10   10   5    1
1    6    15   20   15   6    1
1    7    21   35   35   21   7    1
1    8    28   56   70   56   28   8    1
1    9    36   84   126  126  84   36   9    1
```

【例9-8】 在一个二维数组中，每一行都已经按照从左到右递增的顺序排好，每一列都已经按照从上到下递增的顺序排好。请编写程序，输入一个整数，判断此二维数组中是否含有该整数。

【问题分析】 如果一个矩阵每一行每一列都严格单调递增，则称为杨氏矩阵。杨氏矩阵可以通过逐个元素比较来查找，另一个比较好的解法是从第一行最后一列开始查找，确定每一步往左还是往下移动。其处理流程如图9-7所示。

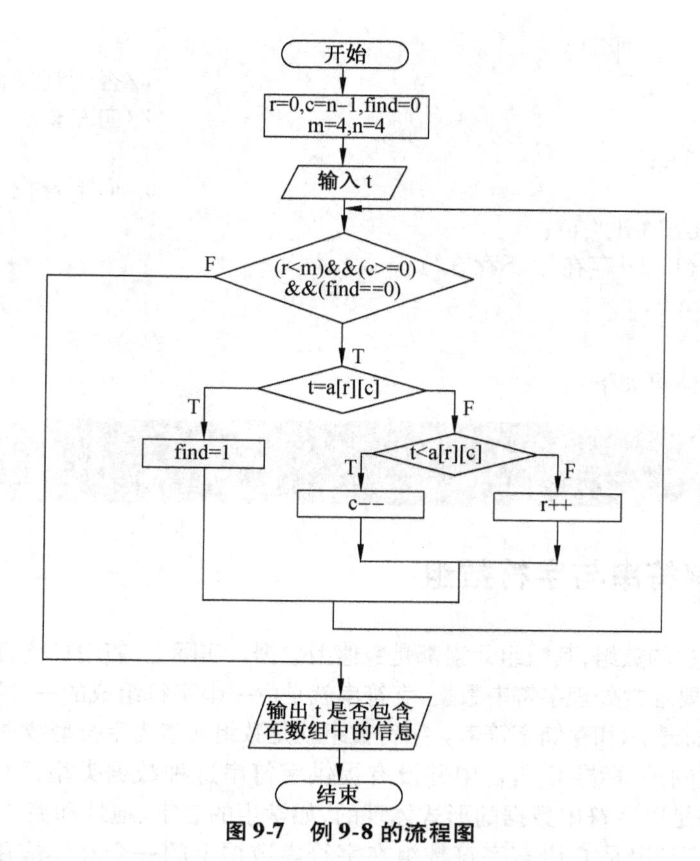

图 9-7 例 9-8 的流程图

程序源代码如下：

```
1    #include <stdio.h>
2    #define N 4
3    int a[N][N] = {{1,2,8,9},{2,4,9,12},{4,7,10,13},{6,8,11,15}};    //杨氏矩阵
4    int main()
5    {
6       int m = 4, n = 4, t, r, c;
7       int find;
8       printf("请输入要查找的数:\n");
9       scanf("%d",&t);
10      r = 0;
11      c = n - 1;                                                    //当前行号
12      find = 0;                                                     //当前列号
13      while((r < m) && (c >= 0)&&(find == 0))
14      {                                                             //在矩阵中查找
15         if(t == a[r][c])
16         {
17            find = 1;
18         }                                                          //找到则设置标志
19         else
```

```
20          if(t < a[r][c])
21            c--;                                    //否则判断查找方向
22          else                                      //向左查找
23            r++;
24          }                                         //向下查找
25          printf("%d:",t);
26          puts(find?"存在":"不存在");
27          return 0;
28  }
```

程序运行结果如下：

```
请输入要查找的数:
9
9:存在
```

9.4 字符串与字符数组

前面学习过的数组，其数组元素都是数值型数据。实际上，使用C语言进行软件开发的过程中还需要经常处理字符串数据，字符串就是由一串字符组成的一种数据，C语言中使用字符数组来表示和存储字符串。字符数组就是数组元素为字符型数据的数组。

需要注意的是，标准C语言中并没有提供字符串这种数据类型，而实际问题中的数据却有很多是以字符串数据的形式体现的，如学生的名字、地址和简历等。

应该说，字符串是C语言字符数组在字符串数据上的一个具体应用，但若直接使用字符数组来表示和处理字符串，编程效率将会降低，不利于频繁的字符串处理。为弥补标准C语言没有字符串数据类型的不足，C语言库函数中增加了对字符数组进行整体操作的函数，即字符串处理函数，这些函数的原型声明包含在"string.h"头文件中。

9.4.1 字符串的表示

为了表示和存储字符串，字符数组中每一个元素用来存储字符串中的一个字符。但需要注意的是，当把一个字符串存入一个数组时，需要把字符串结束标记'\0'存入数组，以此作为该字符串是否结束的标志，这样就可以将字符串在字符数组中表示出来。因此，不是所有的字符数组保存的都是字符串数据，只有以字符串结束标记'\0'结束的字符数组保存的才是字符串。字符串的定义通过字符数组的定义和初始化来实现。

例如：

```
char c[10] = {'H','e','l','l','o','\0'};
char c1[6] = {'H','e','l','l','o','\0'};
```

在此要特别强调的是，'\0'字符是字符串的一部分，不能省略，否则不能称为字符串。因此用来存放字符串的数组长度至少为有效字符串最大长度数加1。所谓字符串的长度是指字符串中包含的有效字符的长度，也就是说字符数组中除'\0'之外的字符的个数。例如，上述数组c和c1中保存的字符串的长度为5。字符串的定义也可以通过先定义字符数组，然后在程序中给每个数组元素分别赋值来实现。

【例9-9】 定义字符数组a,然后给每个数组元素赋值。

程序源代码如下:

```
1   #include <stdio.h>
2   void main()
3   {
4     char a[6];
5     a[0] = 'H';
6     a[1] = 'e';
7     a[2] = 'l';
8     a[3] = 'l';
9     a[4] = 'o';
10    a[5] = '\0';
11  }
```

9.4.2 字符串的输入与输出

1. 字符串的输入

字符串的输入就是将字符串输入并保存到数组中的过程。字符串的输入可以有不同的方法。

(1) 通过scanf函数实现字符串的输入

通过scanf函数实现字符串的输入时有两种具体方式:逐个字符输入和字符串输入。例如:

```
1   #include <stdio.h>
2   void main()
3   {
4     char a[6];
5     int i;
6     for(i = 0;i < 5;i ++)
7       scanf("%c",&a[i]);
8     a[5] = '\0';
9   }
```

上面的程序通过逐个字符输入方式实现字符串的输入,但字符串输入完成后,需在最后添加'\0'字符。

又如:

```
1   #include <stdio.h>
2   void main()
3   {
4     char a[6];
5     int i;
6     scanf("%s",a);
7   }
```

如输入“Hello”，以这种方式输入时，不需输入最后的'\0'字符。

上述两种方式是基于scanf函数的不同格式控制符实现的，即“%c”实现单个字符的输入，而“%s”实现字符串的输入。基于“%s”格式输入时，虽然未输入'\0'字符，但系统会自动在字符串末尾添加'\0'字符。

（2）通过gets函数实现字符串的输入

通过gets函数实现字符串输入的格式为

```
gets（字符数组名）
```

其功能是从键盘上输入一个字符串（具体参见本章9.4.3节的例子）。

2. 字符串的输出

字符串的输出就是将字符串输出到屏幕上的过程。同样地，字符串的输出也有不同的方法。

（1）通过printf函数实现字符串的输出

通过printf函数实现字符串的输出时有两种具体方式：逐个字符输出和字符串输出。例如：

```
1    #include <stdio.h>
2    void main()
3    {
4        char a[6] = {'H','e','l','l','o','\0'};
5        int i;
6        for(i=0;i<5;i++)
7            printf("%c",a[i]);
8    }
```

上面的程序是通过逐个字符输出方式实现字符串的输出的。若要以字符串输出，则应写为

```
1    #include <stdio.h>
2    void main()
3    {
4        char a[6] = {'H','e','l','l','o','\0'};
5        printf("%s",a);
6    }
```

（2）通过puts函数实现字符串的输出

通过put函数实现字符串输出的格式为

```
puts（字符数组名）
```

其功能是把字符数组中的字符串在屏幕上输出（具体参见本章9.4.3节的例子）。

9.4.3 字符串处理的函数

为弥补标准C语言没有字符串数据类型的不足，C语言库函数提供了丰富的字符串处理函数，大致可分为字符串的输入、输出、合并、修改、比较、转换、复制、查找等几

类。使用这些函数可大大减轻编程的负担,提高编程的效率。用于输入输出的字符串函数在使用前应包含头文件“stdio. h”;使用其他字符串函数则应包含头文件“string. h”。下面介绍几个最常用的字符串函数。

1. 字符串输出函数 puts

字符串输出函数 puts 的格式为

puts(字符数组名)

其功能是把字符数组中的字符串在屏幕上输出。例如:

```
1    #include <stdio.h>
2    void main()
3    {
4       char c[] ="BASIC\ndBASE";
5       puts(c);
6    }
```

程序的运行结果如下:

```
BASIC
dBASE
```

从程序中可以看出 puts 函数中可以使用转义字符,因此输出结果分为两行。puts 函数完全可以由 printf 函数取代。当需要按一定格式输出时,通常使用 printf 函数。

2. 字符串输入函数 gets

字符串输入函数 gets 的格式为

gets(字符数组名)

其功能是从键盘上输入一个字符串。例如:

```
1    #include <stdio.h>
2    void main()
3    {
4       char st[15];
5       printf("input string:\n");
6       gets(st);
7       puts(st);
8    }
```

程序的运行结果如下:

```
input string:
Binjiang College!
Binjiang College!
```

当输入的字符串中含有空格时,输出仍为全部字符串。这说明 gets 函数并不以空格作为字符串输入结束的标志,而只以回车作为输入结束。这一点与 scanf 函数是有差别的。

3．字符串连接函数 strcat

字符串连接函数 strcat 的格式为

strcat（字符数组1,字符数组2）

其功能是把字符数组2中的字符串连接到字符数组1中字符串的后面,并删去字符串1后的串标志'\0'。本函数返回值是字符数组1的首地址。例如:

```
1    #include <stdio.h>
2    #include <string.h>
3    void main()
4    {
5       char st1[30] ="My name is ";
6       char st2[10];
7       printf("input your name:\n");
8       gets(st2);
9       strcat(st1,st2);
10      puts(st1);
11   }
```

程序的运行结果如下:

```
input your name:
Nuist
My name is Nuist
```

本程序的功能是把两个字符串连起来。需要注意的是,字符数组1应足够长,能容纳连接后的整个字符串。

4．字符串拷贝函数 strcpy

字符串拷贝函数 strcpy 的格式为

strcpy（字符数组1,字符数组2）

其功能是把字符数组2中的字符串拷贝到字符数组1中,串结束标志'\0'也一同拷贝。字符数组2也可以是一个字符串常量,这时相当于把一个字符串赋予一个字符数组。例如:

```
1    #include <stdio.h>
2    #include <string.h>
3    void main()
4    {
5       char st1[15],st2[] ="C Language";
6       strcpy(st1,st2);
7       puts(st1);
8       printf("\n");
9    }
```

本函数要求字符数组1有足够的长度。

5. 字符串比较函数 strcmp

字符串比较函数 strcmp 的格式为

```
strcmp(字符数组1,字符数组2)
```

其功能是按照 ASCII 码顺序比较两个数组中的字符串,并由函数返回值返回比较结果。

字符数组1 = 字符数组2,返回值 = 0;
字符数组1 > 字符数组2,返回值 > 0;
字符数组1 < 字符数组2,返回值 < 0。

那么,字符串的大小如何比较呢? C 语言中规定了字符串的比较方法:自左向右依次比较两个字符串中的对应字符,哪个字符的 ASCII 码大,则哪个字符串大;若两个字符相同,则依次比较下一个字符,直到可以比较大小为止;如果最后一个字符仍然相同,则两个字符串相等。

本函数也可用于比较两个字符串常量,或比较字符数组和字符串常量。例如:

```
1   #include <stdio.h>
2   #include <string.h>
3   void main()
4   {
5     int k;
6     char st1[15],st2[] ="C Language";
7     printf("input a string:\n");
8     gets(st1);
9     k = strcmp(st1,st2);
10    if(k ==0)
11      printf("st1 = st2\n");
12    if(k >0)
13      printf("st1 > st2\n");
14    if(k <0)
15      printf("st1 < st2\n");
16  }
```

程序的运行结果如下:

```
input a string:
Basic
st1<st2
```

【程序分析】 本程序把输入的字符串 st1 和数组 st2 中的字符串比较,比较结果返回 k 中,根据 k 值再输出结果提示串。当输入为 Basic 时,由 ASCII 码可知"Basic"小于"C Language",故 k < 0,输出结果"st1 < st2"。

6. 返回字符串长度函数 strlen

返回字符串长度函数 strlen 的格式为

```
strlen(字符数组名)
```

其功能是返回字符串的实际长度(不含字符串结束标志'\0')并作为函数返回值。

例如：

```
1    #include <stdio.h>
2    #include <string.h>
3    void main()
4    {
5       int k;
6       char st[] = "C language";
7       k = strlen(st);
8       printf("The length of the string is %d\n",k);
9    }
```

程序的运行结果如下：

```
The length of the string is 10
```

9.4.4 字符串数组

所谓字符串数组，是指数组中的元素是字符串的情形。处理多个字符串时，需用字符串数组来表示与处理，字符串数组以二维字符数组形式存储和实现相关操作。

举例如下：

（1）100个城市名

```
char city[100][16];                /*假定城市名不超过16个字符*/
```

100个城市名分别用city[0],city[1],…,city[i],…,city[99]描述，city[i]相当于一个一维的字符数组。

（2）1000本书名

```
char book[1000][30];               /*假定书名不超过30个字符*/
```

1000本书名分别用book[0],book[1],…,book[i],…,book[999]描述，book[i]相当于一个一维的字符数组。

【例9-10】 通过键盘输入字符串并保存到字符串数组中。

程序源代码如下：

```
1    #include <stdio.h>
2    void main()
3    {
4       char s[3][10];
5       int i;
6       for(i=0;i<3;i++)
7          scanf("%s",s[i]);
8       printf("The result is:\n");
9       for(i=0;i<3;i++)
10         printf("%s\n",s[i]);
11   }
```

从键盘上输入：

abc

bcd efg

defg

程序的运行结果如下：

```
abc
bcd efg
The result is:
abc
bcd
efg
```

【程序分析】 需注意的是，scanf( )函数在输入字符串时是以空格作为字符串的分隔字符的，此处虽然想把“abc”赋值给 s[0]，“bcd efg”赋值给 s[1]，“defg”赋值给 s[2]，但可实际上编译器是这样做的：把“abc”赋值给 s[0]，把“bcd”赋值给[1]，把“efg”赋值给 s[2]，因而无法再输入 defg 字符串。

实际输出：

abc

bcd

efg

如果希望输入时在字符串中包含空格字符，该如何处理呢？此时可以使用 gets 函数来完成输入，即将上述程序改为：

```
1    #include <stdio.h>
2    #include <string.h>
3    void main()
4    {
5      char s[3][10];
6      int i;
7      for(i=0;i<3;i++)
8        gets(s[i]);
9      printf("The result is:\n");
10     for(i=0;i<3;i++)
11       printf("%s\n",s[i]);
12   }
```

改写后的程序运行结果如下：

```
abc
bcd efg
defg
The result is:
abc
bcd efg
defg
```

9.4.5 应用举例

【例9-11】 从键盘输入一行字符串，再输入一个字符，判断输入的字符在字符串中出现的次数并输出结果；若字符未包含在字符串中，则输出此字符在字符串中未出现。

【问题分析】 字符串需保存在一个字符数组中，要在一个字符串中查找一个字符可以通过逐个字符比较来实现。

程序源代码如下：

```
1   #include <stdio.h>
2   #include <stdlib.h>
3   #include <string.h>
4   void main()
5   {
6     int num = 0, i;
7     char str[30];
8     char c;
9     printf("请输入一个字符串:\n");
10    gets(str);
11    printf("请再输入一个字符:\n");
12    scanf("%c", &c);
13    for (i = 0; i < strlen(str); i++)              //逐个字符比较
14    {
15      if (c == str[i]){                            //相同则计数值加1
16          num++;
17        }
18    }
19    if(num!=0)
20      printf("字符在前面字符串中出现的次数为:\n%d\n", num);
21    else
22      printf("该字符未在字符串中出现\n");
23  }
```

程序的运行结果如下：

```
请输入一个字符串:
abcdaba
请再输入一个字符:
a
字符在前面字符串中出现的次数为:
3
```

9.5 综合程序举例

【例9-12】 试编写一个数制转换程序，要求输入一个十进制整数后可转换为指定数制的整数。

【问题分析】 一个十进制数要转换为h进制数，其基本思路就是“除h取余”法，通过逐次以 h 去除待转换数值，并将商作为新的待转换数值获取 h 进制数的每一位，并保存在数组中。最后通过“查表”方式将 h 进制数的每一位转换为对应的字符并输出。其处理流程如图 9-8 所示。

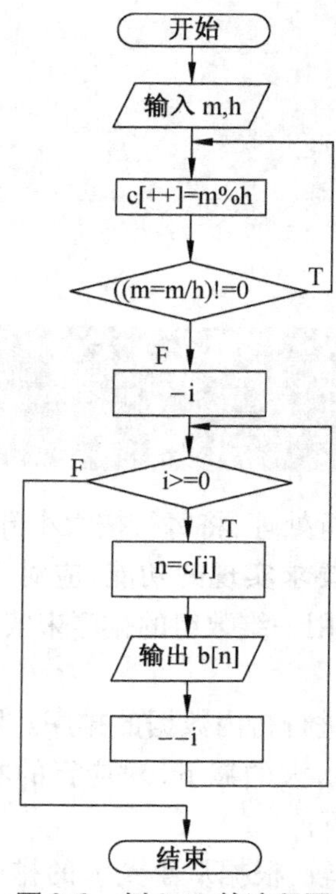

图 9-8 例 9-12 的流程图

程序源代码如下：

```
1   #include <stdio.h>
2   void main()
3   {
4       char b[17] = "0123456789ABCDEF";          //保存转换后输出时需要
                                                 //的数字字符
5       int i = 0, h, n, c[10];                  //h 为目标数制
6       long int m;                              //待转换数据
7       printf("请输入需要转换的十进制整数及目标
               数制，注意以逗号分隔:\n");
8       scanf("%ld,%d", &m, &h);
9       do                                       //完成转换
10      {
11          c[i++] = m%h;
12      }while((m = m/h) != 0);
13      printf("转换结果为:\n");
```

```
14      for( --i;i >=0; --i)                    //通过查表方式输出转换
                                                //后数值的数字字符
15      {
16         n = c[i];
17         printf("%c",b[n]);
18      }
19      printf("\n");
20  }
```

程序的运行结果如下：

```
请输入需要转换的十进制整数及目标数制，注意以逗号分隔:
20,16
转换结果为:
14
```

【例 9-13】 对二维数组进行处理，将每行按大小升序排序。

【问题分析】 为完成题目要求实现的功能，应对每行分别进行处理，这样就转化为每行内部的排序问题，可以利用一维数组的排序来实现。为表示方便，此处将一行的数据垂直排列。

本题选择“冒泡”排序算法进行行内数据的排序。冒泡排序的思想是：从上端开始比较，小的靠上（对应行的左端），大的靠下（对应行的右端）。对一行包含 n 个元素数组的冒泡排序实现过程描述如下：

第 1 趟：第 1 个与第 2 个比较，根据从小到大的排序思想，若前面元素比后面元素大，则交换位置；接着第 2 个与第 3 个比较，若前面元素比后面元素大，则交换位置，以此类推，所有相邻元素比较完后，则关键字最大的元素交换到最后一个位置上。

第 2 趟：对前 n－1 个元素进行同样的操作，则关键字次大的记录交换到第 n－1 个位置上；以此类推，共进行 n－1 趟排序后，则完成一行的排序。其排序过程如图 9-9 所示。

初始值	第 1 趟	第 2 趟	第 3 趟	第 4 趟	第 5 趟	第 6 趟	第 7 趟
25	25	25	25	11	11	11	11
56	49	49	11	25	25	25	25
49	56	11	49	41	36	36	
78	11	56	41	36	41		
11	65	41	36	49			
65	41	36	56				
41	36	65					
36	78						
初始值数据	第1趟排序后	第2趟排序后	第3趟排序后	第4趟排序后	第5趟排序后	第6趟排序后	第7趟排序后

图 9-9 数组中一行 8 个元素排序过程

"冒泡"排序处理流程如图 9-10 所示。

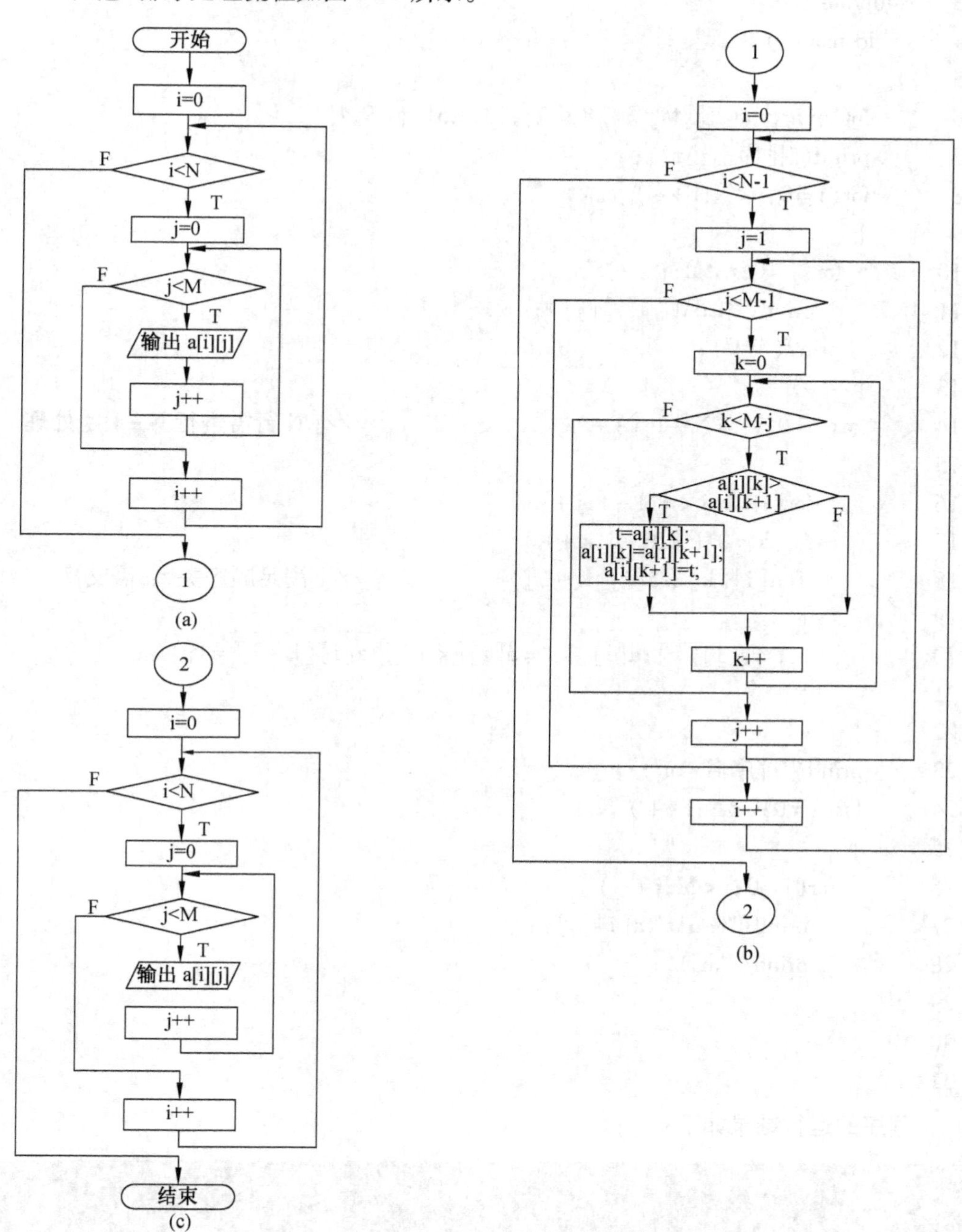

图 9-10　例 9-13 的流程图

程序的源代码如下：

```
1	#include <stdio.h>
2	#define N 3
```

```
3      #define M 3
4      void main()
5      {
6         int i,j,k,t,a[N][M]={{8,6,7},{3,2,5},{1,9,4}};
7         printf("排序前:\n");
8         for(i=0;i<N;i++)
9         {
10           for(j=0;j<M;j++)
11              printf("%d\t",a[i][j]);
12           printf("\n");
13        }
14        for(i=0;i<=N-1;i++)                    //有N行需进行N-1趟处理
15        {
16              for(j=1;j<=M-1;j++)
17              for(k=0;k<M-j;k++)
18              if(a[i][k]>a[i][k+1])            //不满足顺序关系,需交换
19              {
20                 t=a[i][k];a[i][k]=a[i][k+1];a[i][k+1]=t;
21              }
22        }
23        printf("排序后:\n");
24        for(i=0;i<N;i++)
25        {
26           for(j=0;j<M;j++)
27              printf("%d\t",a[i][j]);
28              printf("\n");
29
30        }
31     }
```

程序的运行结果如下：

```
排序前:
8       6       7
3       2       5
1       9       4
排序后:
6       7       8
2       3       5
1       4       9
```

【例9-14】 输入3个字符串,然后对这3个字符串按照升序排序。

【问题分析】 C语言中,可使用strcmp及strcpy函数实现字符串大小的比较和拷贝。要将3个字符串排序需分3次比较和交换。

程序的源代码如下:

```
1   #include <stdio.h>
2   #include <string.h>
3   void main()
4   {
5     char str1[20],str2[20],str3[20],p[20];
6     printf("请输入三个字符串\n");
7     scanf("%s",str1);
8     scanf("%s",str2);
9     scanf("%s",str3);
10    if(strcmp(str1,str2)>0)
11    {
12      strcpy(p,str1);
13      strcpy(str1,str2);
14      strcpy(str2,p);
15    }
16    if(strcmp(str1,str3)>0)
17    {
18      strcpy(p,str1);
19      strcpy(str1,str3);
20      strcpy(str3,p);
21    }
22    if(strcmp(str2,str3)>0)
23    {
24      strcpy(p,str2);
25      strcpy(str2,str3);
26      strcpy(str3,p);
27    }
28    printf("排序后结果为:\n");
29    printf("%s\n%s\n%s\n",str1,str2,str3);
30  }
```

程序的运行结果如下:

```
请输入三个字符串
english japanese chinese
排序后结果为:
chinese
english
japanese
```

本章小结

本章主要介绍了C语言中数组的使用方法。数组是程序设计中最常用的数据结构，分为数值数组（整型数组、实型数组）、字符数组、指针数组、结构数组等。数组可以是一维的、二维的或多维的。数组的定义与变量不同，需注意其格式要求。对数组元素的赋值可以通过数组初始化赋值、输入函数动态赋值和赋值语句赋值3种方法实现。对数值数组不能用赋值语句整体赋值、输入或输出，而应使用循环语句逐个对数组元素进行赋值。掌握数组的使用方法之后，很多问题就可以用更简单的解决方法。若将数组和指针等结合可构成更复杂的数据结构，解决一些更为复杂的实际问题。

考点提示

在二级等级考试中，本章主要出题方向及考察点如下：

（1）数组的定义及初始化、数组的存储结构、数组元素的引用和字符数组的使用（字符串的存储及基本操作）。

（2）一维数组及二维数组的定义、初始化和引用时，需特别注意数组下标都是从0开始变化的；数组初始化时部分元素初始化和全部元素初始化及无元素初始化的区别；二维数组在内存中存储时是“按行存储”（即依次存放各行）的；字符串与字符数组的主要区别（字符串可以保存在字符数组中，但字符串结束位置必须有'\0'字符）以及字符串数组的定义和引用及常用字符串函数（strlen，strcmp，strcpy）的使用等。

习题9

1. 在C语言中，引用数组元素时，其数组下标的数据类型应该满足什么要求？
2. 若二维数组a有m列，则在a[i][j]前的元素个数如何计算？
3. 下面程序以每行4个数据的形式输出a数组，请将程序补充完整。

```
1    #include <stdio.h>
2    #define N 20
3    void main()
4    {
5      int a[N], i;
6      for(i=0; i<N; i++) scanf("%d",________);
7        for(i=0; i<N; i++)
8        {
9          if(________)
10           ________;
```

```
11          printf("%3d", a[i]);
12        }
13    printf("\n");
14  }
```

4. 下面程序的功能是输入5个整数,找出最大数和最小数所在的位置,并把二者对调,然后输出调整后的5个数,请将程序补充完整。

```
1   #include <stdio.h>
2   void main()
3   {
4     int a[5],max,min,i,j,k;
5     for(i=0;i<5;i++)
6       scanf("%d",&a[i]);
7     min=a[0];j=0;
8     for(i=1;i<5;i++)
9       if(a[i]<min)
10      {
11        min=a[i];
12        ________;
13      }
14    max=a[0];k=0;
15    for(i=1; i<5; i++)
16      if(a[i]>=max)
17      {
18        max=a[i];
19        ________;
20        }
21        ________;
22      printf("\nThe position of min is:%3d\n",k);
23      printf("The position of max is:%3d\n",j);
24      for(i=0;i<5;i++)
25        printf("%5d", a[i]);
26  }
```

5. 下面程序的功能是用顺序查找法查找数组中是否存在某一关键字,请将程序补充完整。

```
1   #include <stdio.h>
2   void main()
3   {
4     int a[8]={25,57,48,37,12,92,86,33};
```

```
5        int i,x;
6        scanf("%d",&x);
7        for(i=0; i<8; i++)
8          if(x==a[i])
9          {
10           printf("Found! The index is:%d\n", ++i);
11       ________;
12       }
13       if(________)
14         printf("Can't found!");
15   }
```

6. 某个公司采用公用电话传递数据，数据是4位的整数，在传递过程中是加密的，加密规则如下：每位数字都加上5，然后用和除以10的余数代替该数字，再将第1位和第4位交换，第2位和第3位交换。请编写程序实现以上功能。

第10章 地址与指针变量

通过前面章节的学习,大家初步掌握了各种基本类型的简单变量和数组构造数据类型的变量;知道各变量在程序运行时都在计算机内存中进行存储,有它们相应的存储地址和所存储的值等相关信息。为进一步深入理解和掌握各种变量与地址之间的关系,以及通过指针变量来增加访问数据的方式和灵活性,本章引入地址与指针的内容。

指针是C语言知识体系中较为灵活、同时也是较难理解和掌握的内容。学习C语言,如果不能熟练掌握指针的使用,就还没有掌握C语言的精髓。规范地使用指针,可以使程序更简明、高效。相反,如果对指针理解不够透彻,不能正确、规范地使用,则会给程序带来问题和隐患。指针变量、地址、数组及这三者的关联是C语言中最有特色的部分,本章将会对这三者之间的关系及它们的联合使用进行深入讲解。

10.1 地址和指针概述

在计算机中,所有需要使用和处理的数据都要存放到内存中。一般把内存中的一个字节称为一个内存单元,不同的数据类型所占用的内存单元数不等。如在 Visual C ++6.0 中,整型数据占4字节,字符型数据占1个字节等。为了正确地访问和使用这些内存单元,必须为每个内存单元编号,根据一个内存单元的编号即可准确地找到该内存单元,进而对该内存单元进行访问。内存单元的编号也称为地址,通常把这个地址称为指针。C语言中主要通过变量和数组等对数据进行处理,其中变量是数据最常见的表现形式。变量在计算机内占有一块存储区域(几个内存单元),变量的值就存放在这块区域之中,在计算机内部通过访问或修改这块区域中的内容来访问或修改相应的变量,也即使用或修改变量对应存储区域中保存的值。C语言中,对于变量的访问形式之一是先求出变量的地址,然后再通过地址对它进行访问,也就是这里所要讨论的指针及指针所指向的变量。

严格地说,一个指针就是指一个地址,是一个正整数常量。而一个指针变量却可以被赋予不同的指针值或地址常量,因此,指针变量是一类存放特殊数据的变量。但常把指针变量简称为指针。为避免产生混淆,作如下约定:

①“指针”是指变量的地址,是常量。

②“指针变量”是指取值为地址的变量。

使用指针变量的目的是通过指针去访问相关的内存单元内容。

变量的指针实际上是变量的地址。变量的地址虽然在取值上是整数,但在概念上不同于以前介绍过的整型数据,而是一种新的数据类型,即指针类型。可以这样理解：

① 变量都具有变量名，通过变量名使用变量，可以对变量中保存的值进行操作。

② 指针是变量的地址，不能直接通过指针访问变量的值。

指针是通过指针变量来使用的，而所谓的指针变量就是指可以保存另外一个变量的地址的一种特殊类型的变量。通常把指针变量中保存的地址所对应的变量称为指针变量指向的变量。某一变量的地址可以使用取地址运算符得到。例如：

```
int x =2;
int *px;
px = &x;
*px =2;
```

通过变量名直接访问变量值的方式称为直接访问方式，如上面的x =2；而通过指针变量间接地访问某一变量值的，称为间接访问方式，如上面的 * px =2;。图 10-1 为上述程序的内存状况。

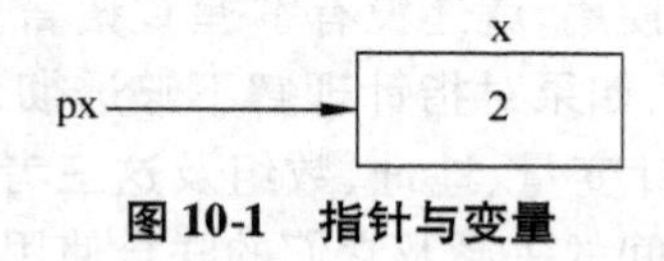

图 10-1　指针与变量

10.2　指针变量的定义

定义指针变量的格式如下：

```
类型标识符　*标识符;
```

其中，"标识符"是指针变量的名字，标识符前加了"＊"号，表示该变量是指针变量，而最前面的"类型标识符"表示该指针变量所指向变量的类型，又称为指针变量的基类型。一个指针变量只能指向同一种基类型的变量，也就是说，不能定义一个指针变量，既能指向一个整型变量又能指向另一个双精度实型变量。例如：

```
int *p;
```

首先，说明 p 是一个指针类型的变量，此处需注意在定义中不要漏写指针的标识符号"＊"，否则 p 就成了一般的整型变量。另外，定义中的 int 表示该指针变量为指向整型变量的指针变量，有时也可称 p 为指向整型变量的指针。也就是说，p 是一个指针变量，它用来存放整型变量的地址。

10.3　指针变量的赋值

指针变量与普通变量一样，使用之前需要定义，而且必须要赋予具体的值（这对指针变量尤其重要，因为未经赋值或未正确赋值的指针变量在使用时可能会造成系统混乱，甚至死机）。指针变量只能赋予地址，而不能赋予任何其他数据，否则会出现错误。需要注意的是，在 C 语言中，变量的地址由编译系统分配，对用户完全透明，用户不知道也不需要知道变量的具体地址。

C 语言中提供了取地址运算符“&”来获取某一变量的内存地址。其一般形式为

```
&变量名;
```

例如,&a 表示变量 a 的内存地址,&b 表示变量 b 的内存地址,但变量本身必须预先定义。对指针变量进行赋值有以下几种方式。

(1) 指针变量初始化的方法。

例如:

```
int a;
int *p=&a;
```

在定义指针变量的同时,指定指针变量指向变量 a。

(2) 把一个变量的地址赋予一个指针变量的方法。

例如:

```
int i=100,x;
int *p;
p=&i;
```

定义了两个整型变量 i 和 x,还定义了一个指向整型变量的指针变量 p。i,x 用来存放整型数据,而 p 只能存放整型变量的地址,通过赋值操作把 i 的地址赋给 p。此时指针变量 p 指向整型变量 i,假设变量 i 的地址为 2000,则赋值后 i 和 p 两个变量的关系如图 10-2 所示。

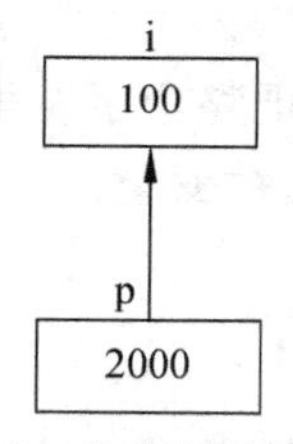

图 10-2 为指针变量赋值

C 语言不允许把一个整数直接赋予指针变量,故下面的赋值是错误的:

```
int *p;
p=1000;
```

但如果对整数进行特殊处理——强制类型转换,把整数变为整型指针类型后,就可以进行赋值了,即

```
int *p;
p=(int *)1000;
```

是正确的。但一般情况下,不提倡这样做。

被赋值的指针变量前不能再加“*”说明符,如写为 `*p=&a`也是错误的。

C 语言规定,若暂时不确定指针变量的值,也可为指针变量赋以 NULL 进行初始化,即

```
int *p=NULL;
```

其中,NULL 指针不指向任何有效数据,有时也称 NULL 指针为空指针,实际上,NULL 的值是 0。因此,当调用一个要返回指针的函数时,常使用返回值 NULL 来指示函数调

用中某些错误情况的发生。

（3）把一个指针变量的值赋予另一个指针变量

例如：

```
int i, *pi = &i, *pj;
pj = pi;
```

由于pi,pj的基类型相同,所以相互赋值是正确的,表示pi,pj都指向同一个变量i。

（4）把数组的首地址赋予指针变量。

例如：

```
int array[5], *p;
p = array;
```

此处的赋值是正确的,因为数组名可以表示数组的首地址,即数组名是地址,也是指针,无需再使用取地址符“&”操作,可将其直接赋予指针变量。

（5）把字符串的首地址赋予指向字符类型的指针变量。

例如：

```
char *pc;
pc = "This is a test";
```

或者采用初始化赋值的方法写为

```
char *pc = " This is a test ";
```

需注意的是,此处的赋值并不是把整个字符串存入指针变量,而只是把存放该字符串的一系列内存单元的首地址存入指针变量。

10.4 指针变量的操作

除了可以给指针变量进行初始化外,用户还可以对指针变量进行某些运算操作,但能够进行的操作种类是有限的。例如,可对指针进行部分算术运算（即移动指针）及关系运算（即比较指针）。

10.4.1 指针引用

在指针变量指向一个变量后,就可以通过该指针变量来访问其指向的变量内容了,这时需要应用间接访问运算符“ * ”。“ * ”是单目运算符,其结合性为自右至左,用来表示指针所指向变量的值。其格式为

```
*指针变量;
```

例如：

```
int a =1;
int *p = &a;
printf("%d", *p);
```

上述printf语句中的*p就是间接访问运算符的应用。跟在“ * ”运算符之后的必须是指针变量。间接访问运算符“ * ”和指针变量定义中的指针说明符“ * ”不同：在指

针变量定义中,“ * ”是类型说明符,表示其后的变量是指针类型,而在表达式中出现的“ * ”则是一个运算符,用以表示指针所指向变量的值。

【例10-1】 输入3个整数a,b,c,按由小到大顺序输出。

【问题分析】 利用指针方法,分3次比较3个数,如果不符合升序要求则通过指针完成变量内容的交换,3次比较后可完成排序。

```
1   #include <stdio.h>
2   void main()
3   {
4     int n1,n2,n3,t;
5     int *pointer1, *pointer2, *pointer3;
6     printf("请输入3个数:n1,n2,n3:\n");
7     scanf("%d,%d,%d",&n1,&n2,&n3);
8     pointer1 = &n1;
9     pointer2 = &n2;
10    pointer3 = &n3;
11    if(n1 > n2)                              //将n1和n2按顺序排列
12    {
13       t = *pointer1;                        //采用指针变量间接访问
14       *pointer1 = *pointer2;                //方式进行两变量数据交换
15       *pointer2 = t;
16    }
17    if(n1 > n3)                              //将n1和n3按顺序排列
18    {
19       t = *pointer1;
20       *pointer1 = *pointer3;
21       *pointer3 = t;
22    }
23    if(n2 > n3)                              //将n2和n3按顺序排列
24    {
25       t = *pointer2;
26       *pointer2 = *pointer3;
27       *pointer3 = t;
28    }
29    printf("排序后的结果为:\n%d,%d,%d\n",n1,n2,n3);
30  }
```

程序的运行结果如下:

```
请输入3个数:n1,n2,n3:
20,11,15
排序后的结果为:
11,15,20
```

【**程序分析**】 本例中两变量值的交换并非采用先前直接访问方式进行数据交换，而是采用指针变量的间接访问方式进行数据交换。希望读者通过数据访问方式的改变深刻地理解指针变量的真正内涵。

10.4.2 指针移动

指针就是地址,也就是变量在内存中的地址,指针变量中保存的是某个变量的地址,那么对指针变量加减一个整数,就可以使指针所指位置发生变化。设 pa 是指向某个变量 a 的指针变量,则 pa + n,pa − n,pa ++ , ++ pa,pa −− , −− pa 运算在某些特定情况下都是允许的,指针变量加或减一个整数 n 的意义是把指针指向的当前位置向前或向后移动 n 个位置。应该注意的是,指针变量向前或向后移动一个位置和地址加 1 或减 1 在概念上是不同的,因为变量可以有不同的类型,各种类型的变量所占的字节个数是不同的。如指针变量加 1,即向后移动 1 个位置,表示指针变量指向的当前位置加上变量类型所占字节数之后的新地址,即指向同类型的下一个数据,而不是简单在原地址基础上加 1。

【**例 10-2**】 移动指针,观察其变化。

```
1    #include <stdio.h>
2    void main()
3    {
4      int a = 1, * pa;
5      float b = 2.3, * pb;
6      char c = 'a', * pc;
7      pa = &a;
8      pb = &b;
9      pc = &c;
10     printf("\n 变量 a,b,c 的值为%d,%f,%c",a,b,c);
11     printf("\n 指针 pa,pb,pc 的值为%x,%x,%x",pa,pb,pc);
12     printf("\n 指针 pa,pb,pc 修改后的值为%x,%x,%x",pa+1,pb+1,pc+1);
13   }
```

程序的运行结果如下：

```
变量a,b,c的值为1,2.300000,a
指针pa,pb,pc的值为12ff7c,12ff74,12ff6c
指针pa,pb,pc修改后的值为12ff80,12ff78,12ff6d
```

【**程序分析**】 (1) pa 加 1 后,由于其类型为整型指针,因此地址的变化为原地址加 4(Visual C ++6.0 环境)。

(2) pb 加 1 后,由于其类型为浮点型指针,因此地址的变化为原地址加 4。

(3) pb 加 1 后,由于其类型为字符型指针,因此地址的变化为原地址加 1。

10.4.3 指针比较

指向相同数据类型变量的两个指针变量进行关系运算可表示它们所指内存位置

(或内存地址)之间的关系。例如,对两个相同数据类型的指针变量 p1 和 p2:

(1) p1 == p2 表示 p1 和 p2 指向同一内存位置;

(2) p1 > p2 表示 p1 处于高地址位置;

(3) p1 < p2 表示 p1 处于低地址位置。

指针变量还可以与 0 比较。设 p 为指针变量,则 p == 0 成立表明 p 是空指针,它不指向任何变量。在 C 语言中,空指针用 NULL 表示,即 NULL = 0, p! = NULL 成立表示 p 不是空指针。空指针是由对指针变量赋予 0 值(NULL)而得到的。

例如:

```
int *p = NULL;
```

对指针变量赋以 NULL 值和不赋值是不同的。指针变量未赋值时,可以是任意值,是不能使用的,否则可能会出现意外错误;而指针变量赋 NULL 值后,就可以使用,只是它不指向具体的变量。

10.5　一维数组和指针

10.5.1　一维数组和数组元素的地址

将数组与指针有机地联系起来,可为数组的各种访问操作提供方便。在讨论一维数组和指针变量的联合使用之前,需要明确以下几点:

(1) 一个数组是由连续的一系列内存单元组成的,数组名就是这块连续内存单元的首地址。

(2) 一个数组是由多个数组元素组成的,每个数组元素按其类型不同占有几个连续的内存单元。

(3) 一个数组元素的首地址也是指它所占有的几个内存单元的首地址,如不特别声明,后续内容中所说的数组元素地址均指数组元素的首地址。

10.5.2　指针与数组元素操作

一个指针变量既可以指向一个数组元素,也可以指向一个数组。为了使指针变量指向数组的第 1 个元素,可把数组名或第 1 个元素的地址赋予指针变量。如要使指针变量指向第 i 个数组元素,可把第 i 个元素的首地址或把数组名加 i 赋予指针变量。

(1) 指向数组元素的指针

首先定义一个整型数组和一个指向整型数据的指针变量:

```
int a[10], *p;
```

可以使整型指针 p 指向数组中任何一个元素,假定进行赋值运算:

```
p = &a[0];
```

此时,p 指向数组中的第 1 个元素,即 a[0],指针变量 p 中存储了数组元素 a[0]的地址,由于数组元素在内存中是连续存放的,因此可以通过指针变量 p 及其有关运算间接访问数组中的任何一个元素。C 语言中,一维数组名本身就是代表数组的第 1 个元素的地址,因此下面两条语句是等价的:

```
p=&a[0];
p=a;
```

根据地址运算规则，a+1 为 a[1]的地址，a+i 为 a[i]的地址。

下面给出用指针表示数组元素地址和内容的几种形式：

① p+i 和 a+i 均表示 a[i]的地址，或者说它们都指向 a[i]。

② *(p+i)和*(a+i)都表示 p+i 和 a+i 所指对象的内容，即 a[i]存储的值。

③ 指向数组元素的指针，也可以表示成数组的形式，也就是说，它允许指针变量带下标，如 p[i]与*(p+i)等价。

假如 p=a+1，问 p[2]指向 a 数组中的哪个元素？因 p[2]相当于*(p+2)，由于 p 指向 a[1]，所以 p[2]就相当于 a[3]。而 p[-1]就相当于*(p-1)，它表示 a[0]。

当指针变量指向数组元素时，允许进行以下运算：

① 加一个整数(用+或+=)，如 p+1。

② 减一个整数(用-或-=)，如 p-1。

③ 自增运算，如 p++，++p。

④ 自减运算，如 p--，--p。

⑤ 两个指针相减，如 p1-p2(只有 p1 和 p2 都指向同一数组中的元素时才有意义)。

两指针变量相减所得之差是两个指针所指数组元素之间相差的元素个数，它实际上是两个指针值(地址)的差除以该数组每个元素所占字节数后所得的结果。例如，p1 和 p2 是指向同一浮点型数组的两个指针变量，设 p1 的值为 2016，p2 的值为 2000，而浮点数组每个元素占 4 个字节，所以 p2-p1 的结果为(2016-2000)/4=4，表示 p1 和 p2 之间相差 4 个元素。两个指针变量不能进行加法运算，如 p1+p2 是错误的，无实际意义。

【例 10-3】 从键盘输入数组元素的值，最小的元素与第一个元素交换，最大的元素与最后一个元素交换，然后输出整个数组。

【问题分析】 首先需在数组中找到最大元素和最小元素的位置，仍采用之前介绍的“打擂法”实现，不同的是采用指针移动方式获取数据。以查找最大元素为例，首先指向假定为最大元素的第一个元素，然后依次将指向的当前元素与指向的假定最大元素比较，如指向的当前元素比指向的假定最大元素大，则将指向的当前元素作为指向的假定最大元素。当所有元素都比较结束后，指向的假定最大元素即为实际最大元素。最小元素的查找方法与此相似。最后再将指向的最小元素与第一个元素交换，指向的最大元素与最后一个元素交换。

其处理流程如图 10-3 所示。

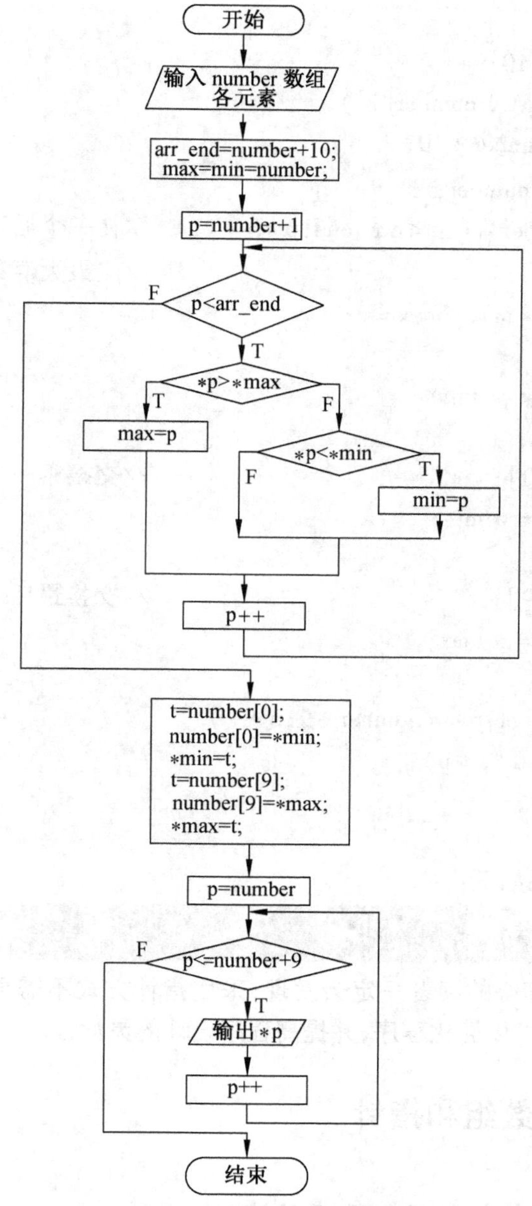

图 10-3　例 10-3 的流程图

程序的源代码如下：

```
1    #include  < stdio. h >
2    void main( )
3    {
4      int number[10];
5      int i,t;
6      int  * p, * arr_end;
7      int  * max, * min,k,l;
```

```
8
9      for(i=0;i<10;i++)
10         scanf("%d",&number[i]);
11     arr_end=number+10;
12     max=min=number;
13     for(p=number+1;p<arr_end;p++)          //在一个循环结构中同时完
                                              //成最大值和最小值的查找
14         if(*p>*max) max=p;
15         else
16             if(*p<*min)
17             min=p;
18     t=number[0];                           //交换第一个元素与最小值
19     number[0]=*min;
20     *min=t;
21     t=number[9];                           //交换最后一个元素与最大值
22     number[9]=*max;
23     *max=t;
24     for(p=number;p<=number+9;p++)
25         printf("%d ",*p);
26     printf("\n");
27 }
```

程序的运行结果如下:

```
7 13 25 17 19 20 22 35 42 6
6 13 25 17 19 20 22 35 7 42
```

【程序分析】 细心的读者一定会发现,采用指针方式不需再记录已找到最大值、最小值的下标,因此可以简化程序,并提高程序设计的灵活性。

10.6 二维数组和指针

10.6.1 二维数组和数组元素的地址

与一维数组一样,二维数组的所有元素也连续存放,占用一块连续的内存空间,而且C语言中的二维数组是按行存放的,也就是说只有存放完一行的元素后,才去存放下一行的元素。以下面的二维数组a[3][4]为例,分析其数组元素的地址:

```
int arr[3][4];
```

arr为二维数组名,假定第一个数组元素的首地址为1000,此数组有3行4列,共12个元素。可以这样理解:数组arr由arr[0],arr[1],arr[2] 3个元素组成,每个元素又都是一个一维数组,且都含有4个元素。例如,arr[0]所代表的一维数组所包含的4个元素为arr[0][0],arr[0][1],arr[0][2],a[0][3],整个数组的存储如图10-4所示。

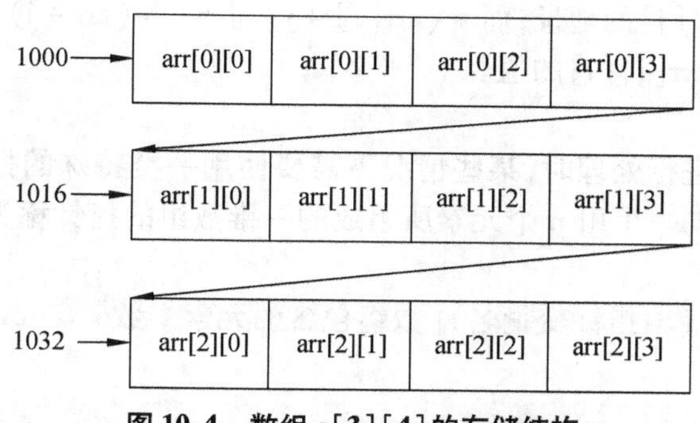

图 10-4　数组 a[3][4]的存储结构

每个数组元素各占 4 个字节的存储空间，以十进制地址表示为例，则第 1 行的 4 个元素的地址分别为 1000，1004，1008，1012，第 2 行的 4 个元素的地址分别为 1016，1020，1024，1028，第 3 行的 4 个元素的地址分别为 1032，1036，1040，1044。

数组名代表的是数组的首地址，对二维数组 arr 而言，arr 代表二维数组的首地址，而 arr 也可看成是二维数组第 1 行的首地址，arr + 1 就代表第 2 行的首地址，arr + 2 就代表第 3 行的首地址。如果此二维数组的首地址为 1000，由于第 1 行有 4 个整型元素，所以 arr + 1 为 1016，arr + 2 也就为 1032。

既然可以把 arr[0]，arr[1]，arr[2]看成是一维数组名，就可以认为它们分别代表所对应数组的首地址，也就是说，arr[0]代表第 1 行中第 1 列元素的地址，即 &arr0][0]，arr[1]是第 2 行中第 1 列元素的地址，即 &arr[1][0]。根据地址运算规则，arr[0] + 1 即代表第 1 行第 2 列元素的地址，即 &arr[0][1]。一般地，arr[i] + j 即代表第 i + 1 行第 j + 1 列元素的地址，即 &arr[i][j]。

10.6.2　指针与数组元素操作

1. 数组元素与指针

在二维数组中，还可以用指针形式来表示各元素的地址。以上节的 arr[3][4]为例，与一维数组类似，arr[0]与 *（arr + 0）等价，arr[1]与 *（arr + 1）等价，arr[2]与 *（arr + 2）等价，因此 arr[i] + j 与 *（arr + i）+ j 等价，表示数组元素 arr[i][j]的地址。

arr 表示数组第 1 行的首地址，而 * arr 与 arr[0]等价，arr[0]是数组名，当然也是地址，它就是数组第 1 行第 1 列元素的地址。arr[0]是第 1 个一维数组的数组名和首地址，因此为 1000；*（arr + 0）或 * arr 是与 arr[0]等效的，它表示一维数组 arr[0]的第 1 个元素的首地址，也为 1000；&arr[0][0]是二维数组 arr 的第 1 行第 1 列元素的首地址，同样是 1000。因此，arr，arr[0]，*（arr + 0），* arr，&arr[0][0]的值都是相等的。同理，arr + 1 是二维数组第 2 行的首地址，等于 1016；arr[1]是第 2 个一维数组的数组名和首地址，也为 1016；&arr[1][0]是二维数组 arr 的第 2 行第 1 列元素的地址，即地址 1016。因此 arr + 1，arr[1]，*（arr + 1），&arr[1][0]的值也都是相等的。由此可得到以下结论：arr + i，arr[i]，*（arr + i），&arr[i][0]的值都是相等的，而且 &arr[i]和 arr[i]的值也是相等的。需提醒的是，在二维数组中不能把 &arr[i]简单地理解为元素 arr[i]的地址，因为并不存在元素 arr[i]。另外，arr[i] + j 与 *（arr + i）+ j 是等价的，它们都表示数组元素 arr[i][j]的地址；而 *(arr[i]+j)与 *(*(arr+i)+j)是等价的，它们表示的是数组元素 arr[i][j]的值。

2. 行指针

在对二维数组进行处理时，某些情况下需要使用一类特殊的指针——行指针。什么是行指针呢？指向一个由 n 个元素所组成的一维数组的指针称为行指针。行指针的定义格式如下：

```
类型标识符  (*指针变量名)[数组包含的元素个数]
```

例如：

```
int (*p)[4];
```

指针 p 为指向一个由 4 个元素所组成的整型数组的行指针。在定义中，圆括号是不能缺少的，否则将变成一个指针数组的定义。行指针不同于前面介绍的整型指针，当整型指针指向一个整型数组的元素时，进行指针加 1 运算，指针将指向数组的下一个元素，地址值增加 4。该例所定义的指向一个由 4 个元素组成的行指针，进行地址加 1 运算后，其地址值增加 16，即加 1 表示指针指向了下一行。行指针在处理二维数组时，有其方便之处。

【例 10-4】 采用行指针方式遍历二维数组。

程序源代码如下：

```
1   #include <stdio.h>
2   void main()
3   {
4     int c[3][2] = {1,2,3,4,5,6};
5     int (*p)[2];                              //定义了一个行指针
6     int i;
7     int j;
8     printf("逐个元素输出:\n");
9     printf("%d  ", *(*(c+0)+0));
10    printf("%d  ", *(*(c+0)+1));
11    printf("%d  ", *(*(c+0)+2));
12    printf("\n");
13    printf("%d  ", *(*(c+1)+0));
14    printf("%d  ", *(*(c+1)+1));
15    printf("%d  ", *(*(c+1)+2));
16    printf("\n");
17    printf("\n循环形式输出:\n");
18    for(i=0;i<3; ++i)
19      for(j=0;j<2; ++j)
20        printf("%d  ", *(*(c+i)+j));
21    printf("\n");
22    printf("\n使用行指针方式输出:\n");
```

```
23      p = c;                                      //行指针赋初值
24      for(i = 0;i < 3; ++i)
25      {
26        for(j = 0;j < 2; ++j)
27          printf("%d  ", *( *p + j));             //通过行指针访问
28        p++;                                      //改变行指针
29      }
30      printf("\n");
31    }
```

程序的运行结果如下：

```
逐个元素输出:
1  2  3
3  4  5

循环形式输出:
1  2  3  4  5  6

使用行指针方式输出:
1  2  3  4  5  6
```

10.7　指针数组

若将指向同一种数据类型的多个指针组织在一起，构成一个数组，即为指针数组。指针数组中的每个元素都是指针，根据数组的定义，指针数组中每个元素都是指向同一数据类型的指针。指针数组的定义格式为：

```
类型标识符  *数组名[整型常量表达式];
```

例如：

```
int *a[10];
```

定义了一个指针数组，数组中的每个元素都是指向整型数据的指针，该数组由 10 个元素组成，即 a[0],a[1],a[2],…,a[9]，它们均为指针变量。其中，a 为该指针数组名，和普通数组一样，a 是常量，不能对它进行自增和自减运算。a 为指针数组元素 a[0]的地址，a + i 为 a[i]的地址，* a 就是 a[0]，*(a + i)就是 a[i]。

通常可用一个指针数组来指向一个二维数组。指针数组中的每个元素被赋予二维数组每一行的首地址，也可理解为此指针数组中每一个元素指向一个一维数组。

【例 10-5】　通过指针数组访问二维数组的数组元素。

程序源代码如下：

```
1    #include <stdio.h>
2    void main()
3    {
4      int iArray[2][3] = {{1,2,3},{4,5,6}};
5      int *ipArray[2] = {iArray[0], iArray[1]};        //指针数组的定义
6      int i,j;
```

```
7       for(i =0;i <2;i ++)
8       {
9           for(j =0;j <3;j ++)
10              printf("%d  ", *(ipArray[i] +j));
11          printf("\n");
12      }
13  }
```

程序的运行结果如下：

```
1  2  3
4  5  6
```

在程序设计过程中，应该注意指针数组和行指针变量的区别。这两者虽然都可用来处理二维数组，但是其处理方法是不同的。行指针变量是一个指针，其一般形式中"(*指针变量名)"两边的括号不可少；而指针数组表示的是多个指针（一组指针），在一般形式中"*指针数组名"两边不能有括号。例如，int (*p)[3]；表示一个指向二维数组的一行的行指针变量，仅定义了一个指针变量，由该行指针变量指向的二维数组的列数为3；int *p[3]表示p是一个指针数组，有3个下标变量，p[0]，p[1]，p[2]均为指针变量。

10.8 字符指针

字符串常量是由双引号括起来的字符序列，例如"this is a string"就是一个字符串常量。在程序中使用字符串常量时，C语言编译程序为字符串常量安排一个存储区域，这个区域在整个程序运行的过程中始终占用。字符串常量的长度是指该字符串的有效字符个数，但在实际存储时，C语言编译程序还会自动在该字符串序列的末尾加上一个特殊字符'\0'，用来标志字符串的结束，因此一个字符串常量所占的字节数总比它的有效字符个数多1。

在C语言中，使用一个字符串常量的方法有以下几种。

(1) 把字符串常量存放在一个字符数组之中。例如：

```
char s[ ] =" a string ";
```

数组s共有9个元素所组成，其中s[8]中的内容是'\0'。实际上，在字符数组定义的过程中，编译程序直接把字符串复制到数组中，即对数组s进行初始化。

(2) 用字符指针指向字符串，然后通过字符指针来访问字符串存储区域。当字符串常量在表达式中出现时，根据数据的类型转换规则，它被转换成字符指针。因此，可以进行如下定义：

```
char *cp;
cp =" a string ";
```

这个赋值语句使cp指向字符串常量中的第1个字符a，这样就可通过cp来访问这一存储区域，如*cp或cp[0]就是字符a，而cp[i]或*(cp+i)就相当于字符串的第i个字符。但试图通过指针来修改字符串常量的操作是不允许的，这是因为指针指向的是字符串常量，既然是常量，就不能进行修改操作。

指向字符串的指针变量的定义与指向字符变量的指针变量的定义是相同的，通过指针变量的不同赋值来区别。对指向字符变量的指针变量应赋予该字符变量的地址。例如：

```
char c, *p = &c;
```

表示 p 是一个指向字符变量 c 的指针变量，而

```
char *s = "Language";
```

则表示 s 是一个指向字符串的指针变量，把字符串的首地址赋予 s。

【例 10-6】 指向字符串的指针变量的使用(一)。

程序源代码如下：

```
1  #include <stdio.h>
2  void main()
3  {
4     char *ps;
5     ps = "Language";
6     printf("%s", ps);
7  }
```

程序的运行结果如下：

```
Language
```

【程序分析】 该例首先定义了一个字符指针变量 ps，然后把字符串的首地址赋予 ps。程序中的char *ps;ps = "Language";等效于char *ps = "Language";。

【例 10-7】 指向字符串的指针变量的使用(二)。

程序源代码如下：

```
1  #include <stdio.h>
2  void main()
3  {
4     char *ps = "this is a book";
5     int n = 10;
6     ps = ps + n;
7     printf("%s\n", ps);
8  }
```

程序的运行结果如下：

```
book
```

【程序分析】 该程序在对 ps 初始化时，已把字符串首地址赋予 ps，当 ps = ps + 10，ps 指向字符'b'，因此输出为"book"。

【例 10-8】 在输入的字符串中查找有无 k 字符。

程序源代码如下：

```
1    #include <stdio.h>
2    void main()
3    {
4      char st[20], *ps;
5      int i;
6      printf("input a string:\n");
7      ps = st;
8      scanf("%s",ps);
9      for(i=0;ps[i]!='\0';i++)
10       if(ps[i]=='k')
11       {
12         printf("there is a \'k\' in the string\n");
13         break;
14       }
15     if(ps[i]=='\0')
16       printf("There is no \'k\' in the string\n");
17   }
```

程序的第1次运行结果如下：

```
input a string:
king
there is a 'k' in the string
```

程序的第2次运行结果如下：

```
input a string:
hello
There is no 'k' in the string
```

用字符数组和字符指针变量都可实现字符串的存储和处理，但两者是有区别的，在使用过程中，需注意以下几个问题：

（1）字符串指针变量是一个变量，用于存放字符串的首地址，而字符串本身存放在以该首地址为首的一块连续的内存空间中并以'\0'作为串的结束。字符数组是由若干个数组元素组成的，它可用来存放整个字符串。

（2）对字符串指针方式，char *ps="Language";可以写为char *ps;ps="Language";，而对数组方式，char st[]={"Language"};不能写为char st[20];st={"Language"};。

从以上两点即可看出字符串指针变量与字符数组在使用时的区别。如前所述，一个指针变量在未获得确定地址前使用是很危险的，容易引起错误。但是对指针变量直接赋以字符串是可以的，因此char *ps="C Langage";或者char *ps;ps="C Language";都是合法的。

10.9 多级指针

由前面的介绍可知，通过指针访问变量称为间接访问。由于指针变量直接指向变量,所以称为单级间接访问,如果通过指向指针的指针变量来访问变量,则构成了二级或多级间接访问。在C语言中,对间接访问的级数并未明确限制,但是间接访问级数太多时不容易理解,也容易出错,因此,一般很少采用超过二级的间接访问形式。指向指针的指针变量说明的一般形式为

```
类型说明符  ** 指针变量名;
```

例如:

```
int  ** pp;
```

表示pp是一个指针变量,它指向另一个指针变量,而这个指针变量指向一个整型数据。

【例10-9】 二级指针的使用。

程序源代码如下:

```
1   #include <stdio.h>
2   void main()
3   {
4      int x, * p, ** pp;
5      x = 10;
6      p = &x;
7      pp = &p;
8      printf("x = %d\n", ** pp);
9   }
```

程序的运行结果如下:

```
x=10
```

【程序分析】 本程序中p是一个一级指针变量,指向整型变量x;pp是一个二级指针变量,指向指针变量p。通过pp变量访问x的写法是** pp。程序最后输出x的值为10。

10.10 动态内存分配

"动态"内存分配是指程序运行时,系统根据需要分配存储空间以存储数据,并非在程序设计时就确定下来。在使用动态存储时,需注意使用结束后要及时释放所分配的空间,否则剩余内存空间会越来越少,影响系统运行,造成内存泄露。

在C语言中,常用malloc()和calloc()函数来动态地分配内存空间和实现动态数组。

(1) 函数malloc()

功能:malloc向系统申请分配指定长度的内存块,返回类型是void *类型。void *表示未确定类型的指针。C语言规定,void *类型可以强制转换为任何其他类型的指针。

函数原型:`void * malloc(unsigned int num_bytes);`

头文件:在Visual C++6.0中可以用malloc.h或者stdlib.h。

返回值：如果分配成功，则返回指向被分配内存块的指针，否则返回空指针 NULL。当内存不再使用时，应及时使用 free( )函数将内存块释放。

（2）函数 calloc( )

功能：在内存的动态存储区中分配 n 个长度为 size 的内存块，函数返回一个指向该内存块起始地址的指针；如果分配不成功，返回空指针 NULL。

与 malloc 的区别：calloc 在动态分配内存后，自动初始化该内存块每一个内存单元内容为 0，而 malloc 不进行初始化，该内存块的数据是随机的。

函数原型：void *calloc(unsigned n,unsigned size); //分配 n 个长度为 size 的连续空间

头文件：在 Visual C ++6.0 中可以用 malloc.h 或者 stdlib.h。

【例 10-10】 calloc( )函数的使用。

程序源代码如下：

```
1    #include <stdlib.h>
2    #include <string.h>
3    #include <stdio.h>
4    void main()
5    {
6        char *str = NULL;
7        str = (char *)calloc(10, sizeof(char));
8        strcpy(str, "Test");
9        printf("String is %s\n", str);
10       free(str);
11   }
```

程序的运行结果如下：

```
String is Test
```

（3）函数 realloc( )

功能：先释放原来 mem_address 所指内存区域，并按照 newsize 指定的大小重新分配空间，同时将原有数据从头到尾拷贝到新分配的内存区域，并返回该内存区域的首地址，即重新分配存储器块。

函数原型：void *realloc(void *mem_address, unsigned int newsize);

头文件：在 Visual C ++6.0 中可以用 malloc.h 或者 stdlib.h。

返回值：如果重新分配成功，则返回指向被分配内存的指针，否则返回空指针 NULL。

【注意】 这里原始内存中的数据是保持不变的。当内存不再使用时，也应及时使用 free( )函数将内存块释放。

【例10-11】 realloc()函数的使用。

```
1   #include <stdio.h>
2   #include <stdlib.h>
3   void main()
4   {
5       int i;
6       int *pn;
7       pn = (int *)malloc(5 * sizeof(int));
8       printf("%d\n",pn);
9       for(i = 0;i < 5;i ++)
10          scanf("%d",&pn[i]);
11      pn = (int *)realloc(pn,10 * sizeof(int));
12      printf("%d",pn);
13      for(i = 0;i < 5;i ++)
14          printf("\n%d",pn[i]);
15      printf("\n");
16      free(pn);
17  }
```

程序的运行结果如下：

```
3671976
23
32
12
45
56
3671976
23
32
12
45
56
```

10.11 动态数组

在第9章已经介绍了数组的定义与使用，C语言要求数组的长度预先定义，即在程序设计阶段需确定其大小，在整个程序运行过程中数组长度不允许改变，即C语言中不直接支持动态数组类型。

例如：

```
int n;scanf("%d",&n);
int a[n];
```

用变量表示长度是错误的。但在实际的程序编写过程中往往会发生这种情况：所需的内存空间取决于实际输入的数据，无法预先确定。对于这种问题，直接使用数组的办法很难解决，除非预先开辟非常大的数组，但这样势必造成空间的浪费。

为了彻底解决上述问题,可以基于上述动态内存分配函数间接实现动态数组。这里的"动态数组"指的是利用内存的申请和释放函数,在程序的运行过程中根据实际需要指定数组的大小,其本质是一个指向内存中一块连续存储区域的指针变量。数组就是内存中一块连续的存储区域,对于内存中此指针指向的连续存储区域也可使用数组方式来访问,从而间接实现了动态数组的效果。

【例 10-12】 动态数组的实现。

程序源代码如下:

```
1    #include <stdio.h>
2    #include <stdlib.h>
3    void main()
4    {
5       int i,count;
6       int *pn;
7       printf("Please Input length of a Dynamic Array:");
8       scanf("%d",&count);
9       pn = (int *)malloc(count * sizeof(int));                //动态申请空间
10      printf("Please Input Data into Dynamic Array:");
11      for(i = 0;i < count;i ++)
12         scanf("%d",&pn[i]);                                  //数组方式访问
13      printf("Output Data of Dynamic Array:");
14      for(i = 0;i < count;i ++)
15         printf("%d  ",pn[i]);                                //数组方式访问
16      printf("\n");
17   }
```

程序的运行结果如下:

```
Please Input length of a Dynamic Array:6
Please Input Data into Dynamic Array:2 4 6 0 -8 10
Output Data of Dynamic Array:2  4  6  0  -8  10
```

10.12 综合程序举例

【例 10-13】 假定有 n 个人围成一圈,并按顺序排号。现要求从第一个人开始报数(从 1 到 3 报数),凡报到 3 的人退出圈子,退出后的下一个人重新以 1 开始报数,问最后留下的人是原来的第几号。

【问题分析】 为确定最后留下的是原来的第几号,可以利用数组来解决问题。首先将数组各个元素进行初始化,分别初始化为最初的顺序号,然后从数组首元素开始,顺序号非 0 的元素,依次从 1 到 3 顺序编号,编号为 3 的,将数组元素的顺序号设置为 0,此过程循环进行(把数组看成是一个循环数组),即编号到末端时,返回首元素继续编号。经过这样的处理之后,最终将只剩一人留下,其他人全部退出。其处理流程

如图 10-5所示。

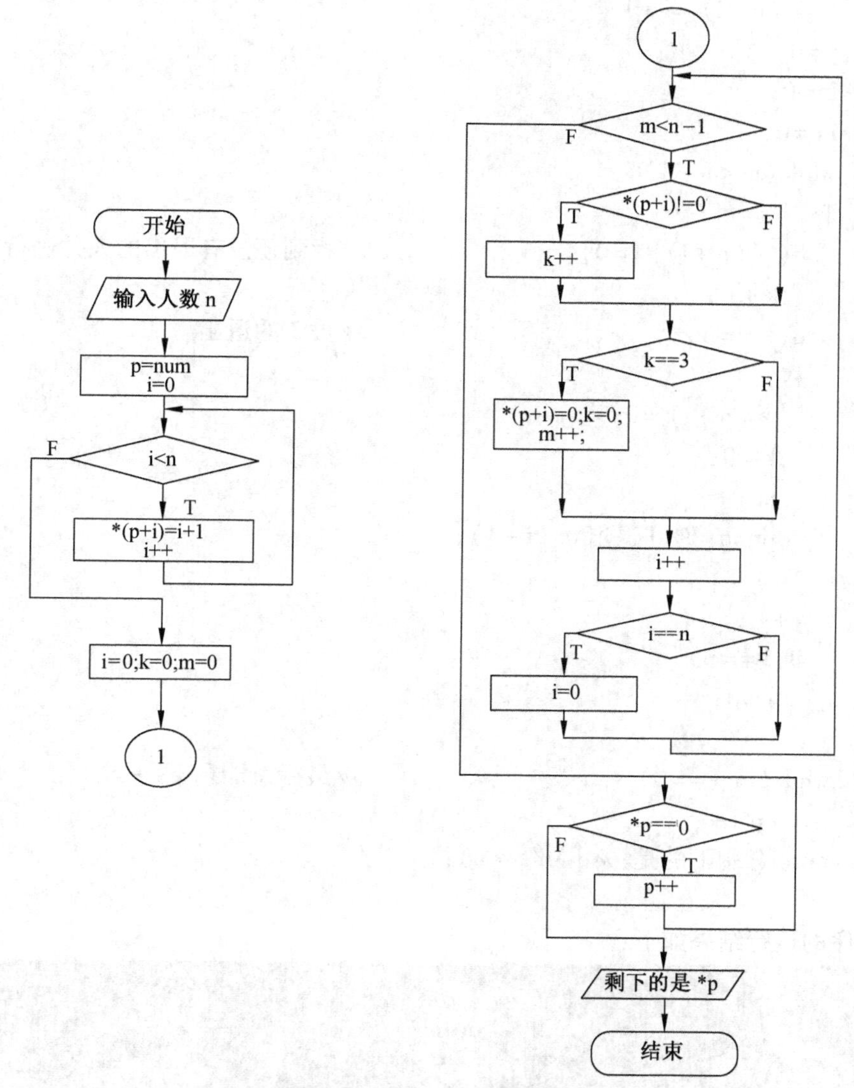

图 10-5　例 10-13 的流程图

程序的源代码如下：

```
1    #define nmax 50
2    #include  < stdio. h >
3    void main( )
4    {
5      int i,k,m,n,num[ nmax], * p;
6      printf("请输入人数:");
7      scanf("% d",&n);
8      p = num;
```

```
9       for(i=0;i<n;i++)                    //设置每个元素的初始位置号
10          *(p+i)=i+1;
11      i=0;
12      k=0;
13      m=0;
14      while(m<n-1)
15      {
16        if(*(p+i)!=0)                     //找到还没有退出的人并进行报数
17           k++;
18        if(k==3)                          //报3的退出
19        {
20           *(p+i)=0;
21           k=0;
22           m++;
23           printf("%d退出\n",i+1);
24        }
25        i++;
26        if(i==n)
27           i=0;
28      }
29      while(*p==0)                        //最后总能剩下一个
30            p++;
31      printf("剩下的是:%d \n",*p);
32    }
```

程序的运行结果如下：

```
请输入人数:11
3退出
6退出
9退出
1退出
5退出
10退出
4退出
11退出
8退出
2退出
剩下的是:7
```

【例10-14】 计算某个字符串在另一字符串中出现的次数。

【问题分析】 此问题实际上是字符串的匹配过程，可将字符串每次向右移动一个字符，与模式串比较，如果字符串中从当前位置开始的一个子串与模式串的每个字符都相等，则表示在字符串中找到与模式串匹配的子串，否则字符串后移一个位置，重新与模式串比较，直到字符串搜索完毕。其处理过程如图10-6所示。

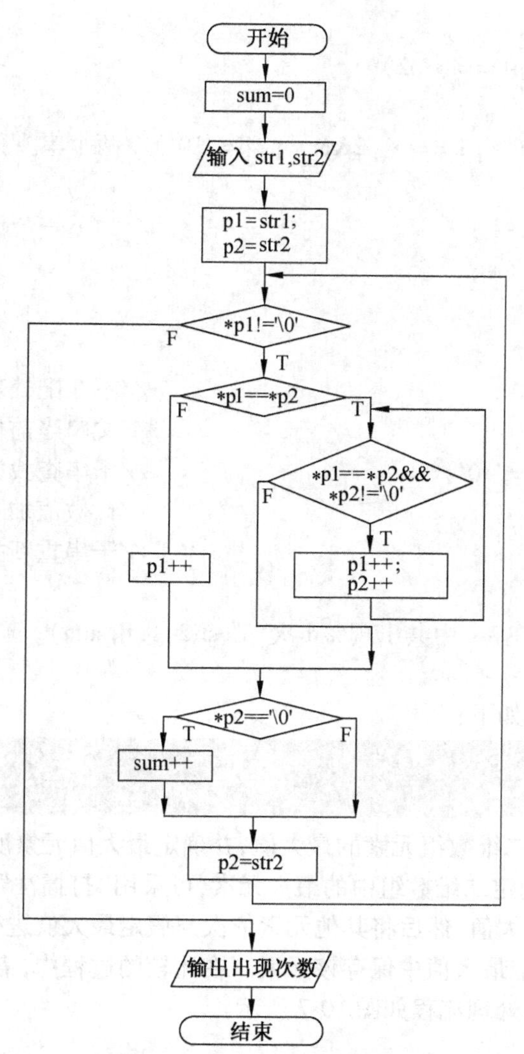

图 10-6　例 10-14 的流程图

程序的源代码如下：

```
1    #include <string.h>
2    #include <stdio.h>
3    void main()
4    {
5      char str1[20],str2[20],*p1,*p2;
6      int sum=0;
7      printf("请输入两个字符串:\n");
8      scanf("%s%s",str1,str2);
9      p1=str1;
10     p2=str2;
11     while(*p1!='\0')
```

```
12        {
13              if( * p1 == * p2)
14              {
15              while( * p1 == * p2&& * p2! = '\0')//两个串头部匹配
16              {
17                 p1 ++ ;                        //为下一个位置的比较做准备
18                 p2 ++ ;
19              }
20           }
21        else                                   //不匹配处理
22           p1 ++ ;                             //父串当前位置向后移动
23        if( * p2 == '\0')                      //子串查找完毕
24           sum ++ ;                            //计数值加1
25        p2 = str2;                             //子串重新指向串的开始位置
26     }
27     printf("%s 在%s 中共出现%d 次\n",str2,str1,sum);
28  }
```

程序的运行结果如下：

```
请输入两个字符串:
abcdbc bc
bc在abcdbc中共出现2次
```

【例 10-15】 求二维数组元素的最大值，并确定最大值元素所在的行和列。

【问题分析】 确定二维数组中的最大元素，可采用“打擂法”实现，即首先假定第1行中第1列元素为最大值，然后将其他元素依次与假定最大值进行比较，若当前元素大于假定最大值，则假定最大值中保存该元素。在比较的过程中，需要把假定最大值元素的位置记录下来。其处理流程如图 10-7 所示。

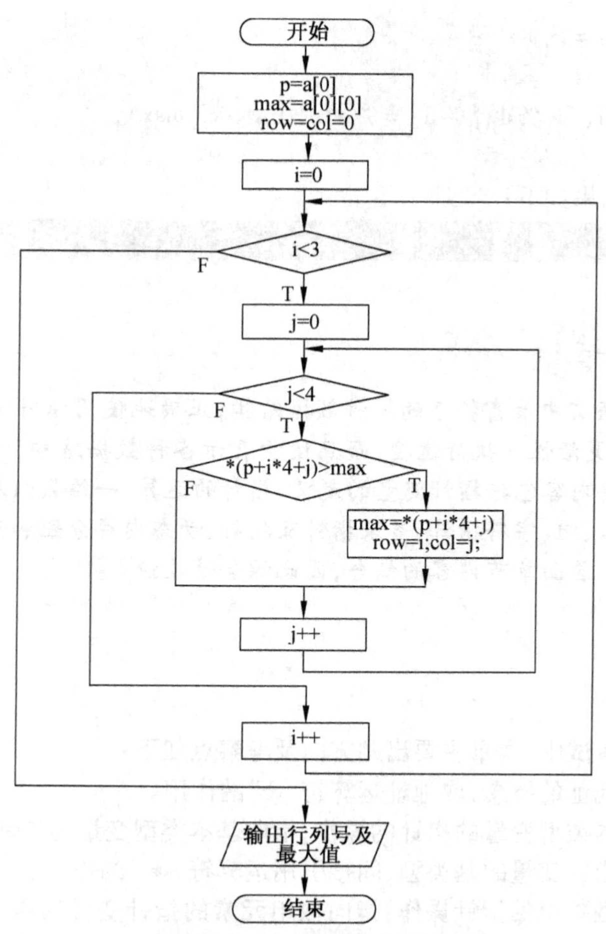

图 10-7　例 10-15 的流程图

程序的源代码如下：

```
1     #include <stdio.h>
2     void main()
3     {
4       int a[3][4] = {{3,17,8,11},{66,7,8,19},{12,88,7,16}};
5       int *p = a[0],max,i,j,row,col;
6       max = a[0][0];                          //max 初始化为第一个元素
7       row = col = 0;
8       for(i = 0;i < 3;i ++)
9         for(j = 0;j < 4;j ++)
10          if( *(p + i *4 + j) > max)          //将数组中元素依次与当
                                                //前的假定最大值比较
11          {
12            max = *(p + i *4 + j);
13            row = i;
```

```
14                  col = j;
15              }
16              printf("a[%d][%d] = %d\n",row,col,max);
17      }
```

程序的运行结果如下：

```
a[2][1]=88
```

本章小结

指针是C语言中最富特色的一种数据结构，正确地使用指针编程可以提高程序的编译效率、灵活性和执行速度，而且便于表示各种数据结构，编写高质量的程序。本章的主要内容包括指针变量的定义、指针的运算、一维数组及二维数组与指针的结合、指针数组、字符指针、多级指针及指针、动态内存分配和动态数组。本章内容涉及指针与前面章节内容的结合，因此综合性较强。

考点提示

在二级等级考试中，本章主要出题方向及考察点如下：

（1）指针与地址的概念，取地址运算符“&”的作用。

（2）指向基本类型变量的指针的操作，指向基本类型变量的指针变量的声明、初始化、赋值及使用，指针变量的基类型，间接引用运算符“*”的作用。

（3）基本类型数组的指针操作：指向数组元素的指针变量的声明、初始化、赋值和算术运算及引用。指向数组一行元素的行指针变量的声明、初始化、赋值、算术运算及引用需注意一维数组的数组名是指针及该指针的类型，二维数组的数组名也是一个指针，但这个指针是一个行指针。

（4）指针数组的声明和使用，二级指针的声明和使用。

（5）动态数组的实现和使用。

1. 一维数组的数组名及二维数组的数组名与指针有何联系？

2. 试比较行指针与普通指针。

3. 下面函数的功能是将一个整数字符串转换为一个整数，例如，将"1234"转换为1234。请填空使程序完整。

```
1   #include <stdio.h>
2   #include <string.h>
3   void main()
4   {
```

```
5       char  * p = "1234"
6       int num = 0, k, len;
7       len = strlen(p);
8       for ( ;________; p ++ )
9       {
10         k = ________;
11        num = num * 10 + k;
12      }
13      printf("% d\n", num);
14  }
```

4. 下面代码是统计子串 substr 在母串 str 中出现的次数，请填空使程序完整。

```
1   #include  < stdio. h >
2   void main( )
3   {
4       char  * str = "abcab",  * substr = "ab";
5       int i, j, k, num = 0;
6       for (i = 0;________; i ++ )
7          for (________, k = 0; substr[k] == str[j]; k ++ , j ++ )
8             if (substr[________] == '\0') {
9                num ++ ; break;
10            }
11      printf("% d\n", num);
12  }
```

5. 下面代码是将两个字符串 s1 和 s2 连接起来，请填空使程序完整。

```
1   #include  < stdio. h >
2   void main( )
3   {
4       char a[10] = "abc", * s1 = a, * s2 = "def";
5       while ( * s1)
6       while ( * s2) { * s1 = ________ ; s1 ++ , s2 ++ ;}
7       * s1 = '\0';
8   }
```

6. 从键盘上输入一个字符串，然后按照下面要求输出一个新字符串：新的字符串是在原来字符串中，每两个字符之间插入一个空格，如原来的字符串为"abcd"，新产生的字符串应为"a b c d"。

7. 设有一数列包含10个数，已按升序排好。现要求编写一程序，它能够把从指定位置开始的n个数按逆序重新排列并输出新的完整数列。进行逆序处理时要求使用指针方法（例如，原数列为2,4,6,8,10,12,14,16,18,20，若要求把从第4个数开始的5个数按逆序重新排列，则得到新数列为2,4,6,16,14,12,10,8,18,20）。

第11章　函　　数

之前介绍的例子中所有代码都写在一个 main 函数中，随着问题越来越复杂，处理过程的步骤越来越多，导致 main 函数中的代码越来越长，快速读懂程序变得越发困难。就像一本书若所有的文字全部罗列在一起，不分章节、没有目录，肯定不便于读者理解书中的知识。程序编码时能不能像写书一样分章节并有一个目录呢？若能，在 C 语言中如何实现？请大家带着问题开始本章内容的学习。C 语言是一种结构化程序设计语言，代码是按函数进行组织的，函数也是 C 语言最为关键的章节之一。通过本章的学习，就能知道哪些函数类似书的章节，哪些函数类似书的目录。

为了更好地学习本章内容，需预先掌握以下知识点：顺序结构程序设计，分支结构程序设计，循环结构程序设计、数组以及指针应用等内容。通过本章的学习，应掌握使用函数进行模块化程序设计的意义和方法，熟悉函数的定义、调用、声明，掌握函数的参数调用这一难点；理解变量的作用域、存储类型和生存期，了解使用内联函数和外部函数的意义与方法，了解 main 函数的参数应用等内容。

11.1　函数概述

C 语言的程序由函数组成，函数是 C 语言程序的基本单位。事实上，C 语言程序可以只包含一个 main 函数；但如果要实现的功能比较复杂，从程序的模块化实现、代码重用性等因素考虑，应当定义并实现一些自定义函数。也就是说，一个 C 语言程序可以包含一个 main 函数和若干个其他函数。

使用函数来组织代码主要存在以下几方面的优势。

（1）模块化程序设计方法

人们在求解一个复杂问题时，通常采用逐步分解、分而治之的方法，也就是把一个大问题分解成若干个比较容易求解的小问题，然后分别求解。程序员在设计一个复杂的应用程序时，往往把整个程序划分为若干功能较为单一的程序模块，然后分别予以实现，最后再把所有的程序模块像搭积木一样装配起来，这种在程序设计中分而治之的策略被称为模块化程序设计方法。在 C 语言中，函数是程序的基本组成单位，因此可以很方便地用函数作为程序模块来实现 C 语言程序。

（2）程序的开发可以由多人分工协作完成

将程序划分为若干模块（函数），各个相对独立的模块（函数）可以由多人完成，每个人按照模块（函数）的功能要求、接口要求编制代码、调试，确保每个模块（函数）的正确性。最后将所有模块（函数）合并，统一调试、运行。

（3）代码的重用性

使用函数可以重新利用已有的、调试好的、成熟的程序模块，缩小代码量。

（4）提高程序的易读性和可维护性

利用函数不仅可以实现程序的模块化，将程序设计得简单和直观，提高程序的易读性和可维护性，还可以把程序中普遍用到的一些计算或操作编成通用的函数，以供随时调用，从而大大地减轻程序员的代码工作量。

（5）使用函数可以控制变量的作用范围

变量在整个模块范围内全局有效，如果将一个程序全部写在 main( ) 函数内，则变量能在 main 函数内任何位置不加控制地被修改。如果发现变量的值（状态）有问题，程序员可能要在整个程序中查找对此变量进行修改之处，判断哪些操作会对此变量有影响。有时程序员改动一个逻辑错误，一不留神却又造成新的问题，最后程序越改越乱，连自己都不愿看这样的程序。

总之，由于采用了函数模块式的结构，C 语言中的函数方式易于实现结构化程序设计，使程序的层次结构清晰，便于程序的编写、阅读和调试。

【例 11-1】 输入 2 个整数，求 2 个整数中的最大值并打印。

	不使用自定义函数	使用函数
1	#include <stdio.h>	#include <stdio.h>
2	int main()	int max(int,int);
3	{	int main()
4	int i1,i2,imax;	{
5	scanf("%d,%d",&i1,&i2);	int i1,i2, imax;
6	if(i1 > i2)	scanf("%d,%d",&i1,&i2);
7	imax = i1;	imax = max(i1,i2); // 函数调用
8	else	printf("max = %d\n",imax);
9	imax = i2;	return 0;
10	printf("max = %d\n",imax);	}
11	return 0;	int max(int x,int y) // 定义子函数
12	}	{
13		int m;
14		if(x > y) m = x; else m = y;
15		return m;
16		}

比较以上两种情况可以看出：它们实现同样的功能，左边程序比较简单，也适合读者的思维方式，但是所有程序都混在一起，如果中间的运算更复杂些，那么这个程序会很长，不易理清头绪。右边的程序使用函数好像使程序更长了，但如果程序中要调用多次求两个数最大值又或求多个数的最大值，使用函数程序将简化很多。

如果程序的输入输出部分比较复杂，也可以进行进一步的模块化处理：主模块、输入模块、计算模块和输出模块。这样程序的结构化分明，方便分析、阅读和修改，也方便多人分工合作完成。

【例11-2】 使用多个函数的简单程序。

主函数部分

```
1   #include <stdio.h>
2   int max(int,int);
3   datainput();
4   dataoutput();
5   int main()
6   {
7     int i1,i2,i3,imax;
8     datainput();
9     imax = max(i1,i2);
10    dataoutput();
11    return 0;
12  }
13
14
15
```

子函数部分

```
16  #include <stdio.h>
17  int max(int x,int y)   // 选择最大数子程序
18  {
19    int m;
20    if(x > y) m = x; else m = y;
21    return m;
22  }
23  datainput()            // 输入子程序
24  {
25    scanf("%d%d%d",&i1,&i2,&i3);
26  }
27  dataoutput()           // 输出子程序
28  {
29    printf("max = %d\n ",imax);
30  }
```

在C语言中,可从不同的角度对函数进行分类。

(1)从函数定义的角度看,函数可分为库函数和用户定义函数两种。

■ 库函数:由C语言系统提供,用户无需定义,也不必在程序中作类型说明,只需在程序前包含有该函数原型的头文件即可在程序中直接调用。在前面各章的例题中反复用到printf,scanf,getchar,putchar等函数均属此类。

■ 用户定义函数:由用户按需要编写的函数。对于用户自定义函数,程序员不仅要在程序中定义函数本身,在主调函数模块中还必须对该被调函数进行类型说明,然后才能使用。

(2)C语言的函数兼有其他语言中的函数和过程两种功能,从这个角度又可把函数分为有返回值函数和无返回值函数两种。

■ 有返回值函数:此类函数被调用执行完后将向调用者返回一个执行结果,称为函数返回值,如数学函数即属于此类函数。由用户定义的这种要返回函数值的函数,必须在函数定义和函数说明中明确返回值的类型。

■ 无返回值函数:此类函数用于完成某项特定的处理任务,执行完成后不向调用者返回函数值,这类函数类似于其他语言的过程。由于函数无须返回值,用户在定义此类函数时,可指定它的返回为“空类型”,空类型的说明符为“void”。

(3)从主调函数和被调函数之间数据传送的角度,函数又可分为无参函数和有参函数两种。

■ 无参函数:函数定义、函数说明及函数调用中均不带参数。主调函数和被调函数之间不进行参数传送。此类函数通常用来完成一组指定的功能,可以返回或不返回函

数值。

■ 有参函数:也称为带参函数。在函数定义及函数说明时都有参数,称为形式参数(简称为形参)。在函数调用时必须给出参数,称为实际参数(简称为实参)。进行函数调用时,主调函数将把实参的值传送给形参,供被调函数使用。

11.2 函数的定义

11.2.1 函数定义

1. 函数定义的语法

在C语言中,函数需遵循"先定义,后调用"的原则,函数由函数头及函数体构成。函数定义的一般形式为

```
[函数类型]  函数名([函数参数类型1 函数参数名1][,…,函数参数类型n,函数参数名n])
{
  [声明部分]
  [执行部分]
}
```

【说明】 (1) 函数头:又称首部,完成对函数类型、函数名称及形式参数的说明。

■ 函数类型:函数返回值的数据类型,可以是基本数据类型,也可以是构造类型。如果省略,则默认为int;如果不返回值,定义为void类型。如果有返回值,则函数的返回值需通过return语句返回。

■ 函数名:给函数取的名字,以后即可用这个名字调用函数。函数名由用户命名,命名规则同标识符。

■ 形式参数:函数名后面是参数表,无参函数是没有参数传递的,但"( )"号不能省略,这是格式的规定。参数表说明参数的类型和形式参数的名称,各个形式参数用","分隔。

(2)函数体:它是函数首部下用"{}"括起来的部分。如果函数体内有多个"{}",最外层是函数体的范围。函数体一般包括声明部分和执行部分。

■ 声明部分:在这部分定义本函数所使用的变量和进行有关声明(如函数声明)。

■ 执行部分:这是程序段,由若干条语句组成命令序列,语句中可以调用其他函数。

例如,求最大值的子函数。

```
1    int max(int x,int y)              //定义函数名,输入参数,输出参数,返回值
2    {
3       int m;
4       if(x>y) m=x;else m=y;
5       return m;                      //返回结果
6    }
```

【注意】除主函数外,其他函数不能单独运行,函数可以被主函数或其他函数调用,

也可以调用其他函数,但是不能调用主函数main。

2. 函数定义的位置

在C语言中,函数的定义与实现位置比较灵活,但函数不能嵌套定义,即一个函数的定义不能位于另一个函数的函数体中。常见的函数定义位置有以下几种:

(1) 被调用函数的定义与调用函数在同一文件中。

(2) 在同一文件中,被调用函数的定义在调用函数之前。

(3) 在同一文件中,被调用函数的定义在调用函数之后。

(4) 被调用函数的定义与调用函数不在同一文件中。

11.2.2 函数的返回值

函数的实际参数是调用者传递给函数的数据,供函数中的语句使用;函数被调用、执行后,需将执行结果反馈给调用者,函数返回值的功能就在于此,它实现了不同函数间的数据传递机制,意义重大。与此同时,被调函数除了通过return语句为主调函数传递返回值外,也结束被调函数的执行,返回主调程序继续执行。但需注意的是,return语句至多返回一个值。

return语句的格式为

```
return [表达式];
```

或

```
return (表达式);
```

【说明】 函数的类型就是返回值的类型,return语句中表达式的类型应该与函数类型一致;若省略函数类型,则默认为int;如果函数没有返回值,函数类型应当说明为void类型;return语句在函数中不一定位于该函数的结尾,只要程序执行到return语句,函数就结束执行,即返回主调函数,其后面的代码不再执行。因此,在同一个函数中,可根据需要使用多个return语句。

11.3 函数的调用

11.3.1 函数调用语法

1. 函数调用的一般格式

函数调用的一般格式为

```
函数名(实参列表);
```

例如:

```
printf("max = %d",100);
```

2. 函数的参数

函数的参数分为两类:形式参数和实际参数。

(1) 形式参数:简称"形参",它是在定义函数名和函数体时使用的参数,目的是接收调用该函数时传入的参数。形参出现在函数定义中,在整个函数体内都可以使用,离开该函数则不能使用。形参变量只有在被调用时才分配内存单元,在调用结束时即刻释放所分配的内存单元。因此,形参只有在函数内部有效。函数调用结束返回主调函数后则不能再使用该形参变量。

(2) 实际参数:简称“实参”,它是在调用时传递给被调函数的参数。实参出现在主调函数中,进入被调函数后,实参变量也不能使用。形参和实参的功能是进行数据传送。发生函数调用时,主调函数把实参的值传送给被调函数的形参,从而实现主调函数向被调函数的数据传送。实参可以是常量、变量、表达式、函数等,无论实参是何种类型的数据,在进行函数调用时它们都必须具有确定的值,以便把这些值传送给形参。因此,应预先用赋值、输入等方法使实参获得确定值。

【例 11-3】 子函数的使用。

程序源代码如下:

```
1   #include <stdio.h>
2   int add(int a,int b)                 //a 和 b 都是形式参数
3   {
4       return a+b;                      //这里的 a,b 是采用就近原则
5   }
6
7   int main()                           //主程序
8   {
9       int n,a=1,b=2,c,d;               //这里的 a,b 在 add 函数中不起作用
10      c=1,d=2;
11      n=add(c,d);                      //c,d 是实际参数
12      n=add(a,b);                      //a,b 是实际参数
13      printf("a=%d,b=%d,c=%d,d=%d,n=%d\n",a,b,c,d,n);
14      return 0;
15  }
```

程序的运行结果如下:

```
a=1,b=2,c=1,d=2,n=3
```

其中,第2行int add(int a,int b)中的 a 和 b 都是形参;第11,12 行中 a,b,c,d 是实参。函数定义时的参数可以和函数调用时的参数同名,即形参和实参重名不会冲突,因为形参的作用域在被调函数内有效,而实参的作用域在主调函数内有效,所以两者位于不同的作用域内,互不相关,如此例中的参数 a, b。

无参函数调用没有参数,但是“( )”不能省略。有参函数若包含多个参数,各参数用“,”分隔,实参个数与形参个数应相同,类型一致或赋值兼容,并且顺序上要求一一对应,否则会发生类型不匹配的错误。函数调用中发生的数据传送是单向的,即只能把实参的值传送给形参,而不能把形参的值反向地传送给实参。因此在函数调用过程中,形参的值发生改变,而实参中的值不会变化。

3. 函数调用可以出现的位置

函数可以单独语句形式调用(注意后面要加一个分号,以构成语句)。以语句形式

调用的函数可以有返回值,也可以没有返回值。

例如:

```
    printf("max = %d",imax);
    add(x,y);
```

若在表达式中调用,则后面没有分号。在表达式中的函数调用必须有返回值。

例如:

```
if(strcmp(s1,s2)>0)……    //函数调用 strcmp()在关系表达式中。
imax = max(i1,i2);        //函数调用 max()在赋值表达式中,“;”是赋值表
                          //达式作为语句时加的,不是 max 函数调用的。
fun1(fun2());             //函数调用 fun2()在函数调用表达式 fun1()中。
                          //函数调用 fun2()的返回值作为 fun1 的参数。
```

用户自定义函数一般需在调用前在主调函数中进行说明,也可使用程序注释的方式进行说明,以增加程序的可读性。

11.3.2 函数的嵌套调用

在C语言中,若函数调用时刻包含对其他函数的调用,此时称为嵌套调用,例如函数1调用函数2,函数2又调用函数3等。函数之间是没有从属关系的,一个函数可以被其他函数调用,同时该函数也可以调用其他函数。

【例11-4】 函数间嵌套调用示例。

程序源代码如下:

```
1    #include <stdio.h>
2    void fun1();                          //fun1 函数声明,具体参见11.4 节
3    void fun2();                          //fun2 函数声明
4    void fun3();                          //fun3 函数声明
5    int main()                            //主函数
6    {
7      printf ("我是在主函数中\n");
8      fun1();                             //调用函数 fun1
9      printf ("我最后返回到主函数\n");
10     return 0;
11   }
12   void fun1()                           //fun1 函数定义
13   {
14     printf("我是在第一层 fun1 函数中\n");
15     fun2();                             //在 fun1 函数中调用 fun2 函数
16     printf("我返回到了 fun1 函数中\n");
17   }
18   void fun2()                           //fun2 函数定义
```

```
19    {
20      printf("我现在 fun2 函数中\n");
21      fun3();                              //在 fun2 函数中调用 fun3 函数
22      printf("我现在返回到 fun2 函数中\n");
23    }
24    void fun3()                            //fun3 函数定义
25    {
26      printf("我现在在 fun3 函数中\n");
27    }
```

程序的运行结果如下：

```
我是在主函数中
我是在第一层fun1函数中
我现在fun2函数中
我现在在fun3函数中
我现在返回到fun2函数中
我返回到了fun1函数中
我最后返回到主函数
```

这个简单的例子可以更好地阐述函数间嵌套调用的过程。在此例中，main 函数首先调用了 fun1，函数 fun1 中又调用了函数 fun2，函数 fun2 中又调用了函数 fun3。整个程序中函数的嵌套调用过程如图 11-1 所示。

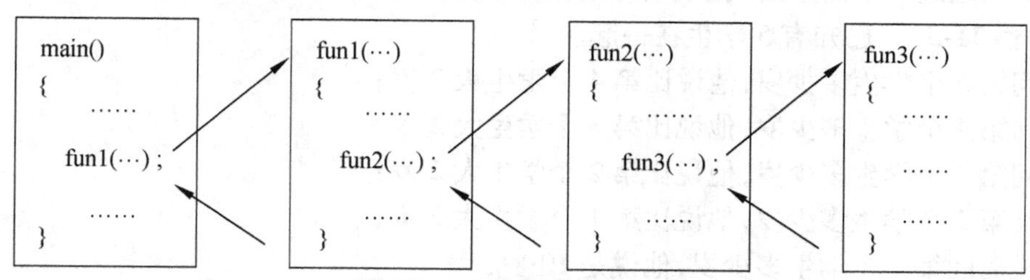

图 11-1　函数嵌套调用过程

此时读者不禁会有这样的疑问：C 语言中允许函数调用本身吗？回答是肯定的。在 C 语言中允许函数调用本身，并且习惯上将此类特殊的函数嵌套调用称为函数的递归调用。函数的递归调用是指在调用一个函数的过程中，函数的某些语句又直接或间接的调用函数本身，这就形成了函数的递归调用。

例如：

```
func(…)
{
  ……
  func(…)
  ……                   // 具有一个终止调用的条件判断
}
```

在 func 内部的某条语句又调用了 func 函数本身，构成了直接递归调用。

又如：

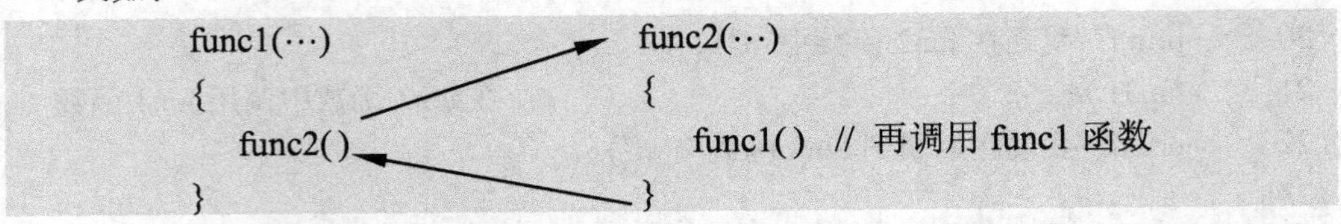

若 func1 函数内部的某条语句调用了 func2，而 func2 函数的某条语句又调用了 func1，构成了间接递归调用。

在递归调用中，调用函数又是被调用函数，执行递归函数将反复调用其自身。每调用一次就进入新的一层。不论是直接递归还是间接递归，递归都形成了调用的回路。为了防止递归调用无终止地进行，必须在函数内有终止递归调用的手段。常用的办法是加条件判断，满足某种条件后就不再进行递归调用，然后逐层返回。

递归调用过程分为两个阶段。

■ 递推阶段：将原问题不断地分解为新的子问题，逐渐从未知的方向向已知的方向推测，最终达到已知的条件，即递归结束条件，这时递推阶段结束。

■ 回溯阶段：从已知条件出发，按照“递推”的逆过程，逐一求值回归，最终到达“递推”的开始处，结束回归阶段，完成递归调用。

递推阶段和回归阶段的过渡就是递归结束条件的满足。

下面通过一个简单的例子来解释递推调用的过程。

【例 11-5】 已知有 5 学生在一起。

问第 5 个学生多少岁，他说比第 4 个学生大 2 岁；

问第 4 个学生多少岁，他说比第 3 个学生大 2 岁；

问第 3 个学生多少岁，他说比第 2 个学生大 2 岁；

问第 2 个学生多少岁，他说比第 1 个学生大 2 岁；

最后问第 1 个学生多少岁，他说是 10 岁；

请问第 5 个学生多大？

【问题分析】 这是一个解释递推过程的好例子，其计算过程如图 11-2 所示。

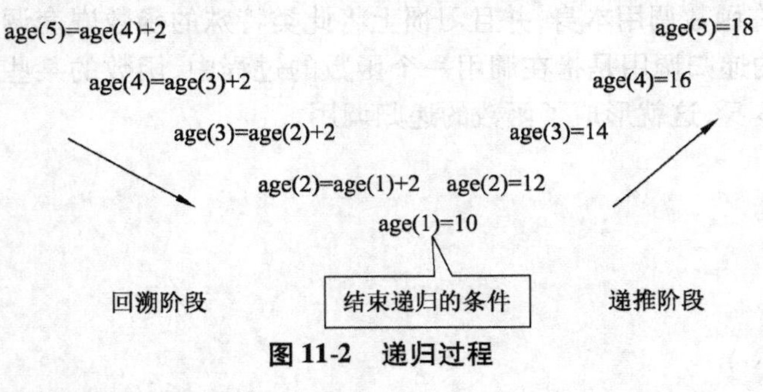

图 11-2 递归过程

由图可以归纳出如下的递推计算公式：

$$\begin{cases} age(n) = age(n-1) + 2 & (n>1) \\ age(1) = 10 & (n=1) \end{cases}$$

其递推函数流程如图 11-3 所示。

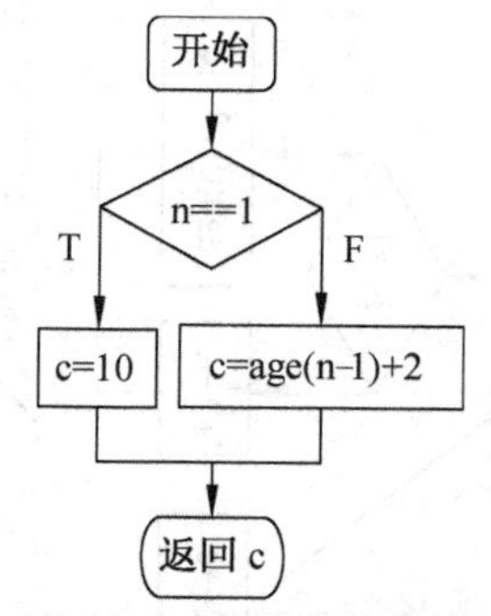

图 11-3 递推函数流程

程序源代码如下：

```
1    #include <stdio.h>
2    int main()
3    {
4      int age(int n);                              //声明年龄推算函数
5      int iAge;
6      iAge = age(5);                               //调用年龄推算函数
7      printf("NO.5,age:%d\n", iAge);               //输出最后的年龄结果
8      return 0;
9    }
10   int age(int n)                                 //定义年龄推算函数
11   {
12     int c;
13     if(n==1) c=10;                               //若推算到第一个学生,
                                                    //那么给出其年龄 10 岁
14     else c=age(n-1)+2;                           //若推算到不是第一个学生,
                                                    //那么给出计算公式
15     return c;                                    //返回本次推算结果
16   }
```

程序的运行结果如下：

```
NO.5,age:18
```

【程序分析】 该题中程序执行的过程如图 11-4 所示,其递归调用流程用黑线的箭头指向,并按标注的字母先后次序执行。

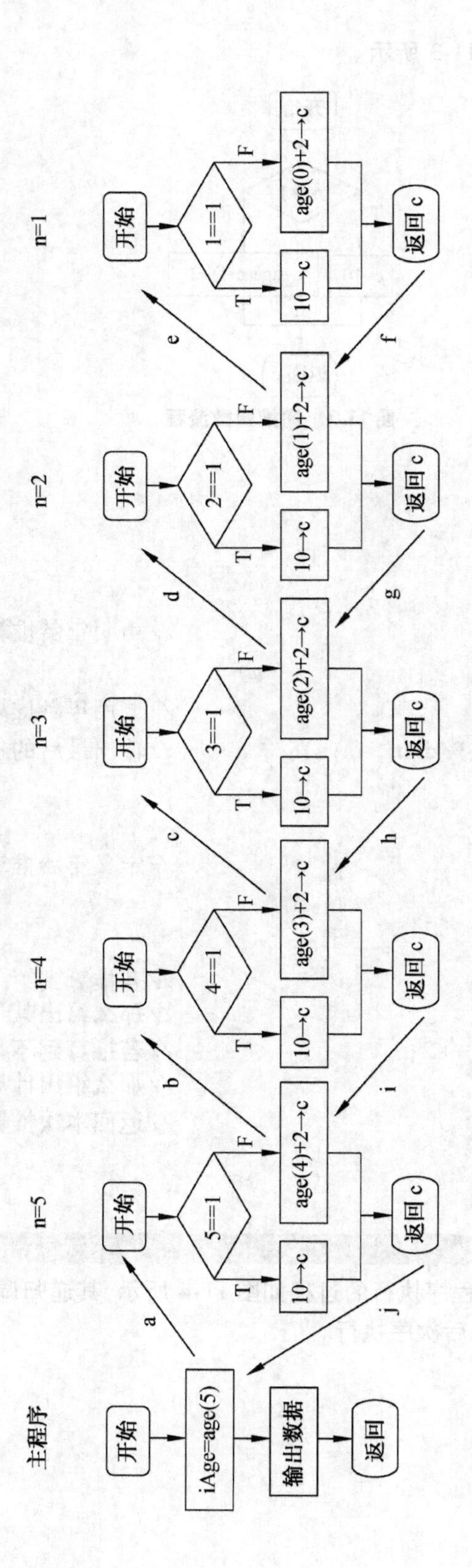

图 11-4 递归调用流程示意图

11.4 函数的声明

函数定义和函数声明是完全不同的。函数定义包括函数头和函数体,它完整地定义了函数的输入、输出和具体实现,函数定义一定包括一对大括号;而函数声明是为了编译的需要,它只有函数头。

声明和定义分开的方式可增强程序的可读性,并使结构更清晰。

11.4.1 函数声明的形式

在主调函数中调用某函数之前应对该被调函数进行声明,这与使用变量之前要先进行变量说明是一样的。在主调函数中对被调函数进行说明的目的是使编译系统明确被调函数返回值的类型,以便在主调函数中按此种类型对返回值作相应的处理。

其一般形式为

```
类型说明符　被调函数名(类型 形参,类型 形参…);
```

或为

```
类型说明符　被调函数名(类型,类型…);
```

括号内给出了形参的类型和形参名,或只给出形参类型,这便于编译系统进行检错,以防止可能出现的语法错误。

例如,main 函数中对 add 函数的说明为

```
int add(int a,int b);
```

或写为

```
int add(int,int);
```

C 语言中规定,在以下几种情况下可以省去主调函数中对被调函数的函数说明。

(1) 当被调函数的函数定义出现在主调函数之前时,在主调函数中可以不对被调函数再作说明而直接调用。如上面所举例子中,函数 add 的定义放在 main 函数之前,因此可在 main 函数中省去对 add 函数的函数说明int add(int a,int b);。

(2) 若在所有函数定义之前,在函数外预先说明了各个函数的类型,则在以后的各主调函数中,可不再对被调函数作说明。

例如:

```
1    char str(int a);
2    float f(float b);
3    main()
4    {
       ……
5    }
6    char str(int a)
7    {
       ……
```

```
8    }
9    float f(float b)
10   {
       ……
11   }
```

程序第1,2行对函数str和函数f预先作了说明,因此在以后各函数中无需对函数str和f再作说明即可直接调用。

（3）如果被调函数的返回值是整型或字符型时,可以不对被调函数作说明而直接调用。这时系统将自动对被调函数返回值按整型处理。

（4）对库函数的调用不需要再作说明,但必须把该函数的头文件用include命令包含在源文件前部。

11.4.2 函数声明的位置

在主调函数中调用某函数之前,应对该被调函数进行定义或声明。下面总结声明的几种情况：

（1）若函数调用和函数定义在同一文件中,且函数定义在函数调用前,则函数定义的同时也就起到了函数声明的作用,无需再次声明。

（2）如果函数定义在函数调用后,那么在函数调用前必须先声明,才能使用。

【例11-6】 一个函数声明的简单例子。

程序源代码如下：

```
1    #include <stdio.h>
2    #include <math.h>                       //sqrt函数在此头文件中声明的
3    float Square(float f);                  //声明函数
4    float GetBevel(float a, float b)        //函数定义在其被调用之前,无需再
5    {                                       //做声明
6      return sqrt(Square(a) + Square(b)); //求两个直角边长度对应的斜边长度
7    }
8    int main()
9    {
10     printf("%f\n",Square(1.5));         //调用函数,并输出结果
11     printf("%f\n",GetBevel(3,4));       //调用函数,并输出结果
12     return 0;
13   }
14   float Square(float f)
15   {
16     return f*f;
17   }
```

程序的运行结果如下：

```
2.250000
5.000000
```

【程序分析】 本例中 Square 函数的声明位于文件的起始位置，这样从该声明的位置到文件结束中的任何函数中都可以调用 Square 函数，GetBevel 函数和 main 函数中都调用了 Square 的语句。此外，也可以将此声明包含于主调函数内部。在调用一个函数时，如果前面的代码没有函数定义或声明，将会导致编译出错。

【注意】 函数定义和函数声明是完全不同的两个概念。函数定义包括函数头和函数体，完整地定义了函数的输入、输出和具体实现；而函数声明是为了编译的需要，仅包含函数头和分号。

11.5 参数传递

参数传递是函数之间进行信息传递的重要渠道，在 C 语言中，参数传递的方式主要有值传递和地址传递两类。当调用函数时，实参代替形参的过程是一个单向的传值过程，称为值传递方式。其实 C 语言中只有值传递一种方式，但习惯上把值传递的内容为指针类型时形象地称为地址传递方式，它是一种特殊又重要的值传递方式。关于指针与地址的内容参见第 10 章的相关内容。

基于以上的分析，为突出传递地址的重要性，将参数传递方式分为值传递和地址传递两种方式。

11.5.1 值传递方式

将实参以值的方式传递给形参的方式称为值传递方式（传值）。值传递过程中被调函数的形参作为被调函数的局部变量处理，即在内存的堆栈中开辟空间以存放由主调函数放进来的实参的值，从而成为实参的一个拷贝。此种方式具有如下特点：

（1）形参与实参各占一个独立的存储空间。

（2）形参的存储空间是函数被调用时才分配的。调用开始时，系统为形参开辟一个临时存储区，然后将各实参的值传递给形参，这时形参就得到了实参的值。

（3）函数返回时，临时存储区也被撤销。

【例 11-7】 值传递方式调用示例。

```
1   #include <stdio.h>
2   void change_by_value(int x)
3   {
4       printf("x=%d\n",x);
5       x=x+10;
6       printf("x=%d\n",x);
7   }
8   int main()
9   {
```

```
10      int a =3;
11      printf("a = %d\n",a);                    //调用函数前输出 a
12      change_by_value(a);                      //按值传递参数方式调用函数
13      printf("a = %d\n",a);                    //a 的值并没有改变
14      return 0;
15  }
```

程序的运行结果如下:

```
a=3
x=3
x=13
a=3
```

```
    void change_by_value(int x)
    {
      printf("x = %d\n",x);                    //拷贝一份传递给临时变量 x
      x =x +10;                                //改变的是 x,不是实参 a
      printf("x = %d\n",x);
    }
```

图 11-5 为按值传递内存示意图。

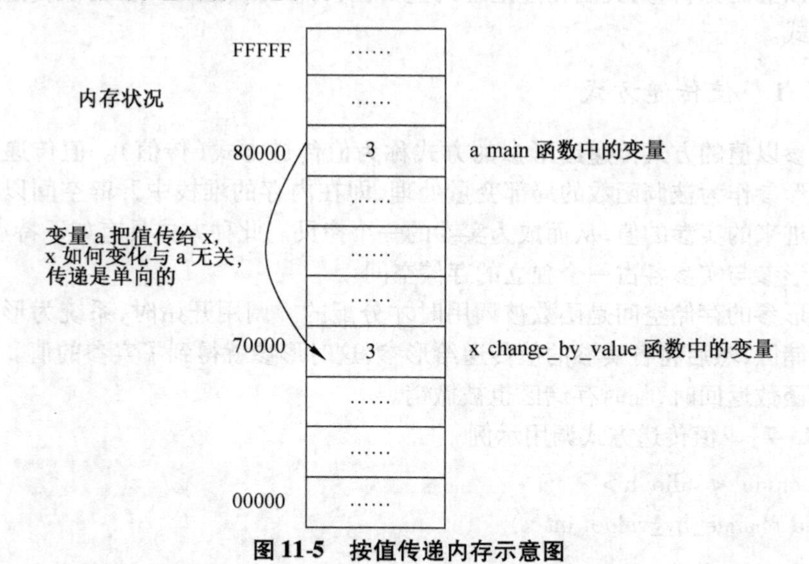

图 11-5　按值传递内存示意图

11.5.2　地址传递方式

将实参地址传递给形参的方式,称为地址传递方式(传地址)。在地址传递过程中,被调函数的形参虽然也作为局部变量在堆栈中开辟了内存空间,但这时存放的是由主调函数传递过来的实参变量的地址。因此,被调函数对形参进行的任何操作都会影响主调函数中的实参变量。

【例 11-8】 地址传递方式调用示例。

程序源代码如下：

```
1    #include <stdio.h>
2    void change_by_value(int x)
3    {
4      printf("x = %d\n",x);
5      x = x + 10;
6      printf("x = %d\n",x);
7    }
8    void change_by_address(int *x)
9    {
10     printf("*x = %d\n", *x);
11      *x = *x + 10;
12     printf("*x = %d\n", *x);
13   }
14   int main()
15   {
16     int a = 3;
17     printf("a = %d\n",a);
18     change_by_value(a);                 //按值传递参数
19     printf("a = %d\n",a);               //a 的值并没有改变
20     change_by_address(&a);              //按地址传递参数
21     printf("a = %d\n",a);               //a 的值发生改变
22     return 0;
23   }
```

程序的运行结果如下：

```
a=3
x=3
x=13
a=3
*x=3
*x=13
a=13
```

图 11-6 是按地址传递内存示意图。

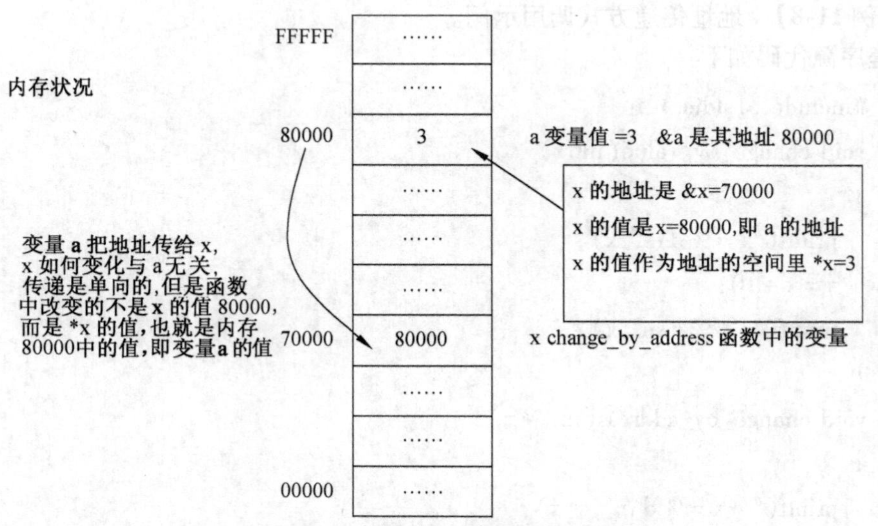

图 11-6 按地址传递内存示意图

【例 11-9】 值传递过程和地址传递过程示例。

程序源代码如下：

```
1   #include <stdio.h>
2   void swap(int x,int y)
3   {
4     int temp;
5     temp=x;
6     x=y;
7     y=temp;
8     printf("\n(swap): %d,%d\n",x,y);
9   }
10  int main()
11  {
12    int a,b;
13    printf("please input two numbers\n:");
14    scanf("%d,%d",&a,&b);
15    if(a<b) swap(a,b);
16    printf("\n(main): %d,%d\n",a,b);
17    return 0;
18  }
```

程序的运行结果如下：

```
please input two numbers
:5,8

(swap): 8,5

(main): 5,8
```

【程序分析】 按照值传递的特点，可以很清楚地看到，虽然在swap函数中暂时使得运行结果显示了交换后的数据，即达到了交换的目的，但随着swap函数的结束，被作为局部参数的形参x，y以及swap函数本身的局部参数temp都将结束其生存期，在内存中的存储空间被释放。因此实参a，b并未受到影响，依然保持原值。

综上所述，值传递中实参与形参有各自的存储单元，而地址传递中实参和形参其实指向了同一被访问的存储单元，对形参的操作相应的改变了实参，此时参数传递是双向的，可以传回运算结果。程序员可根据设计需要灵活选择参数传递方式。

由于前面的return语句仅能返回一个数据，若需同时返回多个数据，可采用地址传递的方式加以解决。

11.6 函数与数组

前面已经介绍过一种重要的构造数据类型数组。在编程过程中经常会遇到数组和函数配合使用的问题，下面将围绕数组与函数中参数传递问题进行讲解。

数组用作函数参数有两种形式：一种是把数组元素作为实参使用；另一种是把数组名作为函数的形参和实参使用。

1. *数组元素作为函数实参*

数组元素作为参数时，它只能作为实参，与普通变量无差别。当发生函数调用时，把作为实参的数组元素的值传送给形参，以值传递方式传送数据，此时函数的对应形参需与此数组元素的类型一致。

【例11-10】 判别一个整数数组中各元素的值，若大于0，则输出该值，若小于或等于0，则输出0值。

程序源代码如下：

```
1   #include <stdio.h>
2   void nzp(int v)
3   {
4     if(v>0)
5       printf("%d ",v);
6     else
7       printf("%d ",0);
8   }
9   int main()
10  {
11    int a[5],i;
12    printf("input 5 numbers\n");
13    for(i=0;i<5;i++)
14    {
15      scanf("%d",&a[i]);
16      nzp(a[i]);
```

```
17      }
18      printf("\n");
19      return 0;
20  }
```

程序的运行结果如下：

```
input 5 numbers
-1 3 4 -3 5
0 3 4 0 5
```

【程序分析】 本程序中首先定义了一个无返回值函数 nzp，并说明其形参 v 为整型变量。在函数体中根据 v 值输出相应的结果。在 main 函数中用一个 for 语句输入数组各元素，每输入一个就以该元素作为实参调用一次 nzp 函数，即把 a[i]的值传送给形参 v，供 nzp 函数使用。

2. 数组名作为函数参数

由于数组名就是数组的首地址，因此用数组名作函数参数实际上就是地址传递。此时需注意以下几点：

（1）当用数组名作函数参数时是不进行值传送的，即不是把实参数组的每一个元素的值都赋予形参数组的各个元素。因为实际上形参数组并不存在，编译系统不为形参数组分配内存。那么，数据的传送是如何实现的呢？前面介绍过，数组名就是数组的首地址，因此数组名作函数参数时所进行的传送只是地址的传送，也就是说，把实参数组的首地址赋予形参数组名。形参数组名取得该首地址也就等于有了实在的数组。实际上形参数组和实参数组为同一数组，共同拥有一段内存空间。

（2）用数组名作函数参数时，形参和相对应的实参必须是类型相同的数组，都必须有明确的数组说明，否则会发生错误。

（3）形参数组和实参数组的长度可以不相同，因为在调用时只传送首地址而不检查形参数组的长度。当形参数组的长度与实参数组不一致时，虽不至于出现语法错误（编译能通过），但程序执行结果将与实际不符。

表 11-1 说明了这种情形下数组的内存状况。设 a 为实参数组，类型为整型。a 占有以 2000 为首地址的一块内存区，b 为形参数组名。当发生函数调用时进行地址传送，把实参数组 a 的首地址传送给形参数组名 b，b 也取得该地址 2000，于是 a，b 两数组共同占有以 2000 为首地址的一段连续内存单元。从表 11-1 中还可以看出，a 和 b 下标相同的元素实际上也占相同的两个内存单元（整型数组的每个元素占两个字节）。例如，a[0]和b[0]都占用 2000 开始的两个单元，当然 a[0]就等于 b[0]，类推则有 a[i]等于 b[i]。

表 11-1 数组 a，b 内存状况

	数组变量 a	内存空间（变量值）	数组变量 b
起始地址 2000→	a[0]→	2	←b[0]
数组 a 和 b 的地址一样	a[1]→	4	←b[1]
	a[2]→	6	←b[2]
	a[3]→	8	←b[3]
	a[4]→	10	←b[4]

【例11-11】 数组a中存放了一个学生5门课程的成绩,求该学生的平均成绩。

程序源代码如下:

```
1    #include <stdio.h>
2    float aver(float a[5])
3    {
4       int i;
5       float fAver,s=a[0];
6       for (i=1;i<5;i++)
7       s=s+a[i];
8       fAver=s/5;
9       return fAver;
10   }
11   int main( )
12   {
13      float b[5],av;
14      int i;
15      printf("\ninput 5 scores:\n");
16      for (i=0;i<5;i++)
17      scanf("%f",&b[i]);
18      av=aver(b);
19      printf("average score is %5.2f\n",av);
20      return 0;
21   }
```

程序的运行结果如下:

```
input 5 scores:
4 5 6 3 1
average score is  3.80
```

【程序分析】 本程序首先定义了一个实型函数aver,它有一个形参为实型数组a,长度为5。函数aver把各元素值相加求出平均值,并返回给主函数。主函数main中首先完成数组b的输入,然后以b作为实参调用aver函数,函数返回值送给fAver,最后输出fAver值。从运行情况可以看出,程序实现了所要求的功能。

11.7 函数与指针

函数与指针也是C语言中重要的知识点之一,灵活掌握函数与指针间的关系,有利于提高编程质量和程序效率。

11.7.1 指针作为函数参数

如果函数的形参是指针类型,那么实参将一个变量的地址传送给形参,其特点是通过对形参的操作来修改实参的值。

【例11-12】 将输入的两个整数按大小顺序输出，要求采用函数处理，且用指针类型的数据作函数参数。

程序源代码如下：

```
1   #include <stdio.h>
2   swap(int *p1,int *p2)
3   {
4      int temp;
5      temp = *p1;
6      *p1 = *p2;
7      *p2 = temp;
8   }
9   int main()
10  {
11     int a,b;
12     int *gP1, *gP2;
13     scanf("%d,%d",&a,&b);
14     gP1 = &a;gP2 = &b;
15     if(a<b) swap(gP1,gP2);
16     printf("\n%d,%d\n",a,b);
17     return 0;
18  }
```

swap是用户定义的函数，它的作用是交换两个变量（a和b）的值。swap函数的形参p1，p2是指针变量。程序运行时，先执行main函数，输入a和b的值，然后将a和b的地址分别赋给指针变量gP1和gP2，使gP1指向a，gP2指向b。表11-2为指针变量内存状况。

表11-2 指针变量内存状况（一）

变量名	地址	变量值	备注
	……	……	
gP1→	2112→	212E	存放的是a的地址
	……	……	
a→	212E	5	= *gP1
	……	……	
gP2	2142	215E	存放的是b的地址
	……	……	
b	215E	9	= *gP2
	……	……	

接着执行 if 语句，由于 a<b，因此执行 swap 函数。注意实参 gP1 和 gP2 是指针变量，在函数调用时将实参变量的值传递给形参变量。这里采取的依然是“值传递”方式，因此虚实结合后形参 p1 的值为 &a，p2 的值为 &b。这时 p1 和 gP1 指向变量 a，p2 和 gP2 指向变量 b。表 11-3 所示为此时指针变量内存状况。

表 11-3 指针变量内存状况(二)

变量名	内存地址	内存空间(变量值)	备注
	……	……	
p1→	2100→	212E	存放的是 a 的地址
	……	……	
gP1→	2112→	212E	存放的是 a 的地址
	……	……	
a→	212E→	5	←*p1 真正的数据
	……	……	
p2→	2130→	215E	存放的是 b 的地址
	……	……	
gP2→	2142→	215E	存放的是 b 的地址
	……	……	
b→	215E→	9	←*p2 真正的数据
	……	……	

接着再执行 swap 函数的函数体使 *p1 和 *p2 的值互换，也就是使 a 和 b 的值互换。表 11-4 所示为此时指针变量内存状况。

表 11-4 指针变量内存状况(三)

变量名	内存地址	内存空间(变量值)	备注
	……	……	
p1→	2100→	212E	存放的是 a 的地址
	……	……	
gP1→	2112→	212E	存放的是 a 的地址
	……	……	
a→	212E→	9	←*p1 真正的数据
	……	……	
p2→	2130→	215E	存放的是 b 的地址
	……	……	
gP2→	2142→	215E	存放的是 b 的地址
	……	……	
b→	215E→	5	←*p2 真正的数据
	……	……	

函数调用结束后，p1 和 p2 不复存在。表 11-5 为此时指针变量内存状况。

表 11-5 指针变量内存状况（四）

变量名	内存地址	内存空间（变量值）	备注
	……	……	
gP1	2112	212E	= &a
	……	……	
gP2	2142	215E	= &b
	……	……	
a	212E	9	= * gP1
	……	……	
b	215E	5	= * gP2
	……	……	

最后在 main 函数中输出的 a 和 b 的值是已经过交换的值。

请注意交换 * p1 和 * p2 的值是如何实现的。试找出下列程序段的错误：

```
1   swap(int *p1,int *p2)
2   {
3     int *temp;
4     *temp = *p1;
5     *p1 = *p2;
6     *p2 = temp;
7   }
```

请考虑下面的函数能否实现 a 和 b 的互换。

```
1   swap(int x,int y)
2   {
3     int temp;
4     temp = x;
5     x = y;
6     y = temp;
7   }
```

如果在 main 函数中用“swap(a,b);”调用 swap 函数，会有什么结果呢？请看如图 11-7 所示的交换变量示意图。

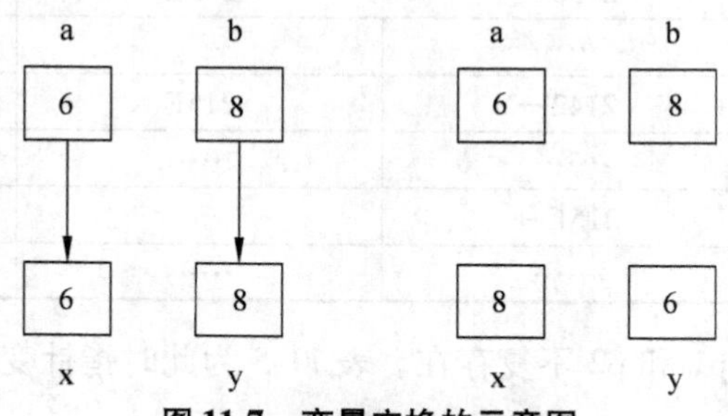

图 11-7 变量交换的示意图

【例 11-13】 不能企图通过改变指针形参的值而使指针实参的值改变的情况。

程序源代码如下：

```
1   #include <stdio.h>
2   swap(int *p1,int *p2)
3   {
4     int *p;
5     p=p1;
6     p1=p2;
7     p2=p;
8   }
9   int main()
10  {
11    int a,b;
12    int *gP1,*gP2;
13    scanf("%d,%d",&a,&b);
14    gP1=&a;gP2=&b;
15    if(a<b) swap(gP1,gP2);
16    printf("\n%d,%d\n",*gP1,*gP2);
17    return 0;
18  }
```

其中的问题在于不能实现如图 11-8 所示的第 4 步(d)。

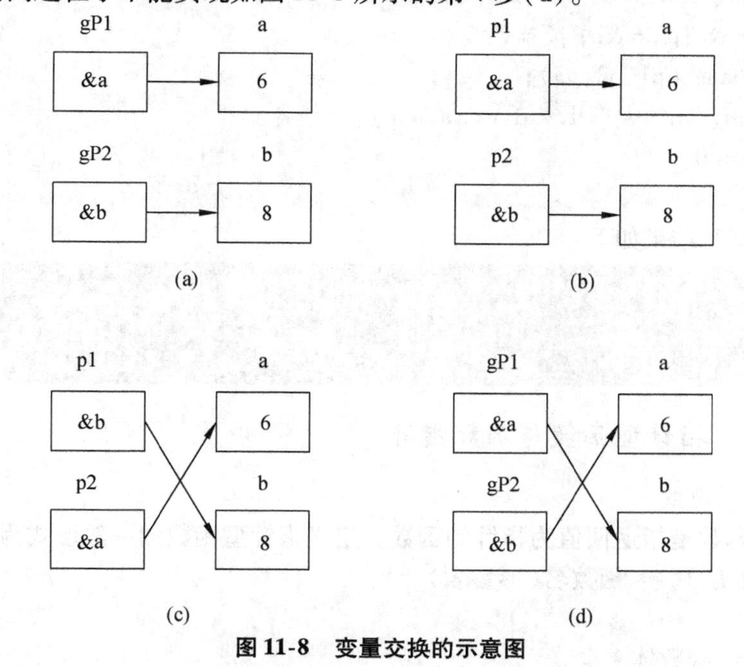

图 11-8 变量交换的示意图

【例11-14】 输入3个整数a,b和c,要求按大小顺序输出。

程序源代码如下:

```
1     #include  <stdio.h>
2     swap(int *pt1,int *pt2)
3     {
4        int temp;
5        temp = *pt1;
6      *pt1 = *pt2;
7      *pt2 = temp;
8     }
9     exchange(int *q1,int *q2,int *q3)
10    {
11       if( *q1 < *q2) swap(q1,q2);
12       if( *q1 < *q3) swap(q1,q3);
13       if( *q2 < *q3) swap(q2,q3);
14    }
15    int main()
16    {
17       int a,b,c, *p1, *p2, *p3;
18       printf("Please input three numbers:\n");
19       scanf("%d,%d,%d",&a,&b,&c);
20       p1 = &a;p2 = &b; p3 = &c;
21       exchange(p1,p2,p3);
22       printf("\n%d,%d,%d \n",a,b,c);
23       return 0;
24    }
```

程序的运行结果如下:

```
Please input three numbers:
1,2,3

3,2,1
```

11.7.2 指针型函数与函数指针

1. 指针型函数

指针型函数是指返回值为指针的函数。定义指针型函数的一般形式为

```
类型说明符   *函数名(形参表)
{
  …/* 函数体 */
}
```

其中,“函数名”之前加了“ * ”号表明这是一个指针型函数,即返回值是一个指针;“类型说明符”表明返回的指针值所指向数据的类型。

下列程序表示 ap 是一个返回指针值的指针型函数,它返回的指针指向一个整型变量。

```
int *ap(int x,int y)
{
…/* 函数体 */
}
```

返回值的处理请见本章 11.5 节和 11.7 节所述。

2. 函数指针

函数指针是指向函数的指针变量,即它本质是一个指针变量。

指向函数的指针包含了函数的地址,可以通过它来调用函数。其声明格式如下:

```
类型说明符( *函数名)(参数)
```

其实,这里不能称为函数名,应该是一个指针的变量名,这个特殊的指针指向一个返回整型值的函数。指针的声明必须和它指向函数的声明保持一致。

指针名和指针运算符外面的括号改变了默认的运算符优先级。如果没有圆括号,就变成了一个返回整型指针的函数的原型声明。

【例 11-15】 用指针形式实现对函数的调用。

程序源代码如下:

```
1   #include <stdio.h>
2   int max(int a,int b)
3   {
4     if(a>b) return a;
5     else return b;
6   }
7   int main()
8   {
9     int max(int a,int b);
10    int(*pmax)(int a,int b);          //定义 pmax 为函数指针变量。
11    int x,y,z;
12    pmax=max;                         //把被调函数的入口地址赋予该函
                                        //数指针变量
13    printf("input two numbers:\n");
14    scanf("%d%d",&x,&y);
15    z=(*pmax)(x,y);                   //用函数指针变量形式调用函数:
                                        //(*指针变量名)(实参表)
16    printf("maxmum=%d\n",z);
17    return 0;
18  }
```

程序的运行结果如下：

```
input two numbers:
1 2
maxmum=2
```

【注意】（1）函数指针变量不能进行算术运算，这与数组指针变量不同。数组指针变量加减一个整数可使指针移动指向后面或前面的数组元素，而函数指针的移动是毫无意义的。

（2）函数调用中"*（指针变量名）"两边的括号不可少，括号内的"*"不应该理解为求值运算，在此处它只是一种表示符号。

11.8 变量的作用域、存储类型和生存期

在第5章中已详细介绍了变量的三大基本属性，即变量名、变量地址和变量的值。其实变量还有其他一些重要的属性，如变量的作用域、存储类型和生存期等。变量是用来存放数据的，其作用不言而喻，因此灵活掌握变量的各种属性，有助于编写高效的程序代码。

11.8.1 变量的作用域

在进行稍复杂的编程时，一般需要对整个程序进行功能分解，不同的功能通过不同的函数来实现。不同的函数都需使用变量，甚至可能出现不同函数中存在变量同名的情形。为避免不同函数变量使用的混淆和干扰，C语言中引入了变量作用域的概念，并且作为变量的又一属性，它与之前的变量名、地址及变量值构成变量的基本属性。

C语言中所有变量都有自己的作用域，定义变量时的类型和位置不同，其作用域也不同。C语言中的变量按作用域（变量的有效空间范围、可见性）的范围可以分为局部变量和全局变量。

1. 局部变量及其作用域

在C语言中以下各位置定义的变量均属于局部变量：

（1）在函数体内定义的变量，只在本函数范围内有效，其作用域局限于函数体内，主函数也不例外。

（2）在复合语句内定义的变量，只在本复合语句范围内有效，其作用域局限于复合语句内。

（3）有参函数的形式参数也是局部变量，只在其所在的函数范围内有效。

【例11-16】 局部变量作用域示例。

程序源代码如下：

```
1    #include <stdio.h>
2    double fun1(int x,int y)              //x,y是局部变量,在fun1函数内有效
3    {
4      int m,n;                            //m,n是局部变量,在fun1函数内有效
5      ……
```

```
6     }
7     int fun2(char ch)              //ch是局部变量,在fun2函数内有效
8     {
9        int a,b;                    //a,b是局部变量,在fun2函数内有效
10       a=11; b=22;
11       ……
12       printf("%d %d ",a,b);       //fun2中使用的函数内部的a,b
13       printf("%c ",ch);
14    }
15    int main()
16    {
17       int a,b,c;                  //a,b是局部变量,在main函数内有效,与
                                     //fun2函数中的a,b变量只是名字相同而已,
                                     //实际是不同变量,不同的存储空间地址
18       a=1; b=2; c=3;
19       fun2('a');
20       ……
21       {
22          int x,y;                 //x,y局部变量,在复合语句中有效(作用域
                                     //复合语句)
23          ……
24       }
25       return 0;
26    }
```

程序的模拟结果如下：

```
11 22 a
```

2. 全局变量及其作用域

C语言中的全局变量是在函数的外部定义的,它的作用域为从变量的定义处到本程序文件的末尾。在此作用域内,全局变量可以为本文件中各个函数所引用。编译时将全局变量分配在静态存储区。

【例11-17】 各变量不同作用域示例。

程序源代码如下：

```
1     int x,y,z;
2     float f1(float a,float b)
3     {
4        ……
5     }
6     char ch1,ch2;
```

```
7     int f2(int m)
8     {
9        ……
10    }
11    double t,p;
12    main()
13    {
14       ……
15    }
```

【程序分析】 本例中变量 x,y,z,ch1,ch2,t 和 p 都是全局变量,但由于定义的位置不一样,所以它们的作用域也就不一样。如全局变量 x,y,z 的作用域从第 1 行到程序最后,全局变量 ch1, ch2 的作用域从第 6 行到程序最后,全局变量 t, p 的作用域从第 11 行到程序最后。

如果外部变量不在文件的开头定义,其有效的作用范围只限于从定义处到文件结束。如果在全局变量定义点之前的函数想引用该全局变量,则应在引用之前用关键字 extern 对该变量作外部变量声明,表示该变量是一个将在后面要定义的全局变量。有了此声明,就可以从声明处起合法地引用该全局变量,这种声明称为提前引用声明。

【例 11-18】 全局变量的作用域示例。

程序源代码如下:

```
1     #include <stdio.h>
2     int max(int,int);                           //函数声明
3     int main()
4     {
5        extern int a,b;                          //对全局变量 a,b 作提前引用声明
6        printf("max = %d",max(a,b));
7        return 0;
8     }
9     int a = 15,b = -7;                          //定义全局变量 a,b
10    int max(int x,int y)
11    {
12       int z;
13       z = x > y? x:y;                          //条件判断语句
14       return z;
15    }
```

程序的运行结果如下:

```
max = 15
```

【程序分析】 本例在 main 中定义了全局变量 a,b,但由于全局变量定义的位置在函数 main 之后,因此如果没有程序的第 5 行,在 main 函数中是不能引用全局变量 a 和

b的。在main函数中用extern对a和b作提前引用声明，表示a和b是将在后面定义的变量。这样在main函数中就可以合法地使用全局变量a和b了。如果不作extern声明，编译时会出错，系统认为a和b未经定义。一般都把全局变量的定义放在引用它的所有函数之前，这样可以避免在函数中多加一个extern声明。

对于多源文件程序，使用extern声明其他文件中已经定义的全局变量，可以扩大此全局变量的作用域，即extern所在的文件可以引用此全局变量。若在定义全局变量时使用修饰关键词static，则表示此全局变量作用域仅限于本源文件。

【例11-19】 一个使用extern的例子。

文件file1. c
```
1  static int x;
2  void main()
3  {
4     ……
5  }
```

文件file2. c
```
1  extern int x;
2  func1(int a)
3  {
4     ……
5     x = x + a;
6  }
```

文件file3. c
```
1  int x;
2  func2()
3  {
4     ……
5  }
```

【程序分析】 上例file1. c，file2. c和file3. c源文件中，file1. c的变量x仅仅是file1. c文件中的全局变量，不能作用于file2. c和file3. c，这是因为其定义时使用了static关键字。文件file3. c也定义了一个全局变量x，它作用于整个文件。由于file2. c使用extern进行x变量的外部声明，因此file3. c中的全局变量x的作用域扩展到file2. c中，在file2. c中引用变量x时，其实就是引用file3. c的变量x。

需要补充说明的是，全局变量可以和局部变量同名，当局部变量有效时，同名全局变量不起作用，即同名隐藏。使用全局变量可以增加各个函数之间的数据传输渠道，在一个函数中改变一个全局变量的值，则在另外的函数中就可以对其进行引用；但这严重破坏了函数的独立性，增加了函数间的耦合程度，使得程序的模块化、结构化变差，因此应慎用、少用全局变量。

11.8.2 存储类型和生存期

1. 存储空间分类

一个C语言源程序经编译和链接后生成可执行程序文件，要执行该程序，系统须为程序分配存储空间，并将程序装入所分配的存储空间内。一个程序在内存中占用的存储空间可分为3个部分：程序区、静态存储区和动态存储区。程序区是用来存放可执行程序的程序代码；静态存储区用来存放静态变量；动态存储区用于存放动态变量。

在程序执行过程中为其分配存储空间的变量称为动态存储类型变量，简称动态变量。动态变量是在定义变量时才为其分配存储空间的，执行到该变量的作用域结束处时，系统就收回为该变量分配的存储空间。

在程序开始执行时系统自动为变量分配存储空间，直到程序执行结束时才收回为变量分配的存储空间，这种变量称为静态存储类型变量，简称静态变量。在程序执行的整个过程中，静态变量一直占用为其分配的存储空间，而不考虑其是否处在变量的作用域内。

2. 变量的存储类型

变量的定义格式为

```
存储类型　类型　变量名表;
```

在该变量定义中用到了存储类型，事实上变量的存储类型是对变量作用域、存储空间、生存期的规定。在C语言中，变量的存储类型分为4种：自动类型（auto）、寄存器类型（register）、外部类型（extern）和静态类型（static）。这4种类型说明的变量分别称为自动变量、寄存器变量、外部变量与静态变量。

（1）自动类型（auto）

自动变量的说明格式为

```
auto　类型　变量名表;
```

例如：

```
auto int a,b=3;
```

定义了自动变量a与b，其类型为整型。

在函数内定义的局部变量默认是自动的，被分配在内存的动态存储区中。

【例11-20】 自动变量示例。

程序源代码如下：

```
1    #include <stdlib.h>
2    #include <stdio.h>
3    int main()
4    {
5      int x=5, y=10;
6      for ( int k=1; k<=2; k++)
7      {
8        auto int m=0, n=0;
9        m=m+1;
10       n=n+x+y;
11       printf("m=%d,n=%d\n",m,n);
12     }
13     return 0;
14   }
```

程序的运行结果如下：

```
m=1,n=15
m=1,n=15
```

【程序分析】 本程序在第8行与第11行之间定义了一个块（即for语句的循环体），在循环体内定义了自动变量m和n，它们的作用域为从第8行到第11行。程序执行到第8行时，系统为m和n动态分配内存空间，到第11行收回为m和n动态分配的内存空间。for语句循环两次，则系统两次为m和n分配存储空间，并两次回收存储空间。因此，m，n的值并没有进行累加，均从初值0开始。

(2) 寄存器类型(register)

用寄存器类型关键词 register 说明的变量称为寄存器变量,属于动态局部变量。这类变量由于受 CPU 硬件条件的限制,数量很少,但存取速度很快。寄存器变量的说明格式为

```
register 类型 变量名表;
```

例如:

```
register int a,b=3;
```

定义了寄存器变量 a 与 b,其数据类型为整型。

(3) 静态类型(static)

用静态类型关键词 static 说明的变量称为静态变量,其说明格式为

```
static 类型 变量名表;
```

例如:

```
static int a,b=8;    //该语句说明 a,b 为静态整型变量
```

static 变量在内存的静态存储区占用固定的内存单元,即使它所在的函数调用结束,也不释放存储单元,它所在单元的值会继续保留,即 static 变量不会重新分配内存及初始化。

【例 11-21】 静态变量示例。

```
1   #include <stdlib.h>
2   #include <stdio.h>
3   void f(int x, int y);
4   int main()
5   {
6     int i=5, j=10, k;
7     for ( k=1; k<=3; k++)
8     f(i,j);
9     return 0;
10  }
11  void f(int x, int y)
12  {
13    int m=0;                          //定义自动变量 m
14    static int n=0;                   //定义静态变量 n
15    m=m+x+y;                          //使用自动变量 m 求和
16    n=n+x+y;                          //使用静态变量 n 求和
17    printf("m=%d,n=%d",m,n);
18  }
```

程序的运行结果如下:

```
m=15,n=15
m=15,n=30
m=15,n=45
```

【程序分析】 在函数f()中定义了静态变量n,在程序开始执行时即为静态变量n分配存储空间,当调用函数f()结束后,系统并不收回变量n所占用的存储空间,当再次调用函数f()时,变量n仍使用相同的存储空间。因此,每次循环调用f()时,表达式"n=n+x+y"均对n进行累加,使每次调用f()后,n都增加15。

（4）外部类型(extern)

用外部类型关键词extern说明的全局变量称为外部变量,其说明格式为:

```
    extern   类型   变量名表;
```

例如:

```
    extern int a, b;
```

说明了外部变量a,b,其数据类型为整型。

【例11-22】 外部变量示例。

```
1    #include <stdlib.h>
2    #include <stdio.h>
3    int max(int x,int y);
4    extern int a=6, b=5;                    //说明外部变量a和b
5    int main()
6    {
7      int c;
8      c=max(a, b);                          //在主函数中使用外部变量a和b
9      printf("max=%d",c);
10     return 0;
11   }
12   int max(int x, int y)
13   {
14     printf("a=%d,b=%d\n",a,b);   //在函数max()中使用外部变量a和b
15     return x>y? x:y;
16   }
```

程序的运行结果如下:

```
a=6,b=5
max=6
```

11.9 main函数中的参数

从函数参数的形式上看,main函数包含一个整型数组和一个指针数组。当一个C语言源程序经过编译、链接后,会生成扩展名为.exe的可直接执行的文件。main()函数不能被其他函数调用和传递参数,只能在运行时传递参数。

```
void main(int argc, char * argc[], char * argv[])
{
  ……                                          //程序段
}
```

在操作系统环境下,一条完整的运行命令应包括两部分:命令与相应的参数。其格式为

```
命令参数1  命令参数2  …  命令参数n
```

例如,文件拷贝命令如下:

```
copy  a.cpp  b.cpp
```

此格式也称为命令行,命令行中的 copy 就是可执行文件的文件名,其后所跟参数(a. cpp和 b. cpp)需用空格分隔,它是对命令的进一步补充,也即传递给 main( )函数的参数。

命令行与 main( )函数的参数存在如下的关系:

设命令行为

```
program  命令参数1  命令参数2  命令参数3  命令参数4  命令参数5
```

其中,program 为文件名,也就是一个由 program. cpp 经编译、链接后生成的可执行文件 program. exe,其后跟 5 个参数。对 main( )函数来说,它的参数 argc 记录了命令行中命令与参数的个数,共 6 个,指针数组的大小由参数 argc 决定,即为 char * argv[6],指针数组的取值情况如表 11-6 所示。

表 11-6 命令行与主函数参数比照

命令行	程序名	参数1	参数2	参数3	参数4	参数5
数组 argv	argv[0]	argv[1]	argv[2]	argv[3]	argv[4]	argv[5]
	变量 argc = 6					

数组的各指针分别指向一个字符串。需要引起注意的是,接收到的指针数组的各指针是从命令行的开始接收的,首先接收到的是命令,其后才是参数。

11.10 带参数的宏与函数

带参数的宏定义不是简单的字符串替换,而是要进行参数替换。其定义的形式为

```
#define  W(a,b)  a * b
……
s = W(2,4) ;
```

宏替换时会把 W(2, 4)替换成 2 * 4,即从左向右参数 2 替换字符 a,参数 4 替换字符 b,其他的字符不变。替换后的语句为

```
s = 2 * 4;
```

【例 11-23】 带参数宏的示例。

程序源代码如下:

```
1   #include <stdio.h>
2   #define  PI  3.1415926
3   #define  S(a)  PI * a * a
4   int main( )
5   {
```

```
6     float s, r;
7        printf("Please input a radius:");
8        scanf("%f",  &r);
9        s = S(r) ;
10       printf("s = %f;   r = %f\n" , s , r);
11       return 0;
12    }
```

如果程序执行时输入3.0，赋值语句s = S(r)；会被替换为

```
        s = 3.1415926 * 3.0 * 3.0 ;
```

【说明】 (1) 对带参数的宏展开时，只是将语句中的宏名后面括号内的实参字符串替换#define 命令中相应的形参。但是替换后的形式可能不是用户所要的结果。例如：

```
        #define   S(a)   PI * a * a
        s = S(r + r) ;
```

替换后为

```
        s = 3.1415926 * r + r * r + r ;
```

这不是想要的结果，想要的结果为

```
        s = 3.1415926 * (r + r) * (r + r) ;
```

所以宏定义需要改为下面形式更为稳妥：

```
        #define   S(a)   PI * (a) * (a)
```

(2) 宏定义时，宏名与参数之间不要加空格，否则宏名后的空格以后的字符串会作为一个整体替换。

(3) 带参数的宏与函数不同，主要有以下一些区别：

① 函数调用时先求实参的值，然后代入形参。带参数的宏只是进行简单的字符替换。例如上面的S(r + r)，宏展开时不会求r + r的值，只是用字符串"r + r"替换形参a。

② 函数调用是在程序运行时进行处理，为形参分配内存空间。而宏展开是在编译前的预处理阶段执行，在宏展开时并不分配内存空间。

③ 函数中的实参和形参都要先定义类型，形参和实参的类型要一致或兼容。宏没有类型，其参数也没有类型，宏也没有值的传递，宏也不返回值。

(4) 使用宏的次数越多，宏展开后的源程序越长，而函数调用不会使源程序变长。

(5) 宏替换不占运行时间，只占编译时间；函数调用占用运行时间。

11.11 综合程序举例

【例11-24】 计算$S = 1^k + 2^k + 3^k + \cdots + n^k$。

【问题分析】 本题分解成3个主要部分：

(1) 编写一个计算n的k次方函数f1；

(2) 编写一个计算1到n的k次方之累加和的函数f2；

(3) 编写主函数main。

程序的源代码如下：

```
1   #include <stdio.h>
2   long f1(int n,int k)            /* 计算 n 的 k 次方函数 */
3   {
4     long power = n;
5     int i;
6     for(i = 1;i < k;i ++ ) power * = n;
7     return power;
8   }
9
10  long f2(int n,int k)            /* 计算 1 到 n 的 k 次方之累加和函数 */
11  {
12    long sum = 0;
13    int i;
14    for(i = 1;i <= n;i ++ )
15      sum += f1(i, k);
16    return sum;
17  }
18  int main()                      /* 调用计算 n 的 k 次方函数 */
19  {
20    int k,n;
21    printf("Please input integers k,n =");
22    scanf("%d%d",&k,&n);
23    printf("Sum of %d powers of integers from 1 to %d =",k,n);
24      printf("%d\n",f2(n,k));    /* 调用函数(计算 1 到 n 的 k 次方之累加和) */
25    getchar();
26    return 0;
27  }
```

程序的运行结果如下：

```
Please input integers k,n=4 5
Sum of 4 powers of integers from 1 to 5 = 979
```

【程序分析】 本例中一共有 3 个函数：main 函数、f1 函数和 f2 函数。其中，f1 函数实现 n 的 k 次方计算，f2 函数通过调用 f1 函数实现 1 到 n 的 k 次方和的计算；main 函数完成计算参数的输入，并调用 f2 函数实现计算。

本章小结

本章主要介绍了C语言中的函数定义、调用和声明,调用函数和被调用函数之间的数据传递,数组、指针作为函数参数及返回值,变量的作用域、存储类型和生存期,main函数中的参数等内容。其中需要重点领会的是模块化程序设计的思想,切实掌握模块化程序设计的方法,从实践中锻炼模块化分析解决问题的思维方式,函数的嵌套调用和递归调用函数之间的数据传递,数组、指针作为函数参数,变量的作用域等。

考点提示

在二级等级考试中,本章主要出题方向及考察点如下:

(1) 程序的构成,main函数和其他函数,库函数的正确调用。

(2) 函数的定义方法,函数的类型和返回值,形式参数与实在参数,参数值传递。

(3) 函数的正确调用、嵌套调用、递归调用。

(4) 局部变量和全局变量。

(5) 变量的存储类别(自动、静态、寄存器、外部),变量的作用域和生存期等。

(6) 函数与指针(将指针与后续章节中的函数结合):指向函数的指针变量的声明、初始化、赋值及引用,指针作为函数的参数传递给函数,将基本类型变量的指针、结构体变量的指针、数组元素的指针、数组的行指针、函数的指针传递给函数的方法。

习题11

一、填空题

1. 以下函数调用语句中,含有的实参个数是________。

```
func((exp1,exp2),(exp3,exp4,exp5));
```

2. 以下程序的输出结果是________。

```
1    #include <stdio.h>
2    int func(int a,int b)
3    {
4      int c;
5      c=a+b;
6      return c;
7    }
8    int main()
9    {
10     int x=6,y=7,z=8,r=0;
11     r=func((x--,y++,x+y),z--);
```

```
12      printf("%d\n",r);
13      return 0;
14    }
```

3. 以下程序的输出结果是________。

```
1     #include <stdio.h>
2     void func(int a, int b, int c)
3     { c=a*b; }
4     int main()
5     {
6       int c=0;
7       func(2,3,c);
8       printf("%d\n",c);
9     return 0;
10    }
```

4. 以下程序的输出结果是________。

```
1     #include <stdio.h>
2     double f(int n)
3     {
4       int i;
5       double s;
6       s=1.0;
7       for(i=1;i<=n;i++) s+=1.0/i;
8       return s;
9     }
10    int main()
11    {
12      int i,m=3;float a=0.0;
13      for(i=0;i<m;i++) a+=f(i);printf("%f\n",a);
14      return 0;
15    }
```

5. 以下程序段的输出结果是________。

```
1     #include <stdio.h>
2     int fun2(int a,int b)
3     {
4       int c;
5       c=a*b%3;
6       return c;
7     }
8     int fun1(int a,int b)
```

```
9    {
10     int c;
11     a += a;b += b;
12     c = fun2(a,b);
13     return c * c;
14   }
15   void main()
16   {
17     int x = 11,y = 19;
18     printf("%d\n",fun1(x,y));
19   }
```

6. 以下程序的输出结果是________。

```
1    #include <stdio.h>
2    unsigned fun 6(unsigned num)
3    {
4      unsigned   k = 1;
5      do
6      {   k * = num%10;num/ = 10;}
7      while(num);
8      return   k;
9    }
10   void main()
11   {
12     unsigned n = 26;
13     printf("%d\n",fun6(n));
14   }
```

7. 以下程序的输出结果是________

```
1    #include <stdio.h>
2    double sub(double x,double y,double z)
3    {
4      y - = 1.0;
5      z = z + x;
6      return z;
7    }
8    void main()
9    {
10     double a = 2.5,b = 9.0;
11     printf("%f\n",sub(b - a,a,a));
12   }
```

二、编程题

1. 输入10个整数，将其中最小的数与第一个数对换，把最大的数与最后一个数对换。要求写3个函数完成此功能，具体要求为：第一个函数是完成输入10个整数的函数；第二个函数是完成进行对换处理的函数；第三个函数是完成输出10个整数的函数。

2. 编写一个判断奇偶数的函数，要求在主函数中输入一个整数，通过被调用函数输出该数是奇数还是偶数的信息。

3. 已有变量定义和函数调用语句：int a=1,b=-5,c; c=fun(a,b);，其中fun函数的作用是计算两个数之差的绝对值，并将差值返回调用函数，请编写程序。

4. 采用递归方法，编程求n!。

5. 采用选择方法，编程实现对数组中10个整数按由小到大排序。

第12章 结构体、共用体、枚举及用户自定义类型

C语言中提供了一些基本数据类型，如int，float，char等，但是在实际应用中有许多需要由不同类型的数据联合描述的实体，如果机械地使用基本数据类型来描述这些实体，就会给应用程序的开发带来很多麻烦。C语言提供了一些构造类型数据来描述这些实体。这些构造型数据类型包括结构体、共用体、枚举及用户自定义类型，它们属于C语言的高级部分。

为了更好地学习本章内容，需预先掌握以下知识点：基本数据类型的定义与应用，指针类型的定义与一般应用，循环结构程序的设计方法，数组的定义与一般应用等。通过本章的学习，应掌握结构体、共同体、枚举及用户自定义类型的目的和意义，掌握结构体、共同体、枚举及用户自定义类型在C语言中的实现方式，以及与数组、指针等进行集成编程的应用。掌握本章的各知识点后，将有助于各类不同信息的准确表达，提高程序中数据组织的灵活性和规范性，提升代码的可读性。

12.1 结构体

12.1.1 定义结构类型和结构变量

前面介绍的数组是同类型的数据集合，而引入结构体的主要目的是把具有多个不同类型属性的事物作为一个逻辑整体来描述，从而扩展C语言的数据类型。显然，结构体是一种非常重要的构造类型，事物的属性在结构体中使用“成员”或“元素”来表示。每个成员可以是一个基本的数据类型，也可以是一个已经定义的构造类型。

结构体作为一种自定义的数据类型，必须先定义其结构体类型，然后应用结构体类型定义结构体变量。

1. 结构体类型的定义

结构体类型定义的一般形式如下：

```
struct 结构体名
{
    成员变量列表;
    …;
};
```

【说明】（1）struct：系统关键字，说明当前要定义一个新的结构体类型。

（2）结构体名：结构体类型的名称，应遵循标识符规定。

（3）在{}之间通过分号分割的变量列表称为成员变量，它用于描述此类事物某一方面的特性。成员变量可以为基本数据类型、数组和指针类型，也可以为结构体类型，由于不同的成员变量分别描述事物某一方面的特性，因此成员变量不能重名。

（4）使用结构体类型时，“struct 结构体名”作为一个整体，表示名为“结构体名”的结构体类型。

（5）结构体成员的类型不能是当前结构体类型，即结构体类型不能递归定义，原因是其结构体大小不能确定，但可以是当前结构体类型的指针。

例如，为描述班级信息（包括班级编号、专业、人数等信息），可定义如下结构体：

```
struct myclass
{
    char code[10];              /* 编号 */
    char major[30];             /* 专业 */
    unsigned int count;         /* 人数 */
};
```

【说明】 myclass 是结构体类型名，struct 是关键词；结构体类型定义描述结构体数据的逻辑结构，不分配内存；分配内存是在定义结构体变量时进行的，其分配示意如图 12-1 所示；该结构体类型 myclass 由 3 个成员组成，分别属于不同的数据类型，分号不能省略；在定义了结构体类型后，就可以定义结构体变量。

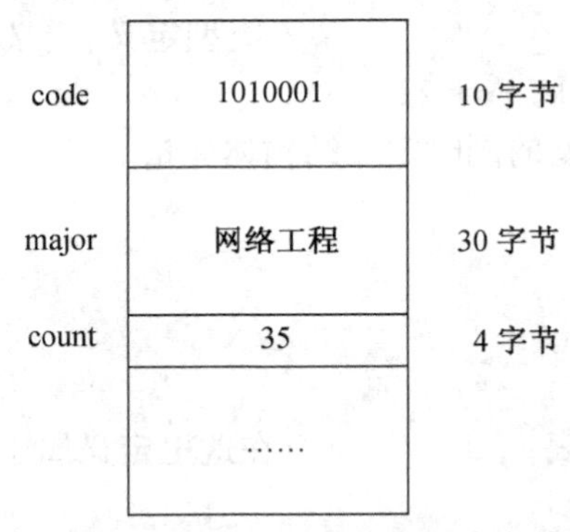

图 12-1　myclass 结构体变量的内存状态

嵌套结构是指在一个结构体中可以包括其他结构体类型的成员，下面是一个嵌套结构的例子。

首先定义一个结构体类型 Point，它用来描述三维空间中一个点的坐标，基于此结构体类型可以描述三维世界中的直线信息 Line：

```
struct Point
{
    double x;                       /* x 坐标 */
    double y;                       /* y 坐标 */
    double z;                       /* z 坐标 */
};
struct Line
```

```
{
    struct Point p1, p2;        //定义了一条线的两个端点
}Line1;
```

需要注意的是，一旦结构体类型被定义之后，就好比在基本类型中增加了此结构体类型（如 struct Point 为类型名），对于基本类型可以进行的一些操作，结构体类型同样拥有。例如此结构体类型变量的定义、赋值、引用与整型变量的定义、赋值、引用相类似。

2. 结构体变量的定义

结构体变量的定义要求其在结构体类型定义之后进行，具体来看，最基本的定义形式类似于整型变量的定义，如“int i;”。另外两种定义形式是在基本定义基础上作了简化：一是边定义类型边定义变量；二是当此结构类型仅使用一次时，可在边定义类型边定义变量时进一步省略结构类型标识符。

（1）先定义结构体类型，再定义结构体变量

例如：

```
struct Point
{
    double x;
    double y;
    double z;
};                              // 类型定义，定义结构体类型 struct Point
struct Point Point1, Point2;
```

（2）在定义结构体类型的同时定义结构体变量

其具体形式为

```
struct 结构体名
{
    …(成员)…;
}结构体变量名表;              //在这里定义属于结构体类型的变量
```

例如：

```
struct Point
{
    double x;
    double y;
    double z;
} Point1, Point2;
```

（3）直接定义结构体变量（不给出结构体类型名，匿名的结构体类型）

其具体形式为

```
struct
{
    …(成员)…;
}结构体变量名表;              //只在这里定义结构体类型的变量
```

例如：

```
struct
{
    double x;
    double y;
    double z;
} Point1, Point2;
```

3. 结构体变量的初始化

结构体变量的初始化即对结构体变量的首次赋值，因此结构体变量的初始化类似整型变量的初始化，即有两种形式：一是边定义变量边初始化，如“int i = 1;”；二是先定义变量，再通过赋值语句进行初始化，如“int i; i = 1;”。两者不同的是：因结构体类型中包含多个成员，所以结构体变量的初始化需要通过为结构体的成员变量赋以初始值实现，而结构体成员变量的初始化则遵循简单变量或数组的初始化方法。

具体形式为

```
struct 结构体标识符
{
    成员变量列表;
    …;
};
struct 结构体标识符 变量名 = {初始化值 1,初始化值 2,…, 初始化值 n };
```

例如，定义 struct Point 类型变量并进行初始化的语句如下：

```
struct Point Point1  = {0.0,0.2,0.3};
```

初始化结构体变量时，既可以初始化其全部成员，也可以仅对部分成员进行初始化。此时要求初始化的数据至少有一个，其他没有初始化的成员变量由系统完成初始化，为其提供缺省的初始化值。

例如：

```
struct Student
{
    long id;
    char name[20];
    int age;
}a = {1};
```

上述初始化操作相当于为结构体变量 a 的 id 成员赋予 1，name 成员赋予空字符串，age 成员赋予 0。

12.1.2　访问结构体成员

在 C 语言中，结构体变量的引用有以下几种方式。

(1) 引用结构体变量中的一个成员的方法。

```
结构体变量名.成员名
```

其中，“.”运算符是成员运算符。

例如：

```
Point1.x = 101;
scanf("%d", Point1.x); if (Point1.x == 100) …;
Point1.y++;
```

（2）对于成员本身也是结构体类型的子成员，使用成员运算符逐级访问。

例如：

```
Line1.StartPoint.x
```

（3）同一种类型的结构体变量之间可以直接赋值，可以整体赋值，也可以成员逐个依次赋值。

例如：

```
Point1 = Point2;
```

或

```
Point1.x = Point2.x;
Point1.y = Point2.y;
Point1.z = Point2.z;
```

（4）不允许将一个结构体变量整体输入、输出操作。

例如：

```
scanf("%…",&Point1);  printf("%…", Point1);// ** ** 都是错误的 ** **
```

【例12-1】 定义学生结构体类型及变量并进行初始化，然后输出结构体变量各成员的值。

程序源代码如下：

```
1   #include <stdio.h>
2   int main()
3   {
4     struct stu
5     {
6       int no; char name[20]; char sex; int age; char pno[19];
7       char addr[40]; char phone[20];
8     }stu1 = {11301,"Nuist",'F',19,"320406841001264","Nanjing","(025)58697967"};
9     printf("no = %d, name = %s, sex = %c, age = %d, pno = %s\naddr = %s,
      tel = %s\n", stu1.no, stu1.name, stu1.sex, stu1.age, stu1.pno, stu1.addr,
      stu1.phone);
10    return 0;
11  }
```

程序的运行结果如下：

```
no=11301,name=Nuist,sex=F,age=19,pno=320406841001264
addr=Nanjing,tel=(025)58697967
```

12.1.3 结构体数组

结构体数组是指数组元素的类型为结构体类型的数组。C语言允许使用结构体数组存放一类对象的数据。定义结构体数组也有3种方式。

（1）先定义结构体类型，然后定义结构体数组。

其具体形式为

```
struct 结构体名
{
  ……;
};
struct 结构体名   结构体数组名[数组的长度];
```

（2）定义结构体类型同时定义结构体数组。

其具体形式为

```
struct 结构体名
{
  ……;
}结构体数组名[数组的长度];
```

（3）匿名结构体类型

其具体形式为

```
struct
{
  ……;
}结构体数组名[数组的长度];
```

例如，定义35个元素的结构体数组stu1，其中每个元素都是struct stu类型的程序如下：

```
struct stu
{
  int no;
  char name[20];
  char sex;
  int age;
  char pno[19];
  char addr[40];
  char tel[20];
}stu1[35];
```

定义结构体数组后，可以采用“数组元素.成员名”的形式引用结构体数组某个元素的成员，在对结构体数组初始化时，只要把结构体当成一个整体，将每个元素的数据用“{}”括起来。

例如：

```
stu1[2] = {11301,"Zhangjin",'M',18,"3210220483","Nuist","587311110"};
```

12.1.4 结构体指针

结构体指针变量是指向结构体变量的指针变量。结构体指针变量的值是结构体变量在内存中的起始地址。

（1）结构体指针变量的定义为：

```
struct 结构体名 *结构体指针变量名;
```

例如，struct stu *p;定义了一个结构体指针变量，它可以指向一个 struct stu 结构体类型的数据。

（2）通过结构体指针变量访问结构体变量的成员，通常有两种访问形式。

方式一：

```
(*结构体指针变量名).成员名
```

其中，*结构体指针变量名 = 所指向的结构体变量名。需要注意的是，"."运算符优先级比"*"运算符高。

方式二：

```
结构体指针变量名->成员名
```

其中，"->"是指向成员运算符，很简洁，在程序中更常用。

例如，可以使用(*p).age 或 p->age 访问 p 指向的结构体的 age 成员。

（3）结构体指针在使用之前应该对结构体指针初始化，初始化方法有两种：

① 分配整个结构长度的字节空间，这可用下面函数完成：

```
stu = (struct stu *)malloc(sizeof (struct stu));
```

② 定义一个结构体变量后，用"&"符号取其地址赋值给一个结构体指针变量。

【例 12-2】 用指针访问结构体变量及结构体数组示例。

程序源代码如下：

```
1   #include <stdio.h>
2   int main()
3   {
4     struct stu                                    //结构体类型定义
5     {
6       int no;
7       char name[20];
8       char sex;
9       int age;
10      float score;
11    };
12    struct stu stu1[3] =                          //结构体数组 stu 定义
13      {{11302,"Wang",'F',20,483},
14      {11303,"Liu",'M',19,503},
15      {11304,"Song",'M',19,471.5}};
```

```
16      struct stu stu2 =
17          {11301,"Zhang",'F',19,496.5}, *p, *q;
18      int i;
19      p = &stu2;                                          //p 指向结构体变量
20   printf("%s,%c,%5.1f\n",stu2.name,(*p).sex,p->score);  //访问结构体变量
21      q = stu1;                                       //指向结构体数组的元素
22      for(i =0; i<3; i++,q++)
23   printf("%s,%c,%5.1f\n",q->name,q->sex,q->score);
24      return 0;
25   }
```

程序的运行结果如下：

```
Zhang,F,496.5
Wang,F,483.0
Liu,M,503.0
Song,M,471.5
```

【程序分析】 数组的指针就是指向其元素的指针，访问数组元素和访问变量所需要定义的指针变量完全相同；指向数组元素和指向变量的指针变量在用法上也完全相同。

12.1.5 链表

1. 链表概述

用数组存放数据时，必须事先定义其长度，即元素个数。为了提高程序的通用性，一般要定义冗余的空间，但这会浪费内存空间。为解决这一问题，本节将介绍链表。链表可以根据需要开辟内存单元，避免造成空间浪费。表 12-1 是最简单的一种链表（单向链表）结构。

表 12-1　简单单向链表结构

	内存地址	内存单元		说明
		……		头指针
Head→	10E10→	10E20		
		……		
	10E20→	王斌		姓名
		10E30		下一结点地址
		……		
	10E30→	单余		姓名
		10E40		下一结点地址
		……		
	10E40→	陆敬		姓名
		10E50		下一结点地址
		……		
	10E50→	周伟		姓名
		NULL		空指针
		……		

链表是一种物理存储单元上非连续、非顺序的存储结构，数据元素的逻辑顺序是通过链表中的指针链接次序实现的。链表由一系列结点（链表中每一个元素称为结点）组成，结点可以在运行时动态生成。一般每个结点至少包括两个部分：一部分是存储数据元素的数据域，另一部分是存储下一个结点地址的指针域。

2. 链表的组成

链表一般由头指针、结点和表尾组成。

头指针用来存放一个地址，该地址指向一个元素。

链表中每一个元素称为结点，结点一般至少包括两部分，即用户需要的实际数据和链接结点的指针；表尾为链表的最后一个结点，它的地址部分存一个 NULL（空地址），表示链表到此结束。

链表中各元素在内存中可以不是连续存放的。如果要访问某一元素，必须先访问其前驱元素，根据前驱元素包含的下一元素的地址访问下一个元素。如果不提供“头指针（head）”，则链表访问不是很方便。链表如同一个链条，一环扣一环，中间是不能断开的。由此可以看出，链表这种数据结构必须利用指针变量实现，即一个结点中应包含一个指针变量，用它存放下一结点的地址。

为了实现链表，需要使用结构体作为链表中的结点。一个结构体变量包含若干成员，这些成员可以是数值类型、字符类型、数组类型，也可以是指针类型，利用该指针类型成员来存放下一个结点的地址。例如，可以设计这样一个结构体类型：

```
struct stu                              /* 定义结构体数据类型 */
{
  int no;
  float score;
  struct stu *next;
};
```

其中，no 和 score 用来存放结点中的有用数据（用户需要用到的数据）；next 是指针类型的成员，它指向 struct stu 类型的数据，即 next 所在的结构体类型。

为了更好地说明使用结构体数组和链表存储同一数组的区别，特列表 12-2 和表 12-3。

表 12-2　学生信息数组表示法

数组	结构体成员	值
stu[0]	no	101
	score	89.5
stu[1]	no	103
	score	90
stu[2]	no	107
	score	85
……		

表 12-3　学生信息链表表示法

	内存地址	内存单元		说明
		……		
Head→	10E10→	101		学号
		89.5		成绩
		10E30		下一结点地址
		……		
	10E30→	103		学号
		90		成绩
		10E40		下一结点地址
		……		
	10E40→	107		学号
		85		成绩
		NULL		下一结点地址
		……		

对比表 12-2 和表 12-3 可以发现：

（1）对链表进行插入和删除操作比较方便，而数组在插入和删除时需要移动其他元素。

（2）用数组存放数据时必须事先定义元素个数，而链表则不需要，是动态地进行存储分配的一种结构，可根据需要动态申请内存空间。

（3）数组可以随机存取，链表必须顺序存取。

（4）从存储效率上看，链表会多使用一个指向下一个节点的指针，占用了固定长度的空间，因此空间利用率没有数组高。

（5）数组需要整块的存储空间，如果没有足够大的空间，数组申请不到空间，程序不能正常运行，而链表可以使用零散的空间。

3. 简单链表的定义与使用

【例 12-3】 建立一个如表 12-3 所示的简单链表，它由 3 个学生数据的结点组成，并要求输出各结点中的数据。

程序源代码如下：

```
1    #include <stdio.h>
2    #define NULL 0
3    struct stu {                              //定义结构体数据型类
4      long no;
5      float score;
6      struct stu *next;                       //结构体成中含有一个结构指针
7    };
8    int main()
9    {
10     struct stu a,b,c, *head, *p;            //定义结构体变量及指针
11     a.no=10101; a.score=89.5;               //对结点的 no 和 score 成员赋值
```

```
12       b. no = 10103; b. score = 90;
13       c. no = 10107; c. score = 85;
14       head = &a;                          //将结点 a 的起始地址赋给头指针 head
15       a. next = &b;                       //将结点 b 的起始地址赋给 a 结点的 next 成员
16       b. next = &c;                       //将结点 c 的起始地址赋给 b 结点的 next 成员
17       c. next = NULL;                     //结点的 next 成员不存放其他结点地址
18       p = head;                           //使 P 指针指向 a 结点
19       do
20       {
21          printf("%ld %5.1f\n",p -> no,p -> score);      //输出 p 指向的结点的数据
22          p = p -> next;                                 //使 p 指向下一结点
23       } while(p! = NULL);
24       return 0;
25   }
```

程序的运行结果如下：

```
10101  89.5
10103  90.0
10107  85.0
```

【程序分析】 首先使 head 指向 a 结点，a. next 指向 b 结点，b. next 指向 c 结点，这就构成链表关系。“c. next = NULL”的作用是使 c. next 不指向任何有用的存储单元。在输出链表时要借助 p，先使 p 指向 a 结点，然后输出 a 结点中的数据，“p = p -> next”是为输出下一个结点作准备。“p -> next”的值是 b 结点的地址，因此执行“p = p -> next”后 p 就指向 b 结点，所以在下一次循环时输出的是 b 结点中的数据。

4. 动态链表的建立

建立动态链表指在程序运行过程中根据需要动态建立起一个链表结构。有了动态内存分配和结构体的基础，要实现链表就不难了。其基本步骤是逐个地生成相应的结构体结点并输入各结点数据，通过每个结构体结点中的链接指针建立起前后间的引用关联。

【例 12-4】 编写一个函数以建立一个有 3 名学生数据的单向动态链表。

【问题分析】

建立链表的思路如下：

（1）首先约定学号不会为 0，如果输入的学号为 0，则表示建立链表的过程完成，该结点不应连接到链表中。

（2）通过 malloc(LEN) 申请结点空间，并让 p1 指向申请到的空间；如果读入的 p1 -> no不等于 0，则输入的是第一个结点 A 数据（令 n = 1），且将 p1 赋值给 head，即 head 指向了第一个结点 A，也就是使 head 也指向新开辟的结点。

（3）接着开辟另一个结点 B 并使 p1 指向它，接着输入该结点的数据，并使 p2 指向 p1。

（4）再开辟一个结点 C 并使 p1 指向它，并输入该结点的数据，接着输入该结点的

数据,并使 p2 指向 p1。

（5）最后开辟一个新结点 D 并使 p1 指向它,输入该结点的数据,接着输入该结点的数据。由于 p1 -> no 的值为 0,不再执行循环。

建立链表的程序如下:

```
1   #include  <stdio.h>
1   #include  <malloc.h>
2   #define NULL 0                          //令 NULL 代表 0,用它表示空地址
3   #define LEN sizeof(struct stu)          //令 LEN 代表 struct stu 类型数据的长度,
                                            //sizeof 是求字节数运算符
4   struct stu
5   {
6     long no;
7     float score;
8     struct stu  *next;
9   };
10  int n;                                  //n 是结点个数,为全局变量。
11  struct stu  *ListCreat()                //定义一个 ListCreat 函数,它是指针类型,
                                            //即此函数带回一个指针值。它指向一个
                                            //struct stu 类型数据。实际上此 ListCreat 函数
                                            //带回一个链表起始地址
12  {
13    struct stu  *head;
14    struct stu  *p1, *p2;                 //p1 指向新开辟的结点,
                                            //p2 指向链表中最后一个结点
15    n = 0;
16    p1 = p2 = (struct stu *)malloc(LEN);    //开辟一个新单元,malloc(LEN)的作用
                                              //是开辟一个长度为 LEN 的内存区
17    scanf("%ld,%f",&p1->no,&p1->score);
18    head = NULL;
19    while(p1->no!=0)
20    {
21      n = n + 1;
22      if(n == 1) head = p1;
23      else p2->next = p1;                   //把 p1 所指的结点连接在 p2 所指的
                                              //结点后面,用"p2->next = p1"来实现
24      p2 = p1;
25      p1 = (struct stu *)malloc(LEN);
26      scanf("%ld,%f",&p1->no,&p1->score);
```

```
27      }
28      p2 -> next = NULL;
29      return(head);                          //return(head),也就是链表的头地址
                                               //指向 struct stu 类型数据
30  }
```

函数 ListCreat 头部在括号内没有内容,表示本函数没有形参,不需要进行数据传递。

可以在 main 函数中调用 ListCreat 函数:

```
1   #include <stdio.h>
2   void main()
3   {
4     ListCreat();             //调用 ListCreat 函数后建立了一个单向动态链表
5   }
```

调用 ListCreat 函数后,函数的值是所建立链表的第一个结点的地址,可通过查看 return 语句来显示。

5. 链表的输出

输出链表时首先应获取链表第一个结点的地址,也就是获取 head 的值,然后设一个指针变量 p,先指向第一个结点,输出 p 所指的结点中的数据,之后使 p 后移一个结点并输出其中的数据,直到链表的尾结点。

例如,编写一个输出链表的输出函数 ListPrint:

```
1   void ListPrint (struct stu *head)
2   {
3     struct stu *p;
4     printf("\nNow,These %d records are:\n",n);
5     p = head;
6     if(head! = NULL)
7     do
8     {
9       printf("%ld %5.1f\n",p -> no,p -> score);
10      p = p -> next;
11    }while(p! = NULL);
12  }
```

掌握了建立链表和链表输出过程之后,链表的删除和插入过程就比较容易理解了。

6. 链表的删除

从一个动态链表中删去一个结点,并不是真正从内存中把它删掉,而是把该结点从链表中分离开来,撤销原来的链接关系。

如例 12-4 中,从 p 指向的第一个结点开始,检查该结点中的 no 值是否等于输入要求删除的那个学号,如果相等就将该结点删除,如果不相等,就将 p 后移一个结点,如此

进行下去，直到遇到表尾。

其主要步骤如下：

（1）可以设两个指针变量 p1 和 p2，先使 p1 指向第一个结点。

（2）如果要删除的不是第一个结点，则使 p1 后移指向下一个结点（将 p1 -> next 赋给 p1），在此之前应将 p1 的值赋给 p2，使 p2 指向刚才检查过的那个结点。

同时，还需考虑链表是空表（无结点）和链表中找不到要删除的结点的情形。

删除结点的函数 ListDel 代码如下：

```
1   struct stu *ListDel(struct stu *head,long no)
2   {
3     struct stu *p1,*p2;
4     if (head==NULL)
5     {
6       printf("\nlist null!\n");
7       exit(0);
8     }
9     p1=head;
10    while((no!=p1->no)&&(p1->next!=NULL))
                                   //p1不是删除的结点,后面还有结点
11    {
12      p2=p1;p1=p1->next;         //p1后移一个结点
13    }
14    if(no==p1->no)               //找到期望删除的结点
15    {
16      if(p1==head) head=p1->next;  //p1是第一个结点
17      else p2->next=p1->next;      //p1不是第一个结点
18      printf("delete:%ld\n",no);
19      n=n-1;
20    }
21    else printf("%ld not been found! \n",no);  //找不到结点
22    return(head);
23  }
```

7. 链表的插入

链表的插入是指将一个结点插入到一个已存在的链表中。为了能做到正确插入，必须先要找到插入的位置，然后实现插入过程。

具体过程如下：

（1）先用指针变量 p0 指向待插入的结点，p1 指向链表的第一个结点。

（2）将 p0 -> no 与 p1 -> no 相比较，如果 p0 -> no 大于 p1 -> no，则待插入的结点不应插在 p1 所指的结点之前。此时将 p1 后移，并使 p2 指向刚才 p1 所指的结点。

（3）再将 p1 -> no 与 p0 -> no 比，如果仍是 p0 -> no 大，则应使 p1 继续后移，且

p2 也继续后移一个，直到 p0 -> no 小于 p1 -> no。这时将 p0 所指的结点插到 p1 所指结点之前。但是如果 p1 所指的已是表尾结点，p1 就不应后移了。如果p0 -> no比所有结点的 no 都大，则应将 p0 所指的结点插到链表末尾。

（4）如果插入的位置既不在第一个结点之前，又不在表尾结点之后，则将 p0 的值赋给 p2 -> next，使 p2 -> next 指向待插入的结点，然后将 p1 的值赋给 p0 -> next，使得 p0 -> next 指向 p1 指向的变量。

插入结点的函数 ListInsert 代码如下：

```
1    struct stu  * ListInsert( struct stu  * head, struct stu  * stud)
2    {
3       struct stu  * p0, * p1, * p2;
4       p1 = head;                              //p1 指向第一个结点
5       p0 = stud;                              //p0 指向要插入的结点
6       if( head == NULL)                       //如果是空链表
7       {
8          head = p0; p0 -> next = NULL;        //p0 作为头结点,p0 的下一个结点为空
9       }
10      else
11      {
12         while( ( p0 -> no > p1 -> no) && ( p1 -> next! = NULL) )
                                                //当前指针处学号小于插入学号并且
                                                //当前指针处元素不是最后一条记录
13         {
14            p2 = p1;                          //使 p2 指向刚才 p1 指向的结点
15            p1 = p1 -> next;                  //p1 后移一个结点
16         }
17         if( p0 -> no <= p1 -> no)            //当前指针元素学号大于插入学号
18         {
19            if( head == p1) head = p0;        //如果当前指针元素等于头指针地址,
                                                //插入到第一个结点之前
20            else p2 -> next = p0;             //否则插入到 p2 结点之后
21            p0 -> next = p1;                  //将 p1 接到插入结点之后
22         }
23         else{ p1 -> next = p0; p0 -> next = NULL;}
                                                //插入到最后结点之后
24      }
25      n = n + 1;                              //结点数加 1
26      return( head);
27   }
```

函数参数是 head 和 stud。stud 也是一个指针变量，从实参传来待插入结点的地址给 stud。语句“p0 = stud;”的作用是使 p0 指向待插入的结点。函数类型是指针类型，函数值是链表起始地址 head。

8. 链表的综合操作

将以上建立、输出、删除、插入的函数组织在一个程序中,即将上面的4个函数进行有序组织,用main函数作为主调函数,代码如下:

```
1   #include <stdio.h>
2   int main()
3   {
4     struct stu *head,stu;
5     long del_no;
6     prinf("请输入学生信息:\n");
7     head = ListCreat();                      //建立链表,返回头指针
8     ListPrint(head);                         //输出全部结点
9     printf("\n请输入删除的学号:\n");
10    scanf("%ld",&del_no);
11    head = ListDel(head,del_no);             //删除输入学号的结点信息
12    ListPrint(head);
13    printf("\n输入插入的结点的学号和成绩:\n");
14    scanf("%ld,%f",&stu.no,&stu.score);      //输入插入的结点
15    head = ListInsert(head,&stu);            //用输入的信息插入一个结点
16    ListPrint(head);
17    return 0;
18  }
```

程序的运行结果如下:

```
请输入学生信息:
10101,90
10103,98
10105,76
0,0

Now,These 3 records are:
10101  90.0
10103  98.0
10105  76.0

请输入删除的学号:
10103
delete:10103

Now,These 2 records are:
10101  90.0
10105  76.0

输入插入的结点的学号和成绩:
10102,90

Now,These 3 records are:
10101  90.0
10102  90.0
10105  76.0
```

从运行结果来看，上述程序只删除一个结点或插入一个结点。请思考：若需要插入两个以上结点，上述程序是否有错？若有错应如何修改呢？

结构体和指针的应用领域很广泛，除了单向链表之外，还有环形链表和双向链表。此外，通过链表可实现队列、树、栈、图等复杂的数据结构，有关这些问题的算法可以学习“数据结构”课程，在此不作详述。

12.1.6 结构体与函数

结构体变量、结构体指针变量都可以像其他数据类型一样作为函数的参数，也可以将函数定义为结构体类型或结构体指针类型，即返回值为结构体、结构体指针类型。

【例12-5】 对年龄在19岁以下（含19岁）同学的成绩增加10分。

程序源代码如下：

```
1    #include <stdio.h>
2    struct stu
3    {
4       int no;
5       char name[20];
6       char sex;
7       int age;
8       float score;
9    };
10   struct stu stu1[3] = {{11302,"Wang",'F',20,483},
11      {11303,"Liu",'M',19,503},
12      {11304,"Song",'M',19,471.5}};
13   void print(struct stu s)                          //打印学生姓名,年龄,成绩
                                                       //形参:结构体类型
14   {
15      printf("%s,%d,%5.1f\n",s.name,s.age,s.score);
16   }
17   void add10(struct stu *ps)                        //年龄≤19,成绩加10分
                                                       //形参:结构体指针类型
18   {
19      if(ps->age<=19) ps->score=ps->score+10;
20   }
21   int main()
22   {
23      struct stu *p;
24      int i;
25      for(i=0; i<3; i++) print(stu1[i]);             //循环打印学生的记录
```

```
26      for(i =0,p = stu1; i<3; i ++ ,p ++ ) add10(p);      //循环判断,加分
27      for(i =0,p = stu1; i<3; i ++ ,p ++ ) print( *p);    //循环打印学生的记录
28      return 0;
29  }
```

主程序第 25 ~27 行的语句也可以改成如下的代码：

```
    …
    for(i =0; i<3; i ++ )print(stu1[i]);
    for(i =0; i<3; i ++ )add10(&stu1[i]);
    for(i =0; i<3; i ++ )print(stu1[i]);
    …
```

函数 print 的形参 s 属于结构体类型,所以实参也用结构体类型 stu[i]或 * p。函数 add10 的形参 ps 属于结构体指针类型,所以实参用指针类型 &stu[i]或 p。

【例 12-6】 将例 12-5 中的函数 add10 改写为返回结构体类型值的函数。

程序源代码如下：

```
1   #include <stdio.h>
2   …
3   struct stu add10(struct stu s)
4   {
5       if(s.age <=19)s.score =s.score +10;
6       return s;
7   }
8   …
9   int main()
10  {
11      struct stu *p;
12      int i;                                  //下面的 for 语句可以改为以下情况
13      for(i =0,p = stu1; i<3; i ++ ,p ++ )    //for(i =0; i<3; i ++ )
        print( *p);                             //print(stu1[i]);
14      for(i =0,p = stu1;i<3;i ++ ,p ++ )      //for(i =0;i<3;i ++ )
        *p =add10(p);                           //stu[i] =add10(& stu1[i]);
15      for(i =0,p = stu1; i<3;i ++ ,p ++ )     //for(i =0; i<3; i ++ )
        print( *p);                             //print(stu1[i]);
16      return 0;
    }
```

【程序分析】 函数 add10 修改为返回结构体类型的函数,这样当主函数调用 add10 时,可将返回值赋值给结构体数组元素。如果要将向函数传递的参数内容放在结构体中时,使用指向结构体的指针作函数参数表示将更加方便。

12.2 共用体

共用体是另一种构造数据类型,也称为联合体。它将不同类型的数据组织在相同的存储空间中,即在同一个存储区中存放不同类型的数据。

与结构体类似,在共用体内可以定义多种不同数据类型的成员。共用体类型变量所有成员共用一块内存单元。显然,由于多个成员存放在相同的空间里,同一时刻只可能保存一个结果,因此必须清楚当前存放的是哪一个成员的值,这一点由用户自行确定。

共用体是在存储空间特别紧张的情况下采用的,因此对一些存储没有苛刻要求的场合,尽量不要采用共用体,直接使用结构体会更加清晰。

12.2.1 共用体类型与共用体变量

在C语言中,共用体类型、共用体类型变量仍然遵循“先定义,后使用”的原则。

(1) 共用体类型定义的一般形式为

```
union    共用体名
{
   类型1 成员1;
   类型2 成员2;
   ……
   类型n 成员n;
};
```

(2)共用体类型变量的定义方式与结构体变量类似,可以单独定义、同时定义或直接定义(即同时、前后或匿名)。

例如,以下定义的共同体变量x,y的内存空间状况见表12-4。

```
/*定义共用体类型data*/
union data
{
   int a;
   float b;
   char c;
};
/*定义共用体变量,其内存分配如表12-4所示*/
union data x,y;
```

表 12-4　共用体变量 x,y 的内存空间状况

<table>
<tr><th>地址</th><th>内存空间</th><th colspan="3">说明</th></tr>
<tr><td>……</td><td>……</td><td colspan="3"></td></tr>
<tr><td>x→01FE0</td><td></td><td rowspan="4">←x. b
float
4 字节</td><td rowspan="2">←x. a
int 2 字节</td><td>←x. c char　1 字节</td></tr>
<tr><td>01FE1</td><td></td><td></td></tr>
<tr><td>01FE2</td><td></td><td></td><td></td></tr>
<tr><td>01FE3</td><td></td><td></td><td></td></tr>
<tr><td>01FE4</td><td></td><td></td><td></td><td></td></tr>
<tr><td>01FE5</td><td></td><td></td><td></td><td></td></tr>
<tr><td>01FE6</td><td></td><td></td><td></td><td></td></tr>
<tr><td>01FE7</td><td></td><td></td><td></td><td></td></tr>
<tr><td>01FE8</td><td></td><td></td><td></td><td></td></tr>
<tr><td>y→01FE9</td><td></td><td rowspan="4">←y. b
float
4 字节</td><td rowspan="2">←y. a
int　2 字节</td><td>←y. c char　1 字节</td></tr>
<tr><td>01FEA</td><td></td><td></td></tr>
<tr><td>01FEB</td><td></td><td></td><td></td></tr>
<tr><td>01FEC</td><td></td><td></td><td></td></tr>
<tr><td>01FED</td><td></td><td></td><td></td><td></td></tr>
<tr><td>01FEE</td><td></td><td></td><td></td><td></td></tr>
<tr><td>01FEF</td><td></td><td></td><td></td><td></td></tr>
<tr><td>01FF0</td><td></td><td></td><td></td><td></td></tr>
<tr><td>01FF1</td><td></td><td></td><td></td><td></td></tr>
<tr><td>……</td><td>……</td><td></td><td></td><td></td></tr>
</table>

此处定义了一个共用体类型 union data,同时定义了共用体变量 x 和 y。但应注意,由于共用体开辟的存储空间将为 3 个成员共同使用,即成员 a,b,c 在内存中的起始地址相同,所以开辟空间的大小为其中最大一个成员所占的空间,本例需要 4 个字节存储。如果以上定义的是结构体,则变量所占的空间为 3 个成员所占空间之和,即为 7 个字节。

12.2.2　共用体变量的引用

共用体变量的赋值、引用都是通过对变量成员的操作实现的。与结构体不同的是,共用体变量中只有一个成员在某一时刻是有效的,只能引用当前成员的值,而不能同时引用多个成员的值。共用体变量的成员表示为

　　共用体变量名.成员名

使用共用体类型数据时,应注意共用体数据的特点。

(1) 同一内存段可以用来存放不同类型的成员,但是每一瞬时只能存放其中的一种(也只有一种有意义)。

（2）共用体变量中有意义的成员是最后一次存放的成员。

例如：

```
x.a=3;
x.b=4.5;
x.c='A';
```

执行语句后，当前只有x.c的值有效，因为其余两个成员的值已先后被取代。x变量中的值为'A'，x.a，x.b也可以访问，但没有实际意义，有时可以作为数据类型转换的方法，即以一种类型的数据存入，以另一种数据类型读出。这在实际应用中经常使用。

（3）共用体变量的地址和它的成员的地址都是同一地址，即 &x.a = &x.b = &x.c = &x。

（4）除整体赋值外，不能对共用体变量进行赋值，也不能企图引用共用体变量来得到成员的值。不能在定义共用体变量时对共用体变量进行初始化，因为系统不清楚是为哪个成员赋初值。

（5）可以将共用体变量作为函数参数，函数也可以返回共用体或共用体指针。

（6）共用体与结构体一样，也可以相互嵌套。

12.2.3　共用体指针

共用体指针变量是指向共用体变量的指针变量。共同体指针变量的值是共用体变量（在内存中的）的起始地址。

（1）共用体指针变量的定义为

```
union 共同体名 * 共同体指针变量名;
```

例如，union data *x；定义了一个共用体指针变量，它可以指向一个union data共用体类型的数据。

（2）通过共用体指针变量访问共用体变量的成员共有两种访问形式。

方法一：

```
(*共用体指针变量名).成员名
```

其中，*共用体指针变量名=该指针变量所指向的共用体变量名，需要注意的是“.”运算符优先级比“*”运算符高。

方法二：

```
共用体指针变量名->成员名
```

其中，“->”是指向成员运算符，很简洁，在程序中更常用。

例如，可以使用(*x).a或x->a访问p指向的共用体的a成员。

（3）共用体指针的初始化可以有两种方法：

① 分配整个共用体长度的字节空间，这可用下面函数完成：

```
data =(union string *)malloc(sizeof (union string));
```

sizeof (union string)自动求取string共用体的字节长度，malloc( )函数定义了一个大小为共用体长度的内存区域，然后将其地址作为共用体指针返回。

② 定义一个共用体变量后，用“&”符号取其地址赋值给一个共用体指针变量。

例如：

```
1    #include <stdio.h>
2    int main()
3    {
4       union exam
5       {
6          int a;
7          float b;
8       };
9       union exam *p,x;
10      p=&x;
11      x.a=3;
12      printf("%d\n",p->a);
13      p->b=4.5;
14      printf("%f\n",x.b);
15      return 0;
16   }
```

12.3　枚举与自定义类型

12.3.1　枚举类型

在实际应用中，有些变量的取值被限定在一个有限的范围内。例如，人的性别包括male和female；一个星期包括周日、周一、周二、周三、周四、周五和周六；月份可为一月、二月、三月、四月、五月、六月、七月、八月、九月、十月、十一月和十二月；一个班每周有6门课程。如果把这些量说明为整型、字符型或其他类型显然不十分贴切。

为此，C语言提供了一种称为“枚举”的类型。在“枚举”类型的定义中列举出所有可能的取值，被说明为该“枚举”类型的变量的取值不能超过定义的范围。应该说明的是，枚举类型是一种基本数据类型，而不是一种构造类型，因为它不能再分解为任何基本类型。

枚举是离散的有限数据的集合。枚举型变量的取值仅限于列举出且事先定义的若干数据之一。

（1）枚举类型定义

枚举类型定义的形式为

```
enum 枚举类型名
{
   枚举元素(或枚举常量)列表
};
```

例如：

```
enum weekday
{
  sun,mon,tue,wed,thu,fri,sat
};
```

(2) 枚举变量的定义

与结构体和共用体类似,枚举也是必须先定义类型。枚举变量通常有下面3种定义方式:

■ 定义枚举类型的同时定义变量:

```
enum 枚举类型名{枚举常量列表}  枚举变量列表;
```

■ 先定义类型后定义变量:

```
enum 枚举类型名  枚举变量列表;
```

■ 匿名枚举类型:

```
enum {枚举常量列表}  枚举变量列表;
```

例如:

```
enum weekday{sun, mon, tue, wed, thu,fri, sat};
/* 定义枚举类型 enum weekday,取值范围:sun, mon, … sat。 */
enum weekday week1,week2;
/*定义 enum weekday 枚举类型的变量 week1,week2,其取值范围:sun,
  mon, …sat。 */
week1 = wed; week2 = fri;  /* 可以用枚举常量给枚举变量赋值 */
```

(3) 关于枚举的说明

■ enum 是标识枚举类型的关键词,定义枚举类型时应当用 enum 开头。

■ 枚举元素(枚举常量)由程序设计者自己指定,命名规则同标识符。这些名字往往是带有含义的符号,这样可以提高程序的可读性。

■ 枚举元素在编译时,按定义时的排列顺序取值0,1,2,…(类似整型常数)。

■ 枚举元素是常量,不是变量(看似变量,实为常量)。可以将枚举元素赋值给枚举变量,但是不能给枚举常量赋值。在定义枚举类型时可以给这些枚举常量指定整型常数值,未指定值的枚举常量的值在前一个枚举常量的值基础上加1。

例如:

```
enum weekday{sun = 7,mon = 1,tue,wed,thu,fri,sat};
```

■ 枚举变量和常量一般可以参与整数可以参与的运算,如算术、关系、赋值等运算,但无法直接对枚举数据进行直接输出,需通过"翻译"才能正确输出。例如,`week1 = sun; printf("%s",week1);` 无法直接打印出"sun",但可通过 `if (week1 == sun)printf("sun");` "翻译"来输出。

12.3.2 自定义类型

C语言允许用户定义自己习惯的数据类型名称,用来替代系统默认的基本类型名称、数组类型名称、指针类型名称和用户自定义的结构类型,进一步提高程序的可读性。用户可借助C语言中的 typedef 定义类型语句来重新定义,格式为

```
typedef　类型定义　类型名;
```

typedef 定义了一个新的类型名字,但并没有建立新的数据类型,它只是已有类型的别名。使用类型定义的好处是既可以提高程序可读性,又可简化书写。

typedef 类型定义的典型应用有以下几种。

(1) 定义一种新数据类型,作简单的名字替换。

例如:

```
typedef unsigned int UINT;　/* 定义 UINT 是无符号整型类型 */
UINT u1;　　　　　　　　　/* 定义 UINT 类型(无符号整型)变量 u1 */
```

(2) 简化数据类型的书写。

例如:

```
typedef struct
{
    int month;
    int day;
    int year;
}DATE;　/* 定义 DATE 是一种结构体类型 */
DATE birthday, *p,d[7];
/* 定义 DATA(结构体类型)类型的变量 birthday,指针 p,数组 d */
```

【注意】 用 typedef 定义的结构体类型不需要 struct 关键词,简洁得多。

(3) 定义特定的数组类型。

```
typedef int NUM[10];　/*定义 NUM 是 10 数整型数组类型(存放 10 个整数) */
NUM n;　/* 定义 NUM 类型(10 数整型数组)的变量 n */
```

(4) 定义特定的指针类型。

例如:

```
typedef char * STRING;　/* 定义 STRING 是字符指针类型 */
STRING p;　/* 定义 STRING 类型(字符指针类型)的变量 p */
```

typedef 类型定义并没有创造新的数据类型,且只能定义类型不能定义变量。另外 typedef 与 define 的含义不相同,具体见表 12-5。

表 12-5　typedef 与 define 比较

命　令	define	typedef
处理时机	预编译时处理	编译时处理
功　能	简单字符置换	为已有类型命名

12.4　综合程序举例

【例 12-8】 通过共用体成员显示其在内存的存储情况,以年月日时间为例。

【问题分析】 先定义一个名为 time 的结构体,一个名为 dig 的共用体。

```
1	struct time
2	{
3	    int year;                        /*年*/
4	    int month;                       /*月*/
5	    int day;                         /*日*/
6	};
7	union dig
8	{
9	    struct time date;                /*嵌套的结构体类型*/
10	    char byte[6];
11	};
```

以十进制地址为例,假定共用体的成员在内存的存储是从地址1000单元开始存放,整个共用体类型需占6个字节的存储空间,即共用体dig的成员date与byte共用这6个字节的存储空间。

由于共用体成员date包含3个整型的结构体成员,各占2个字节。date.year是由2个字节组成,用byte字符数组表示为byte[0]和byte[1],且byte[1]是高字节,byte[0]是低字节。以下用程序实现共用体在内存中的存储。

```
1	#include <stdio.h>
2	struct time
3	{
4	    int year;                        /*年*/
5	    int month;                       /*月*/
6	    int day;                         /*日*/
7	};
8	union dig
9	{
10	    struct time date;                /*嵌套的结构体类型*/
11	    char byte[6];
12	};
13	void main()
14	{
15	    union dig unit;
16	    int i;
17	    printf("enter year:\n");
18	    scanf("%d",&unit.date.year);     /*输入年*/
19	    printf("enter month:\n");
20	    scanf("%d",&unit.date.month);    /* 输入月*/
21	    printf("enter day:\n");
```

```
22      scanf("%d",&unit.date.day);                        /*输入日*/
23      printf("year=%d  month=%d  day=%d\n",   /*打印输出*/
        unit.date.year,unit.date.month,unit.date.day);
24      for(i=0;i<6;i++)
25        printf("%d,",unit.byte[i]);                      /*按字节以十进制输出*/
26      printf("\n");
27  }
```

程序的运行结果如下：

```
enter year:
2013
enter month:
06
enter day:
28
year=2013 month=6 day=28
 -35 7 0 0 6 0
```

【程序分析】 本例中用到结构体 time 和共用体 dig，通过运行结果可以更加清楚结构体和共用体的区别和联系，加深对结构体和共用体的认识，以便更好地掌握它们。

本章小结

本章介绍了C语言的复杂数据类型——结构体、共用体、枚举及用户自定义类型，重点是结构体与指针、链表、结构体数组、共同体中成员的存储以及枚举类型等内容，以及如何使用 typedef 来自定义数据类型。熟练掌握本章内容，将有助于实现信息的准确表达，更符合数据本身的特性，大大提高程序的可读性。另外通过链表可实现动态复杂的数据结构，编写复杂的高效程序。

考点提示

在二级等级考试中，本章出题方向及考察点主要如下：

（1）用 typedef 说明一个新类型。

（2）结构体和共用体类型数据的定义和成员的引用。

（3）通过结构体构成链表，单向链表的建立，结点数据的输出、删除与插入等。

（4）结构体变量、结构体数组的指针操作（将指针与后续章节中的结构体结合）：指向结构体变量的指针变量的声明、初始化、赋值及引用，指向结构体数组的指针变量的声明、初始化、赋值、算术运算及引用。

习题12

一、填空题

1. 以下程序的输出结果是________。

```
1   #include <stdio.h>
2   struct myun
3   {
4       struct
5       {
6       int x, y, z;
7       }u;
8       int k;
9   }a;
10  main()
11  {
12      a.u.x=4; a.u.y=5; a.u.z=6;a.k=0;
13      printf("%d\n",a.u.x);
14  }
```

2. 以下程序的输出结果是________。

```
1   #include <stdio.h>
2   struct STU
3   {
4       char name[20];
5       int no;
6   };
7   void f1(struct STU c)
8   {
9       struct STU b={"LiMing",2012};
10      c=b;
11  }
12  void f2(struct STU *c)
13  {
14      struct STU b={"ZhangJiang",2014};
15       *c=b;
16  }
17  void main()
18  {
```

```
19      struct STU a = {"TangShan",2011},b = {"WangYing",2013};
20      f1(a);f2(&b);
21      printf("%d %d\n",a.no,b.no);
22  }
```

3. 有一个程序如下：

```
1   #include <stdio.h>
2   struct student
3   {
4       int no;
5       char name[12];
6       float score[3];
7   }sl, *p = &sl;
```

用指针方法给 sl 的成员 no 赋值 1234 的语句是________________。

4. 设union student { int n;char a[100]; } b;,则 sizeof(b)的值是__________。

5. 以下程序的输出结果是________。

```
1   #include <stdio.h>
2   struct w {char low ; char high;} ;
3   union u {struct w byte ; int word;} uu;
4   main()
5   {
6       uu.word = 0x1234 ;
7       printf("%04x\n",uu.word); printf("%02x\n", uu.byte.high) ;
8       printf("%02x\n", uu.byte.low);   uu.byte.low = 0xff ;
9       printf("%04x\n",uu.word) ;
10  }
```

二、编程题

1. 有 10 个学生,每个学生的数据包括学号、姓名、3 门课的成绩,从键盘输入 10 个学生数据,要求打印出 3 门课的总平均成绩,以及最高分学生的数据(包括学号、姓名、3 门课的成绩、平均分数)。请编写程序完成以上的功能。

2. 设有若干人员的数据,其中有学生和教师。学生的数据中包括姓名、号码、性别、职业、班级;教师的数据包括姓名、号码、性别、职业、职务。可以看出,学生和教师所包含的数据是不同的。现要求把它们放在同一表格中。'S'表示学生,'T'表示教师。

3. 建立一个链表,每个结点包括学号、姓名、性别、年龄。输入一个年龄,如果链表中的结点所包含的年龄等于此年龄,则将此结点删去。

第13章　文　件

掌握了前面章节的知识后,一些实际问题已经可以得到解决了。但对于一些数据量很大的应用环境,用户输入或系统运行会产生大量的数据,这些数据不可能全部保存在内存中,因而需要将其保存到磁盘上,这时就需要使用文件来实现数据的存储和访问。

13.1　文件概述

程序处理的对象是数据,任何程序都不能脱离数据存在。例如,求一个气象台站连续10天观测14时温度的平均值,可采取的方法是:这10个温度数据要么在程序中直接通过变量或数组的初始化赋值来保存,要么在运行时从键盘输入,输出结果一般在显示器上显示。数据量较少时,这种方法是可行的,但若数据量很大,如需计算这个气象台站一年的平均温度,就会出现下列问题:

(1) 从键盘输入大量数据时费时费力,而且容易出现差错。

(2) 程序输出结果只能在显示器上显示或打印一次,无法长期保存,导致数据无法重复利用。

使用文件就可以解决上述问题,还可以利用文件保存程序计算过程的中间结果。数据保存在文件中,存放在外部介质(如磁盘)上,程序运行过程中需要数据时,就从文件中读取;程序的中间结果或运行结果输出到文件中保存,需要时再从文件里读取。这样做的好处是显而易见的:数据只需从键盘输入一次,就可以重复使用。因此,使用文件有利于对数据进行存取、使用和管理。

文件有不同的类型,C语言程序设计中使用的文件可分为两类。

(1) 程序文件,包括源程序文件(扩展名为.c或.cpp)、目标文件(扩展名为.obj)、可执行文件(扩展名为.exe)等。这类文件的内容为程序代码。

(2) 数据文件,文件内容不是程序,而是程序运行时所需的数据。本章主要讨论数据文件。

文件是指存储在外部介质(如磁盘)上的相关数据的集合。这里的数据可以是程序的代码,也可以是纯粹的数据或文档。操作系统以文件为单位对数据进行管理,也就是说,如果需要使用存储在外部介质上的数据,必须先按文件名找到指定的文件,然后再从该文件中读取数据。要向外部介质上存储数据也必须先建立一个文件,然后才能输出数据。

输入输出是数据传送的过程,数据如流水一样从一处流向另一处,因此,常将输入输出形象地称之为“流”,即数据流。流表示了信息从源端到目的端的流动。当进行输入操作时,数据从文件流向计算机内存,当进行输出操作时,数据从计算机内存流向文件(如显示器、打印机、磁盘等)。文件由操作系统统一管理。

C 语言把文件看作一个字符(或字节)序列,即由一个一个字符(或字节)数据顺序组成。

C 语言的数据文件由一连串的字符(或字节)组成,不考虑行的界限,两行之间的数据不会自动加分隔符(如换行符),对文件的存取是以字符(字节)为单位的。输入、输出数据流的开始和结束仅受程序控制,不受物理符号(如回车换行符)控制,这种文件称为流式文件。

另外,计算机系统中存在各种各样的输入、输出设备,各种设备之间的差异很大,为了简化对各种设备的操作,操作系统把各种设备都统一作为文件来处理。从操作系统的角度看,每一个与主机相连的输入、输出设备都是一个文件。例如,键盘是输入文件,显示器和打印机是输出文件。

13.1.1 文件名

一个文件应有一个唯一的文件标识,以便用户识别和引用。文件标识指出了文件所在的设备、位置、文件的名称和类型。

例如,D:\TEMP\EXAMPLE\E1.DAT,其中,“D:\TEMP\EXAMPLE\”是文件的路径,表示文件在 D 盘上的 TEMP 文件夹下的子文件夹 EXAMPLE 中,如果不指定设备名和路径,则文件保存在当前设备和当前文件夹中;“E1”是文件的名字,唯一标识该文件;“.DAT”是文件的扩展名,表示文件的类型。通常为了方便,将文件标识称为文件名(即 E1.DAT)。

13.1.2 文件分类

根据数据的组织形式,数据文件分为 ASCII 文件和二进制文件。数据在内存中是以二进制形式存储的,如果不进行转换就输出到外存,就是二进制文件;如果要求数据以 ASCII 码形式存储到外存,则需要在存储前对数据进行转换。ASCII 文件又称为文本文件(text file),每一个字节存放一个字符的 ASCII 码。

数据在磁盘上存储时,字符都以 ASCII 码形式存储;数值型数据既可以 ASCII 码形式存储,也可以二进制形式存储。如整数 10000,在内存中的形式如图 13-1a 所示;如果按照 ASCII 码形式输出到磁盘,则如图 13-1b 所示,在磁盘中占 5 个字节,一个字符占一个字节;如果按照二进制形式输出到磁盘,则如图 13-1c 所示,在磁盘上占 4 个字节(Visual C++6.0),与内存中的形式完全一致。

00000000	00000000	00000011	11101000

(a) 整数在计算机中表示

00110001	00110000	00110000	00110000	00110000

(b) 以 ASCII 形式存储

00000000	00000000	00000011	11101000

(c) 以二进制形式存储

图 13-1 数据在磁盘上的存储

以ASCII码形式存储字符时，一个字节存储一个字符，以便对字符逐个进行处理，但所占存储空间较多，而且需花费时间进行转换（二进制形式与ASCII码形式之间的转换）。以二进制形式存储数值，可以节省外存空间和转换时间，把内存中的数值原封不动地输出到磁盘上，此时一个字节并不代表一个字符。

13.1.3 文件缓冲区

ANSI C采用"缓冲文件系统"处理数据文件。所谓缓冲文件系统，是指系统自动在内存中为程序中正在使用的每个文件开辟一个文件缓冲区。从内存向磁盘输出数据必须先送到内存中的输出缓冲区，输出缓冲区填满后，再将缓冲区数据输出到磁盘。程序从磁盘读入数据时，一次从磁盘文件读取一批数据传送至内存输入缓冲区，缓冲区满后，再从缓冲区将数据传送至程序数据区（赋给变量）。缓冲区的大小由各个具体的C语言编译系统确定。

13.2 文件类型指针

每一个被使用的文件都在内存中开辟一个相应的文件信息区，用来保存文件的相关信息（如文件名称、文件状态、文件当前的位置等），这些信息保存在一个结构体变量中。在C语言中，该结构体变量的类型是FILE，且事先由系统定义好，被包含在"stdio.h"头文件中，直接使用即可。具体的FILE文件类型结构如下：

```
1    typedef struct
2    {
3        short level ;                       //缓冲区"满"或"空"的程度
4        unsigned flags ;                    //文件状态标志
5        char fd ;                           //文件描述符
6        unsigned char hold ;                //如缓冲区无内容不读取字符
7        short bsize ;                       //缓冲区大小
8        unsigned char * buffer ;            //数据缓冲区的位置
9        unsigned char * curp ;              //指针当前的指向
10       unsigned istemp;                    //临时文件指示器
11       short token ;                       //用于有效性检查
12   }FILE ;
```

不同C语言编译系统的FILE类型所包含的内容大同小异。对以上结构体中的成员及其含义，只需了解其中存放文件的有关信息即可。

FILE是typedef定义的一个结构体类型，一般不定义FILE类型的变量，而是定义指向FILE类型的指针变量，通过指针变量来引用FILE类型的变量。

例如，定义一个指向文件类型的指针变量为

```
        FILE    * fp ;
```

它定义fp为一个指向FILE类型（文件类型）数据的指针变量，称为文件指针。通过fp可以操纵结构体变量（即文件信息），通过该结构体里的文件信息，可以访问该文件。

如果通过一个文件类型的指针变量只能访问一个文件，则这种类型的变量称为指向文件的指针变量。

【注意】 指向文件的这种变量并不指向磁盘上的数据文件，而是指向内存中文件信息区的起始位置。

13.2.1　文件的存取方式

文件存取方式是指对文件中数据进行读写的操作方式，C 语言中数据文件的存取方式可分为两种：顺序存取和直接存取。

顺序存取是指将文件的记录按建立的时间顺序依次存放在存储介质中，所产生的文件记录的逻辑次序与物理顺序是一致的。对顺序存取的文件进行读写操作时必须按从头到尾的顺序进行，也就是说，程序中要读/写第 n 个记录时，必须要先读写前面的 n－1个记录。这种访问方式就像听录音磁带一样，只能按照顺序依次存取。

直接存取方式（又称随机存取）是指由程序指定文件中的某个位置（记录）对它直接存取。这种方式比较自由，如同使用 DVD/VCD 听音乐一样，在程序执行过程中对可任意一个指定的记录进行读写。

顺序存取的文件中记录的长度可以完全不同，而直接存取的文件中每个记录的长度都相同。

13.2.2　文件的定位

每个打开的文件都有一个隐含的指针，称为文件指针。文件指针总是指向文件中的一个数据项（当前记录），对文件数据的读写操作，只能对文件指针指向的当前数据项进行。文件打开后，文件指针指向第一个数据项，称为文件的起始位置（文件头）。文件指针的指向是可以改变的，对于顺序文件，在读写前要对文件指针进行定位，并且读写完当前记录后，指针自动指向下一个数据项，一直到指向最后一个数据项的后面，该位置称为文件的结束位置（文件尾）。对于直接存取文件，在读写过程中要对文件指针进行定位。文件指针如图 13-2 所示。

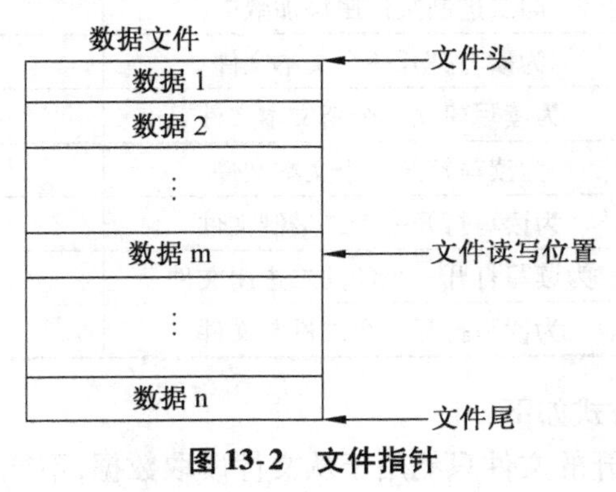

图 13-2　文件指针

13.3　文件的打开与关闭

文件读写之前应该打开文件，使用结束后应该及时关闭该文件。“打开”是指为文件建立相应的信息区（存放该文件的相关信息）和文件缓冲区（用来暂时存放输入输出的数据）。

在打开文件的同时，需要指定一个指针变量指向该文件，这样就建立了指针变量与文件之间的关联，就可以通过该指针变量对文件进行读写了。“关闭”是指撤销文件信息区和文件缓冲区，这样就不能通过该指针变量再对该文件进行读写了，同时释放所占用的系统资源。

13.3.1 文件打开

函数 fopen 用来打开文件，其调用方式是

```
fopen(文件名,文件操作方式);
```

例如：

```
FILE *fp;                    //定义一个文件型指针
fp = fopen ("file1","r");    //打开 file1 文件，返回的文件指针赋给 fp
```

表示要打开名字为“file1”的文件，使用文件方式是“读入”。fopen 函数返回值是指向 file1 文件的指针（即内存中 file1 文件信息区的起始地址），返回值赋给 fp，这样 fp 就与文件 file1 建立了关联，或者说 fp 指向了 file1 文件，就可以通过 fp 读取 file1 文件的内容。

文件的操作方式见表 13-1。

表 13-1 文件的操作方式

文件使用方式	含 义	如果指定的文件不存在
r(只读)	为输入数据打开一个已经存在的文件	出错
w(只写)	为输出数据打开一个文本文件	建立新文件
a(追加)	向文本文件尾添加数据	出错
rb(只读)	为输入数据打开一个二进制文件	出错
wb(只写)	为输出数据打开一个二进制文件	建立新文件
ab(追加)	向二进制文件尾添加数据	出错
r+(读写)	为读写打开一个文本文件	出错
w+(读写)	为读写建立一个新文本文件	建立新文件
a+(读写)	为读写打开一个文本文件	出错
rb+(读写)	为读写打开一个二进制文件	出错
wr+(读写)	为读写打开一个新的二进制文件	建立新文件
ab+(读写)	为读写打开一个二进制文件	出错

具体使用文件的方式如下：

（1）用“r”方式打开的文件只能用于从文件读取数据，不能向该文件输出数据。此时，该文件应该已经存在并且存有数据，只有这样才能从该文件中读取数据。不能用“r”方式打开一个不存在的文件，否则将出错。

（2）用“w”方式打开的文件只能用于向该文件写（即输出）数据，不能用于从文件中读取数据。如果该文件原来不存在，则在打开该文件前，新建立一个以指定的名字命

名的文件,然后向该文件输出数据;如果该文件原来已经存在,则在打开文件前先将该文件删除,然后重新建立一个新的文件(文件内容为空)。

(3)用“a”方式打开文件时向已经存在的文件中添加新的数据,即追加数据,数据添加到文件已有数据的后面,原来的数据不受影响。打开文件时,系统将文件读写位置标记移动到文件末尾。以这种方式打开文件,需保证该文件已经存在,否则会报错。

在每一个数据文件中,系统自动设置了一个隐含的“文件读写位置标记”,它指向的位置就是当前的读写位置。执行一次读写后,标记向后移动一个位置,以便读写下一个数据。

(4)用“r+”、“w+”、“a+”方式打开的文件,既可以用于写入数据,也可以用于读出数据。用“r+”方式时要求文件已经存在,否则报错;用“w+”方式时,新建立一个文件,可以向该文件先写后读;用“a+”方式时,不删除原来的文件,文件读写位置标记移到文件末尾,可以添加,也可以读取。

(5)如果fopen操作失败,函数会返回一个空指针值NULL(在stdio.h文件中,NULL被定义为0),表示出错。出错的原因可能是:用“r”方式打开一个不存在的文件;磁盘出现故障;磁盘已满无法建立新文件;其他的操作系统错误等。

例如,用来打开某一文件的常用程序段为

```
if((fp=fopen("f1","r"))==NULL)
{ printf("cannot open this file\n");
  exit(0);
}
```

fopen打开f1文件,返回的文件指针赋给fp,然后判断fp的值。如果fp的值为NULL,表示打开文件出错,输出错误提示信息。

exit是系统函数,其作用是关闭所有文件,终止正在执行的程序。此时用户需检查出错原因,修改后再重新运行程序。

(6)系统把回车换行符转换为一个换行符输出,输入到文本文件时,把换行符转换为回车和换行两个字符。使用二进制文件时不进行这种转换,在内存中的数据与输出到磁盘中的数据形式完全一致。

(7)程序中可以使用3个标准的流文件:标准输入流、标准输出流、标准出错输出流。系统对这3个文件指定了与终端的对应关系:标准输入流是从终端键盘的输入;标准输出流是向终端(显示器)的输出;标准出错输出流是将出错信息发送到终端显示器。

当程序开始运行时,系统自动打开这3个标准流文件,因此编程时不需要在程序中用fopen打开它们。系统定义了3个文件类型指针变量:stdin,stdout和stderr,分别指向标准输入流、标准输出流、标准出错输出流。

13.3.2 文件关闭

文件操作全部结束后应该及时关闭文件。“关闭”就是撤销文件信息区和文件缓冲区,使文件指针不再指向该文件,不能再通过该指针变量对该文件进行操作,除非再次打开。

关闭文件使用fclose函数,一个fclose语句只能关闭一个文件。其调用的一般形

式为

```
fclose(文件指针变量);
```

例如：

```
fclose(fp);
```

关闭 fp 指向的文件，此后不能再使用 fp 对该文件进行操作。

如果不关闭文件就可能丢失数据。向文件写数据时先将数据输出到缓冲区，当缓冲区满后，才将数据一起写到磁盘文件里。如果数据未填满缓冲区而程序结束运行，缓冲区里的数据有可能丢失。用 fclose 函数关闭文件，不管缓冲区是否填满，都会将缓冲区里的数据写到磁盘，然后才撤销文件信息区。

fclose 函数也返回一个值，当成功关闭文件时返回 0，否则返回 EOF（-1）。

13.4 顺序读写文件

文件打开后，就可以读写文件中的数据了。顺序读写是指对文件读或写数据时，按数据的存储顺序依次进行。

13.4.1 字符读写

从文本文件读一个字符或往文本文件写一个字符的函数见表 13-2。

表 13-2 读写一个字符的函数

函数名	调用形式	功 能	返回值
fgetc	fgetc(fp)	从 fp 指向的文件中读一个字符	读成功，返回所读的字符，失败返回 EOF（-1）
fputc	fputc(ch, fp)	把 ch 里的字符写到 fp 指向的文件中	输出成功返回输出的字符，失败返回 EOF（-1）

【例 13-1】 将一个文件的内容复制到另一个文件中，然后将目标文件中的内容在屏幕上输出。

【问题分析】 该题需要调用 fgetc 函数从其中一个磁盘文件读取字符，然后用 fputc 函数将读入的字符依次输出到另一磁盘文件中，最后利用 putchar 函数将目标文件中的内容输出到屏幕上。

程序源代码如下：

```
1   #include <stdlib.h>
2   #include <stdio.h>
3   void main()
4   {
5     int ch;
6     FILE *in, *out;                          /*in 指向源文件,out 指向目标文件*/
7     if((in=fopen("t.txt","r"))==NULL) /*打开源文件*/
8     {
9       printf("待复制文件打开出错");
```

```
10          exit(1);
11      }
12      if((out = fopen("t2.txt","w")) == NULL)   /* 打开目标文件 */
13      {
14          printf("目标文件打开出错");
15          exit(1);
16      }
17      ch = fgetc(in);
18      while(ch != EOF)                          /* 将源文件内容复制到目标文件 */
19      {
20          fputc(ch,out);
21          ch = fgetc(in);
22      }
23      fclose(in);                               /* 关闭源文件 */
24      fclose(out);                              /* 关闭目标文件 */
25      if((out = fopen("t2.txt","r")) == NULL)
26      {
27          printf("目标文件打开出错");
28          exit(1);
29      }
30      ch = fgetc(out);
31      putchar(ch);
32      while(ch != EOF)                          /* 输出目标文件内容到屏幕 */
33      {
34          ch = fgetc(out);
35          putchar(ch);
36      }
37          putchar('\n');
38  }
```

假设文件 t.txt 中的内容为“I am a student in Binjiang College.”,则程序的运行结果如下:

```
I am a student in Binjiang College.
```

而此时拷贝后的磁盘文件 t2.txt 中的内容如图 13-3 所示。

```
t2.txt - 记事本
文件(F)  编辑(E)  格式(O)  查看(V)  帮助(H)
I am a student in Binjiang College.
```

图 13-3 拷贝后磁盘文件 t2.txt 中的内容

【程序分析】 （1）用来存储数据的文件分别为 t.txt 和 t2.txt，均为文本文件。执行打开文件 t2.txt 的操作时，若当前目录下已经存在 t2.txt 文件，则会删除原来的文件，重新建立一个同名文件，否则系统在当前目录下创建此文件。

（2）fopen 函数打开文件时，若打开属性选择为“只写”（“w”方式），则此文件只能用于写数据，不能从中读取数据。若打开成功，返回该文件的地址，赋给文件指针变量。如果打开文件不成功，在屏幕上显示出错信息，然后用 exit 函数终止程序运行。

（3）程序执行过程是：首先打开源文件 t.txt，打开目的文件 t2.txt，接着使用循环和 fgetc、fputc 函数将源文件内容复制到目的文件中，然后关闭源文件和目的文件，之后重新打开目的文件，并使用循环和 putchar 函数将目标文件中内容输出到屏幕上。

13.4.2 字符串读写

前面介绍了对磁盘文件进行字符操作的方法，如果字符个数很多，逐个字符读写就过于繁琐，为此 C 语言提供了可以一次读写一个字符串的函数。fgets 函数用于读一个字符串，fputs 函数用于写一个字符串。

例如：

```
fgets(str, n, fp);
```

其作用是从 fp 所指向的文件中读入一个长度为 n－1 的字符串，并在最后加一个'\0'字符，然后把这 n 个字符存入字符数组 str 中。

读写一个字符串的函数见表 13-3。

表 13-3 读写一个字符串的函数

函数名	调用形式	功能	返回值
fgets	fgets(str, n, fp)	从 fp 指向的文件中读入一个长度为 n－1 的字符串，存放到数组 str 中	若成功，返回 str 的首地址，若失败返回 NULL
fputs	fputs(str, fp)	把 str 指向的字符串写到 fp 指向的文件中	若输出成功返回 0，若失败返回非 0

【说明】 （1）fgets 函数的原型是

```
char * fgets(char * str , int n , FILE * fp) ;
```

它的作用是从 fp 指向的文件中读入一个字符串。其中 n 是要求得到的字符个数，实际上只从 fp 指向的文件中读入 n－1 个字符，然后加上结束标记'\0'，组成 n 个字符放到字符数组 str 中。如果读完 n－1 个字符之前遇到换行符'\n'或文件结束符 EOF，读入即结束，但遇到的换行符'\n'也作为一个字符读入。如果执行成功，函数返回 str 数组的首地址；如果开始操作就遇到文件尾或读取数据出错，则返回 NULL。

（2）fputs 函数的原型是

```
int fputs(char * str , FILE * fp) ;
```

它的作用是将 str 所指向的字符串输出到 fp 所指向的文件中。str 可以是字符串常量、字符数组名或字符型指针变量。字符串末尾的'\0'不输出。如果函数执行成功就返回 0，否则返回 EOF。

前面使用过的 gets 和 puts 函数是以标准终端（键盘和显示器）为读写对象，而 fgets 和 fputs 是以指定的文件为读写对象。

【例13-2】 编写程序将一个文件的内容附加到另一个文件(即将两个文件合并)。

【问题分析】 利用gets从一个文件中依次读取每一行,然后将读取的数据用fputs写入另一文件,在读取和写入数据时,同时在屏幕上显示该数据。

程序的源代码如下:

```
1   #include <stdio.h>
2   #define SIZE 512
3   void main()
4   { char buffer[SIZE];
5   FILE *fp1, *fp2;
6   if((fp1 = fopen("source.txt","a+")) == NULL)  /* 打开 source.txt 文件 */
7   { printf("文件 source.txt 打开错误\n");
8     exit(1);
9   }
10    if((fp2 = fopen("des.txt","r")) == NULL)  /* 打开 des.txt 文件 */
11    { printf("文件 des.txt 打开错误\n");
12      exit(1);
13    }
14    printf("source.txt 文件内容为:\n");
15    while(fgets(buffer,SIZE,fp1)! = NULL)    /* 读取并显示 source.txt 文件的
                                                内容 */
16      printf("%s\n",buffer);
17    printf("des.txt 文件内容为:\n");
18    while(fgets(buffer,SIZE,fp2)! = NULL)    /* 读取并显示 des.txt 文件的内
                                                容 */
19    {
20       fputs(buffer,fp1);                     /* 将 des.txt 文件内容附加到
                                                 source.txt 之后 */
21      printf("%s\n",buffer);
22    }
23    fclose(fp1);
24    fclose(fp2);
25    if((fp1 = fopen("source.txt","r")) == NULL)
26    { printf("文件 source.txt 打开错误\n");
27      exit(1);
28    }
29    printf("合并后 source.txt 文件内容为:\n");
30    while(fgets(buffer,SIZE,fp1)! = NULL)      /* 读取并显示 source.txt 文件
                                                  的内容 */
31      printf("%s\n",buffer);
```

```
32        fclose(fp1);
33    }
```

假设文件 source.txt 中的内容为"This is a test!"，则程序的运行结果如下：

```
source.txt文件内容为:
This is a test!
des.txt文件内容为:
a little test
合并后source.txt文件内容为:
This is a test!a little test
```

【程序分析】 (1) 首先利用 fgets 函数将 source.txt 文件内容读取并显示在屏幕上，读取过程使用循环实现，此循环每次读取文件中的一行字符。

(2) 对 des.txt 文件的内容也采用类似的方式进行读取和显示。

(3) 将 des.txt 文件内容使用 fputs 附加到 source.txt 文件中。

(4) 将 sourde.txt 与 des.txt 关闭后再打开 source.txt，然后利用 fgets 函数读取文件内容并显示在屏幕上。

13.4.3 数据块读写

程序中对文件进行操作时，不仅可以一次输入、输出一个数据，也可以一次输入、输出一批数据，例如数组或结构体变量的值。C 语言中用 fread 函数从文件中一次读取一个数据块，用 fwrite 函数向文件一次写入一个数据块，读写时以二进制形式进行。向磁盘写数据时，直接将内存中的一组数据不加转换地输出到磁盘文件上；从磁盘文件读入时，也是一次将磁盘文件中的一批数据读入内存。

批量读写数据的函数是

```
fread(buf, size, n, fp);
fwrite(buf, size, n, fp);
```

- buf 是一个地址。对于 fread 函数，buf 是存放从文件中读入的数据的存储区的起始地址；对于 fwrite 函数，buf 是要输出数据的存储区的起始地址。
- size 为一次要读写的字节数。
- n 为重复读写的次数，每次读写 size 个字节。
- fp 是 FILE 类型的指针变量，指向打开的文件。

【注意】 在打开文件时需要指定打开方式为二进制形式，才能使用 fread 和 fwrite 函数读写任何类型的数据。

例如：

```
fread(a, 4, 20, fp) ;
```

其中，a 是一个 int 型数组，fread 函数从 fp 所指的文件读入 20 个整型数据（连续存放的，每个数据占 4 个字节的一批数据），存储到所指数组 a 中。

读取结构体数据时，需要先定义一个结构体数组。

例如：

```
struct worker
{
```

```
        int number;
        char name[20];
        int age ;
    }workers[3] ;
```

它定义了一个结构体数组 workers,共有 3 个元素,每个元素存放一个工人的信息(包括工号、姓名、年龄信息)。假设 3 个工人的数据已经存放在磁盘文件中,则可以用以下的 for 循环和 fread 函数读入 3 个工人的数据,循环执行 3 次,每次从 fp 指向的文件中读入一个数组元素:

```
    for(i =0 ; i<3 ;i ++ )
        fread( &workers[i], sizeof( struct worker), 1, fp) ;
```

用 for 循环和 fwrite 函数写 3 个元素到磁盘文件中的语句为

```
    for(i =0 ; i<3 ;i ++ )
        fwrite( &workers[i], sizeof( struct worker), 1, fp) ;
```

fread 和 fwrite 函数的返回值类型为 int 型,如果 fread 和 fwrite 函数执行成功,则函数返回形式参数 n 的值(整数),即输入输出元素的个数。

【例 13-3】 键盘输入 3 个工人的数据,包括工号、姓名、年龄。要求:① 把 3 个工人的数据保存到磁盘文件 file. dat 中;② 从文件 file. dat 里读取数据到内存数组,并输出到屏幕。

【问题分析】 需要定义结构体数组存放工人数据,主函数中分别使用 fread 及 fwrite 函数从文件中读取数据和往文件中写入数据。

程序的源代码如下:

```
1   #include <stdlib.h>
2   #include <stdio.h>
3   struct worker{                              //定义结构体类型 worker
4       int number; char name[20];              //工号、姓名
5       int age;                                //年龄
6   };
7   void main()
8   { struct worker wk[3],wk1[3];               //wk 和 wk1 用来保存数据
9     int n;
10    FILE *file;
11    if((file =fopen("file.dat","wb")) ==NULL)
12    {
13      printf("文件 %s 打开错误.\n","file.dat");
14      exit(1);
15    }
16    printf("请输入数据:\n");
17    for(n =0;n <3;n ++)                       //从键盘输入数据
18      scanf("%d%s%d",&wk[n].number,wk[n].name,&wk[n].age);
19    fwrite(&wk,sizeof(struct worker),3,file);  //将输入的数据写入文件
20    fclose(file);
```

```
21      if((file=fopen("file.dat","rb"))==NULL)
22      {
23         printf("文件 %s 打开错误.\n","file.dat");
24         exit(1);
25      }
26      fread(&wk1,sizeof(struct worker),3,file);          //从文件中读出数据
27      printf("从文件中读出的数据为:\n");
28      for(n=0;n<3;n++)                                   //输出读出的数据
29         printf("%d,%s,%d\n",wk1[n].number,wk1[n].name,wk1[n].age);
30      fclose(file);
31   }
```

程序的运行结果如下：

```
请输入数据:
1 tom 20
2 joe 23
3 sue 25
从文件中读出的数据为:
1,tom,20
2,joe,23
3,sue,25
```

【程序分析】 (1) 首先使用循环从键盘接收输入的3个worker类型的数据并存入结构体数组wk中。

(2) 将结构体数组wk中数据写入文件file中。

(3) 从文件中读出数据并输出到屏幕上。

13.4.4 格式化读写

前面已经介绍了使用scanf和printf完成向标准终端设备进行格式化输入、输出的方法，如果要对文件进行格式化输入、输出，就需要用fprintf函数和fscanf函数。这两个函数与scanf和printf函数类似，均为格式化输入、输出函数，只是fscanf和fprintf读写的对象不是标准终端而是磁盘文件。fscanf和fprintf的调用方式如下：

```
fscanf(文件指针,格式字符串,输入列表);
fprintf(文件指针,格式字符串,输出列表);
```

例如：

```
int a=5;float b=8.3;
fprintf(fp, "%d  %5.2f",a , b);
```

该函数的作用是将int型a的值按"%d"格式、float型b的值按"%5.2f"格式输出到fp所指向的文件（假设文件名是fi.txt）中，磁盘文件中的值是5　5.3，和输出到屏幕一样。

如果使用

```
fscanf(fp , "%d  %f", &a, &b);
```

读取上面同一磁盘文件fi.txt，则把5赋给a，5.3赋给b。

使用fprintf和 fscanf进行输入输出操作很方便，但由于输入时要将文件中的ASCII码值转换为二进制再赋给内存变量，输出时要将内存中的二进制形式转换为字符形式

再输出到磁盘文件,花费的时间较多。因此,在内存与磁盘频繁交换数据时,最好不要用 fprintf 和 fscanf 函数,应选择 fread 和 fwrite 函数读写二进制数据。

13.5 随机读写数据文件

对文件顺序读写容易理解,操作也很简单,但有时只需要读取某一文件中某个位置的一个或几个数据,如果顺序读写则效率会很低。

随机访问不是按照数据在文件中的物理位置顺序读写,而是可以对文件中任意位置的数据直接进行读写,这种方法比顺序读写效率高得多。

顺序读写文件时,读写完一个数据后,文件位置指针顺序向后移动一个位置,下一次执行读写操作时,就读出(写入)文件指针所指向位置的数据,指针再次下移一个位置,重复操作,直到读写完为止。此时文件位置指针指向最后一个数据之后。

随机读写数据时,可以根据读写的需要移动文件指针。文件位置指针可以向前移动、向后移动、移动到文件头或尾部,然后对该位置指向的数据进行读写。

移动文件位置指针的函数有 rewind 和 fseek。

(1) 使用 rewind 函数使文件位置指针指向文件开头

rewind 函数的作用是使文件位置指针重新指向文件的起始位置,此函数没有返回值。

(2) 使用 fseek 函数改变文件位置指针

fseek 函数一般用于二进制文件,其调用格式为

```
fseek(文件类型指针,位移量,起始点);
```

第 3 个参数“起始点”为 0 时代表“文件起始位置”,为 1 时代表“文件当前位置”,为 2 时代表“文件末尾位置”。

第 2 个参数“位移量”是指以起始点为基准,向前(文件尾部方向)移动的字节数,位移量的类型是 long int,但要注意与第 3 个参数的相互配对使用问题。

(3) 用 ftell 函数测试文件位置指针的当前位置

因为文件中的文件位置指针经常移动,很难记住其当前所处的位置,所以可以使用 ftell 函数得到当前的位置,用相对于文件起始位置的位移量来表示。ftell 函数执行成功返回位移量,执行失败返回 -1L。

例如:

```
n = ftell(fp) ;
if(n == -1L) puts("error!") ;
```

【例 13-4】 已知南京某气象台站 2009 年 7 月 17 日至 7 月 21 日期间每天 4 个观测时间(即 02,08,14,20 时)的温度观测值,见表 13-4。观测数据保存在一个磁盘文件 data. dat 中。请编程实现读取 17 日 2 时、18 日 2 时、19 日 8 时、20 日 14 时、21 日 20 时的温度值,并将温度值显示在屏幕上。

表13-4　南京2009年7月17日至21日温度观测值

日期 \ 时间 温度/℃	02	08	14	20
17	28.8	32.9	36.8	33.2
18	29.8	31.8	36.0	31.1
19	28.7	32.3	35.1	32.3
20	29.9	33.4	36.2	32.7
21	30.4	32.5	36.5	25.5

【问题分析】　读写离散数据,需要用fseek函数移动文件位置指针到需要的位置,每一次移动时可以从文件头开始,也可以从当前位置或文件尾部开始。如果需要返回文件指针的当前位置,可以使用ftell函数。

程序的源代码如下：

```
1    #include <stdio.h>
2    #include <stdlib.h>
3    void main()
4    {
5       float p[5][4]={{28.8,32.9,36.8,33.2},{29.8,31.8,36.0,31.1},{28.7,
           32.3,35.1,32.3},{29.9,33.4,36.2,32.7},{30.4,32.5,36.5,25.5}};
7       int i;
8       FILE *fp;
9       int day=0,time=0;
10      float temp;
12         if((fp=fopen("data.dat","wb"))==NULL)
13         {
14            printf("文件打开出错！\n");
15            exit(0);
16         }
17         fwrite(p,sizeof(float),20,fp);                    //将数据写入文件
18         fclose(fp);
19         if((fp=fopen("data.dat","rb"))==NULL)
20         {
21            printf("文件打开出错!\n");
22            exit(0);
23         }
24         printf("请输入指定日期和时间,以便查询温度:\n");
25         scanf("%d,%d",&day,&time);
26         while(day!=-1)
27         {
```

```
28          fseek(fp,(day - 17) * 4 * sizeof(float) + (time - 2)/6 * sizeof(float),0);
                                                  //将文件指针定位到正确位置
29          i = ftell( fp );                      //返回文件指针值
30          printf("当前的指针值:%d        \n",i);
31          fread(&temp,sizeof(float),1,fp);      //读取指定时间的温度值
32          printf("%d 日%d 时的温度值为%4.1f\n",day,time,temp);
33          printf("请输入指定日期和时间,以便查询温度:\n");
34          scanf("%d,%d",&day,&time);           //输入待查询温度的日期和时间
35      }
36      printf("输入结束! \n");
37      fclose(fp);
38  }
```

程序的运行结果如下:

```
请输入指定日期和时间, 以便查询温度:
17,8
当前的指针值:4
17日8时的温度值为32.9
请输入指定日期和时间, 以便查询温度:
19,14
当前的指针值:40
19日14时的温度值为35.1
请输入指定日期和时间, 以便查询温度:
20,2
当前的指针值:48
20日2时的温度值为29.9
请输入指定日期和时间, 以便查询温度:
21,20
当前的指针值:76
21日20时的温度值为25.5
请输入指定日期和时间, 以便查询温度:
-1,-1
输入结束!
```

【程序分析】 (1) 本例介绍了 fseek 和 ftell 的用法。程序打开文件时 fp 指向文件头,首先使用 fwrite 函数将数据写入文件,然后关闭文件。

(2) 再次打开文件,使用循环语句,按照用户输入的日期和时间使用 fseek 函数将文件指针定位到相应位置,然后使用 fread 函数读取数据并显示。此处使用了一个表达式,即(day - 17) * 4 * sizeof(float) + (time - 2)/6 * sizeof(float)来计算定位位置,这是因为数据在文件中存放位置是按照一天 4 个时间的温度值连续存储的,而几天的数据由前到后连续存储。

(3) 输入的日期为 -1 时,输入终止且结束程序。

13.6 文件读写出错检测函数

在 C 语言中,系统还专门提供一些函数用来检查输入、输出函数调用时可能出现

的错误。

（1）ferror 函数

在调用各种输入、输出函数（如 putc;getc,fread,fwrite 等）时，如果出现错误，除了通过函数返回值体现外，还可以用 ferror 函数检查。ferror 的调用形式为

```
ferror(fp) ;
```

如果 ferror 函数返回值为 0，表示未出错；如果返回值非 0，表示出错了。

在执行 fopen 函数时，ferror 函数的初始值自动置为 0。

【注意】 对同一个文件，每次调用输入、输出函数时，都会产生一个新的 ferror 函数值，所以应该在调用一个输入、输出函数后，立即检查 ferror 函数的值，否则信息会丢失。

（2）clearerr 函数

clearerr 函数的作用是使文件错误标志和文件结束标志置为 0。如果在调用一个输入、输出函数时出现错误，ferror 函数为非 0 值，应该立即调用 clearerr(fp)函数，使 ferror(fp)的值变为 0，以便进行下一次的检测。

只要出现文件读写错误标志，它就会一直保留，直至对同一文件调用 clearerr 函数或 rewind 函数，或其他任何一个输入、输出函数。

13.7 综合程序举例

【例 13-5】 已知某气象台站 7 月 17 日至 7 月 21 日每天 4 个观测时间（即 02,08,14,20 时）的温度观测值，见表 13-4。要求编写程序实现以下功能：

（1）将数据保存到一个磁盘文件 data. dat 中。

（2）从该文件中读出数据，统计每天的平均温度和总的平均温度。

（3）把每天的日期及平均温度输出到 data1. dat 中。

【问题分析】 首先需定义一个 5 行 4 列的二维数组 p[5][4]，存放观测的温度值。观测时间存放到一个一维数组 time[4]中，观测日期放到一维数组 day[5]中。将观测数据保存到文件 data. dat 中，然后从文件 data. dat 中读取数据，存放到数组 p 中，显示数组 p 的内容（观测值）。

计算平均温度并存放到文件 data1. dat 中，再读出 data1. dat 的内容，输出到屏幕。编程时需要以“w”方式和“r”方式分别打开文件。程序需要以二进制方式读写数据（fread 和 fwrite）。

程序的源代码如下：

```
1    #include <stdio.h>
2    #include <stdlib.h>
3    void main()
4    {
5        float p[5][4] = {{28.8,32.9,36.8,33.2},{29.8,31.8,36.0,31.1},
                          {28.7,32.3,35.1,32.3},{29.9,33.4,36.2,32.7},
                          {30.4,32.5,36.5,25.5}};
6        int i,j;
```

```
7        FILE  *fp, *fp1 ;
8        float sum[5] = {0} ,aver[5];
9        int day[5] = {17,18,19,20,21} ,time[4] = {2,8,14,20} ;
10       float temp,taver =0;
11       if((fp =fopen("data.dat", "wb" )) ==NULL)
12       {
13           printf("文件打开出错！ \n") ;
14           exit(0);
15       }
16       fwrite(p,sizeof(float),20,fp);
17       fclose(fp);
18       if((fp =fopen("data.dat" , "rb" )) ==NULL)
19       {
20           printf("文件打开出错！ \n") ;
21           exit(0);
22       }
23       if((fp1 =fopen("data1.dat" , "wb" )) ==NULL)
24       {
25           printf("文件打开出错！ \n") ;
26           exit(0);
27       }
28       printf(" ");
29       for(j =0;j <4;j ++ )
30           printf("%4d 时",time[j]);
31       printf("\n");
32       for(i =0;i <5;i ++ )
33       {
34           printf("%d 日",day[i]);
35         for(j =0;j <4;j ++ )
36         {
37           fread(&temp,sizeof(float),1,fp);
38           printf("%6.1f",temp);
39           sum[i] =sum[i] +temp;
40         }
41         sum[i] =sum[i]/4;
42         printf("\n");
43       }
44       fwrite(&sum,sizeof(float),5,fp1);
45       fclose(fp);
```

```
46        fclose(fp1);
47        if((fp1 = fopen("data1.dat", "rb")) == NULL)
48        {
49            printf("文件打开出错！ \n");
50            exit(0);
51        }
52        fread(&aver,sizeof(float),5,fp1);
53        printf("\n");
54        for(i = 0;i < 5;i ++)
55        {
56            printf("%d 日平均温度为:%6.1f\n",day[i],aver[i]);
57            taver = taver + aver[i] * 4;
58        }
59        printf("总平均温度为:%6.1f\n",taver/20);
60        fclose(fp1);
61    }
```

程序的运行结果如下：

```
       2时   8时   14时   20时
17日   28.8  32.9  36.8  33.2
18日   29.8  31.8  36.0  31.1
19日   28.7  32.3  35.1  32.3
20日   29.9  33.4  36.2  32.7
21日   30.4  32.5  36.5  25.5

17日平均温度为:  32.9
18日平均温度为:  32.2
19日平均温度为:  32.1
20日平均温度为:  33.0
21日平均温度为:  31.2
总平均温度为:  32.3
```

【程序分析】 （1）以“wb”方式打开文件 data.dat，如果打开失败，显示出错信息。把数据写到文件 data.dat 中，写入完后关闭文件。

（2）以“rb”方式打开文件 data.dat，从中读取数据并在显示器输出。

（3）以“wb”方式打开 data1.dat 文件，计算平均温度，并把平均温度写到 data1.dat 中，然后关闭 data1.dat 文件。

（4）以“rb”方式打开文件 data1.dat，读入平均温度并输出到显示器。

（5）式关闭 data1.dat 文件。

（6）向文件写数据时，打开文件方式和从文件中读数据打开文件的方式要匹配，比如用“wb”和“rb”方式，或“w”和“r”方式。

本章小结

本章介绍了文件的概念、有关文件操作的各种函数、读写磁盘文件的方法。C语言中的文件根据数据的组织形式，分为ASCII文件和二进制文件，二进制文件效率比ASCII文件高，具体使用哪种方式的文件，需要用户根据需要自行确定。文件打开的方式有很多，需要经常使用才能灵活掌握。文件使用完后要及时关闭，以免影响其他进程对文件的使用。

考点提示

在二级等级考试中，本章主要出题方向及考察点主要如下：

（1）文件的基本概念与文件指针变量的声明预定义。

（2）缓冲文件系统常用操作函数：文件打开fopen函数文件和关闭fclose函数，文件操作函数fprintf，fscanf，fgetc，fputc，fgets，fputs，fread，fwrite，文件定位函数fseek，rewind，以及其他函数feof等。

习题13

1．简述文件的打开方式与文件的操作方式之间的联系。

2．C语言中完成对文件的一次读写操作应该使用什么函数并完成哪些操作？

3．以下程序由终端输入一个文件名，然后把从终端键盘输入的字符依次存放到该文件中，用字符'#'作为结束输入的标志，请完成填空。

```
1    #include <stdio.h>
2    void main()
3    {
4      FILE * fp;
5      char ch,fname[10];
6      printf("Input the name of file\n");
7      gets(fname);
8      if((fp = ________) == NULL)
9      {
10       printf("Cannot open\n");
11       exit(0);
12     }
13     printf("Enter data\n");
14     while((ch = getchar()) != '#')
15       fputc(______,fp);
16     fclose(fp);
17   }
```

4. 下面的程序用来统计文件中字符的个数,请完成填空。

```
1   #include <stdio.h>
2   void main()
3   {
4     FILE *fp;
5     long num=0;
6     if((fp=fopen("fname.dat","r"))==NULL)
7     {
8       printf("Can't open file! \n");
9       exit(0);
10    }
11    while ________
12    {
13      if(fgetc(fp)!=-1)
14        fgetc(fp);
15      num++;
16    }
17    printf("num=%d\n", num);
18    fclose(fp);
19  }
```

5. 以下C语言程序将磁盘中的一个文件复制到另一个文件中,两个文件名在命令行中给出,请完成填空。

```
1   #include <stdio.h>
2     void main(int argc, char *argv)
3     {
4       FILE *f1, *f2; char ch;
5       if(argc < ________)
6       {
7         printf("Parameters missing! \n"); exit(0); }
8       if(((f1=fopen(argv[1],"r"))==NULL)||((f2=fopen(argv[2],"w"))==NULL))
9       {
10        printf("Can not open file! \n"); exit(0);
11      }
12      while(______)
13        if((ch=fgetc(f1))!=-1)
14          fputc(ch,f2);
15      fclose(f1);
16      fclose(f2);
17  }
```

6. 编程完成以下任务:读出文件t.txt中的内容,反序写入另一个文件t1.txt中。

附　　录

附录 A　标准 ASCII 码表

DEC	HEX	CHAR	DEC	HEX	CHAR	DEC	HEX	CHAR	DEC	HEX	CHAR	DEC	HEX	CHAR	DEC	HEX	CHAR	DEC	HEX	CHAR	DEC	HEX	CHAR
0	0	NUL	16	10	DLE	32	20	SPACE	48	30	0	64	40	@	80	50	P	96	60	、	112	70	p
1	1	SOH	17	11	DCI	33	21	!	49	31	1	65	41	A	81	51	Q	97	61	a	113	71	q
2	2	STX	18	12	DC2	34	22	"	50	32	2	66	42	B	82	52	R	98	62	b	114	72	r
3	3	ETX	19	13	DC3	35	23	#	51	33	3	67	43	C	83	53	X	99	63	c	115	73	s
4	4	EOT	20	14	DC4	36	24	$	52	34	4	68	44	D	84	54	T	100	64	d	116	74	t
5	5	ENQ	21	15	NAK	37	25	%	53	35	5	69	45	E	85	55	U	101	65	e	117	75	u
6	6	ACK	22	16	SYN	38	26	&	54	36	6	70	46	F	86	56	V	102	66	f	118	76	v
7	7	BEL	23	17	TB	39	27	,	55	37	7	71	47	G	87	57	W	103	67	g	119	77	w
8	8	BS	24	18	CAN	40	28	(	56	38	8	72	48	H	88	58	X	104	68	h	120	78	x
9	9	HT	25	19	EM	41	29	)	57	39	9	73	49	I	89	59	Y	105	69	i	121	79	y
10	A	LF	26	1A	SUB	42	2A	*	58	3A	:	74	4A	J	90	5A	Z	106	6A	j	122	7A	z
11	B	VT	27	1B	ESC	43	2B		59	3B	;	75	4B	K	91	5B	[	107	6B	k	123	7B	{
12	C	FF	28	1C	FS	44	2C	,	60	3C	<	76	4C	L	92	5C	\	108	6C	l	124	7C	|
13	D	CR	29	1D	GS	45	2D	–	61	3D	=	77	4D	M	93	5D	]	109	6D	m	125	7D	}
14	E	SO	30	1E	RS	46	2E	.	62	3E	>	78	4E	N	94	5E	^	110	6E	n	126	7E	~
15	F	SI	31	1F	US	47	2F	/	63	3F	?	79	4F	O	95	5F	–	111	6F	o	127	7F	DEL

注:DEC 表示十进制制数　HEX 表示十六进制数　CHAR 表示 ASCII 字符

NUL 空　VT 垂直制表　SYN 空转同步　SOH 标题开始　FF 走纸控制　ETB 信息组传送结束　STX 正文开始　CR 回车

ETX 正文结束　SO 移位输出　EM 纸尽　EOY 传输结束　SI 移位输入　SUB 换置　ENQ 询问字符　DLE 空格

DC1 设备控制 1　FS 文字分隔符　BEL 报警　DC2 设备控制 2　GS 组分隔符　BS 退一格　DC3 设备控制 3　RS 记录分隔符

DC4 设备控制 4　US 单元分隔符　LF 换行　NAK 否定　DEL 删除　CAN 作废　ESC 换码　ACK 承认　HT 横向列表

附录B　C语言的关键字

C语言简洁、紧凑,使用方便、灵活。ANSI C一共只有32个关键字:

(1)　auto:　声明自动变量
(2)　short:　声明短整型变量或函数
(3)　int:　声明整型变量或函数
(4)　long:　声明长整型变量或函数
(5)　float:　声明浮点型变量或函数
(6)　double:　声明双精度变量或函数
(7)　char:　声明字符型变量或函数
(8)　struct:　声明结构体变量或函数
(9)　union:　声明共用数据类型
(10)　enum:　声明枚举类型
(11)　typedef:　用以给数据类型取别名
(12)　const:　声明只读变量
(13)　unsigned:　声明无符号类型变量或函数
(14)　signed:　声明有符号类型变量或函数
(15)　extern:　声明变量是在其他文件正声明
(16)　register:　声明寄存器变量
(17)　static:　声明静态变量
(18)　volatile:　说明变量在程序执行中可被隐含地改变
(19)　void:　声明函数无返回值或无参数,声明无类型指针
(20)　if:　条件语句
(21)　else:　条件语句否定分支(与if连用)
(22)　switch:　用于开关语句
(23)　case:　开关语句分支
(24)　for:　一种循环语句
(25)　do:　循环语句的循环体
(26)　while:　循环语句的循环条件
(27)　goto:　无条件跳转语句
(28)　continue:　结束当前循环,开始下一轮循环
(29)　break:　跳出当前循环
(30)　default:　开关语句中的其他分支
(31)　sizeof:　计算数据类型长度
(32)　return:　子程序返回语句(可以带参数,也可不带参数)循环条件

注:以上关键词不能用作用户定义的标识符。

附录C C语言常用语法提要

为方便读者查阅,下面列出C语言语法中常用的一些重要部分,但并未采用严格的语法定义形式,只是备忘性质,仅供参考。

一、标识符

标识符可由字母、数字和下划线组成。标识符必须以字母或下划线开头,大小写字母分别认为是两个不同的字符。不同的系统对标识符的字符数有不同的规定,一般允许7个字符。

二、常量

(1) 整型常量: 十进制常量、八进制常量(以0开头的数字序列)、十六进制常量(以0x开头的数字序列)、长整型常量(在数字后加字符l或L)。

(2) 字符常量: 用单引号(撇号)括起来的一个字符,可以使用转义字符。

(3) 实型常量: 小数形式、指数形式。

(4) 字符串常量: 用双引号括起来的字符序列。

三、表达式

1. 算术表达式

整型表达式: 参加运算的运算量是整型量,结果也是整型量。

实型表达式: 参加运算的运算量是实型量,运算过程先转换成double型,结果也是double型。

2. 逻辑表达式

用逻辑运算符连接的整型量,结果为一个整数(0或1)。逻辑表达式可以认为是整型表达式的一种特殊形式。

3. 强制类型转换表达式

用“(类型)”运算符使表达式的类型进行强制转换,如(float)a。

4. 逗号表达式

形式为

表达式1,表达式2,…,表达式n

顺序求出表达式1,表达式2,…,表达式n的值,结果为表达式n的值。

5. 赋值表达式

将赋值号“=”右侧表达式的值赋给赋值号左边的变量。赋值表达式的值为执行赋值后被赋值的变量的值。

6. 条件表达式

形式为

逻辑表达式? 表达式1:表达式2

逻辑表达式的值为非0,则条件表达式的值等于表达式1的值;逻辑表达式的值为0,则条件表达式的值等于表达式2的值。

7. 指针表达式

对指针类型的数据进行运算。例如,p-2,p1-p2,&a等(其中p,p1,p2均已定义为指针变量，a 为已定义的变量），结果为指针类型。

以上各种表达式可以包含有关的运算符，也可以不包含任何运算符（例如，常量是算术表达式的最简单的形式）。

四、数据定义

对程序中用到的所有变量都需要定义。对数据要定义其数据类型，需要时指定其存储类别。

1. 类型表示符

可用 int，short，long，unsigned，char，float，double，struct 结构体名，union 共用体名，用 typdef 定义的类型名。

结构体与共用体的定义形式为

struct 结构体名
{成员列表}；
union 共用体名
{成员列表}；

用 typdef 定义的新类型名的形式为

typdef　已有类型　新定义类型

2. 存储类别

可用 auto，static，register，extern。

如不指定存储类别，默认为 auto。

变量的定义形式为

存储类别　数据类型　变量表列

注意外部数据定义只能用 extern 或 static，而不能用 auto 或 register。

五、函数定义

形式为

存储类别　数据类型　函数名（形参列表）
函数体

函数的存储类别只能用 extern 或 static。函数体使用花括号括起来，可包括数据定义和语句。

六、变量的初始化

可以在定义时对变量或数组指定初始值。

静态变量或外部变量如未初始化，系统自动使其初值为 0（对数值型变量）或空（对字符型数据）。对自动变量或寄存器变量，如未初始化，则其初始值为一随机数据。

七、语　句

语句包括表达式语句、函数调用语句、控制语句、复合语句和空语句。其中，控制语句包括：

（1）if（表达式）语句
或
if（表达式）语句 1
else 语句 2

（2）while（表达式）语句
（3）do…while（表达式）语句
（4）for（表达式1；表达式2；表达式3）语句
（5）switch（表达式）
 {case 常量表达式1:语句1；
 ……
 case 常量表达式n:语句n
 default：语句n+1}
（6）break 语句
（7）continue 语句
（8）return 语句
（9）goto 语句

八、预处理命令

#define 宏名 字符串
#define 宏名(参数1，参数2,…,参数n)字符串
#undef 宏名
#include "文件名"或 <文件名>
#if 常量表达式
#ifdef 宏名
#ifndef 宏名
#else
#endif

附录D　C语言常用的标准库函数

表1　数学函数(math.h)

函数名	函数功能	函数返回值类型
abs(int i)	求整数的绝对值	int
fabs(double x)	返回浮点数的绝对值	double
floor(double x)	向下舍入	double
fmod(double x, double y)	计算x对y的模，即x/y的余数	double
exp(double x)	指数函数	double
log(double x)	对数函数ln(x)	double
log10(double x)	对数函数log	double
labs(long n)	取长整型绝对值	long
modf(double value, double * iptr)	把数分为指数和尾数	double
pow(double x, double y)	指数函数(x的y次方)	double
sqrt(double x)	计算平方根	double
sin(double x)	正弦函数	double
asin(double x)	反正弦函数	double
sinh(double x)	双曲正弦函数	double
cos(double x);	余弦函数	double
acos(double x)	反余弦函数	double
cosh(double x)	双曲余弦函数	double
tan(double x)	正切函数	double
atan(double x)	反正切函数	double
tanh(double x)	双曲正切函数	double

表2　字符串函数(string.h)

函数名	函数功能	函数返回值类型
strcat(char * dest,char * src)	把src所指字符串添加到dest结尾处(覆盖dest结尾处的'\0')并添加'\0'	char *
strchr(char * s,char c)	查找字符串s中首次出现字符c的位置	char *
strcmp(char * s1,char * s2)	比较字符串s1和s2。当s1 < s2时,返回值 < 0; 当s1 = s2时,返回值 = 0; 当s1 > s2时,返回值 > 0	int
stpcpy(char * dest,char * src)	把src所指由'\0'结束的字符串复制到dest所指的数组中	char *

续表

函数名	函数功能	函数返回值类型
strdup(char *s)	复制字符串 s	char *
strlen(char *s)	计算字符串 s 的长度	int
strlwr(char *s)	将字符串 s 转换为小写形式	char *
strrev(char *s)	把字符串 s 的所有字符的顺序颠倒过来	char *
strset(char *s, char c)	把字符串 s 中的所有字符都设置成字符 c	char *
strcspn(char *s1,char *s2)	在字符串 s1 中搜寻 s2 中所出现的字符	int
strstr(char *s1, char *s2)	描字符串 s2,并返回第一次出现 s1 的位置	char *
strtok(char *s1, char *s2)	分解字符串为一组标记串。s1 为要分解的字符串,s2 为分隔符字符串	char *
strupr(char *s)	将字符串 s 转换为大写形式	char *

表 3 字符函数(ctype.h)

函数名	函数功能	函数返回值类型
isalpha(int ch)	若 ch 是字母('A'-'Z','a'-'z'),返回非 0 值,否则返回 0	int
isalnum(int ch)	若 ch 是字母('A'-'Z','a'-'z')或数字('0'-'9'),返回非 0 值,否则返回 0	int
isascii(int ch)	若 ch 是字符(ASCII 码中的 0-127),返回非 0 值,否则返回 0	int
iscntrl(int ch)	若 ch 是作废字符(0x7F)或普通控制字符(0x00-0x1F),返回非 0 值,否则返回 0	int
isdigit(int ch)	若 ch 是数字('0'-'9'),返回非 0 值,否则返回 0	int
isgraph(int ch)	若 ch 是可打印字符(不含空格)(0x21-0x7E),返回非 0 值,否则返回 0	int
islower(int ch)	若 ch 是小写字母('a'-'z'),返回非 0 值,否则返回 0	int
isprint(int ch)	若 ch 是可打印字符(含空格)(0x20-0x7E),返回非 0 值,否则返回 0	int
ispunct(int ch)	若 ch 是标点字符(0x00-0x1F),返回非 0 值,否则返回 0	int
isspace(int ch)	若 ch 是空格(' '),水平制表符('\t'),回车符('\r'),走纸换行('\f'),垂直制表符('\v'),换行符('\n'),,返回非 0 值,否则返回 0	int
isupper(int ch)	若 ch 是大写字母('A'-'Z'),返回非 0 值,否则返回 0	int
isxdigit(int ch)	若 ch 是 16 进制数('0'-'9',l'A'-'F','a'-'f'),返回非 0 值,否则返回 0	int
tolower(int ch)	若 ch 是大写字母('A'-'Z'),返回相应的小写字母('a'-'z')	int
toupper(int ch)	若 ch 是小写字母('a'-'z'),返回相应的大写字母('A'-'Z')	int

表4　输入输出函数(stdio.h)

函数名	函数功能	函数返回值类型
gets()	从控制台(键盘)读一个字符,不显示在屏幕上	int
puts()	向控制台(键盘)写一个字符	void
getchar()	从控制台(键盘)读一个字符,显示在屏幕上	int
putchar()	向控制台(键盘)写一个字符	void
getc(FILE * stream)	从流 stream 中读一个字符,并返回这个字符	int
putc(int ch,FILE * stream)	向流 stream 写入一个字符 ch	int
getw(FILE * stream)	从流 stream 读入一个整数,错误返回 EOF	int
putw(int w,FILE * stream)	向流 stream 写入一个整数	int
fclose(handle)	关闭 handle 所表示的文件处理	FILE *
fgetc(FILE * stream)	从流 stream 处读一个字符,并返回这个字符	int
fputc(int ch,FILE * stream)	将字符 ch 写入流 stream 中	int
fgets(char * string, int n, FILE * stream)	流 stream 中读 n 个字符存入 string 中	char *
fopen(char * filename, char * type)	打开一个文件 filename,打开方式为 type,并返回这个文件指针,type 可为以下字符串加上后缀	FILE *
fputs(char * string, FILE * stream)	将字符串 string 写入流 stream 中	int
fread(void * ptr, int size, int nitems,FILE * stream)	从流 stream 中读入 nitems 个长度为 size 的字符串存入 ptr 中	int
fwrite(void * ptr, int size, int nitems,FILE * stream)	向流 stream 中写入 nitems 个长度为 size 的字符串,字符串在 ptr 中	int
fscanf(FILE * stream,char * format[,argument,…])	以格式化形式从流 stream 中读入一个字符串	int
fprintf(FILE * stream,char * format[,argument,…])	以格式化形式将一个字符串写给指定的流 stream	int
scanf(char * format[, argument,…])	从控制台读入一个字符串,分别对各个参数进行赋值,使用 BIOS 进行输入	int
printf(char * format[, argument,…])	发送格式化字符串输出给控制台(显示器),使用 BIOS 进行输出	int

注:[…]表示可选参数。

附录E C语言运算符优先级

优先级	运算符	名称或含义	使用形式	结合方向	说明
1	[]	数组下标	数组名[常量表达式]	左到右	
	()	圆括号	(exp)/函数名(形参表)		
	.	成员选择(对象)	对象.成员名		
	->	成员选择(指针)	对象指针->成员名		
2	-	负号运算符	-exp	右到左	单目运算符
	(类型)	强制类型转换	(类型)exp		
	++	自增运算符	++var/var++		单目运算符
	--	自减运算符	--var/var--		单目运算符
	*	取值运算符	*指针变量		单目运算符
	&	取地址运算符	&var		单目运算符
	!	逻辑非运算符	!exp		单目运算符
	~	按位取反运算符	~exp		单目运算符
	sizeof	长度运算符	sizeof(exp)		
3	/	除	exp1/exp2	左到右	双目运算符
	*	乘	exp1*exp2		双目运算符
	%	余数(取模)	整型表达式/整型表达式		双目运算符
4	+	加	exp1+exp2	左到右	双目运算符
	-	减	exp1-exp2		双目运算符
5	<<	左移	var<<exp	左到右	双目运算符
	>>	右移	var>>exp		双目运算符
6	>	大于	exp1>exp2	左到右	双目运算符
	>=	大于等于	exp1>=exp2		双目运算符
	<	小于	exp1 < exp2		双目运算符
	<=	小于等于	exp1 <= exp2		双目运算符
7	==	等于	exp1==exp2	左到右	双目运算符
	!=	不等于	exp1!=exp2		双目运算符
8	&	按位与	exp1&exp2	左到右	双目运算符
9	^	按位异或	exp1^exp2	左到右	双目运算符
10	|	按位或	exp1|exp2	左到右	双目运算符

续表

<table>
<tr><th>优先级</th><th>运算符</th><th>名称或含义</th><th>使用形式</th><th>结合方向</th><th>说明</th></tr>
<tr><td>11</td><td>&&</td><td>逻辑与</td><td>exp1&&exp2</td><td>左到右</td><td>双目运算符</td></tr>
<tr><td>12</td><td>‖</td><td>逻辑或</td><td>exp1‖exp2</td><td>左到右</td><td>双目运算符</td></tr>
<tr><td>13</td><td>?:</td><td>条件运算符</td><td>exp1？exp2：exp3</td><td>右到左</td><td>三目运算符</td></tr>
<tr><td rowspan="11">14</td><td>=</td><td>赋值运算符</td><td>var = exp</td><td rowspan="11">右到左</td><td rowspan="11"></td></tr>
<tr><td>/ =</td><td>除后赋值</td><td>var/ = exp</td></tr>
<tr><td>∗ =</td><td>乘后赋值</td><td>var∗ = exp</td></tr>
<tr><td>% =</td><td>取模后赋值</td><td>var% = exp</td></tr>
<tr><td>+ =</td><td>加后赋值</td><td>var + = exp</td></tr>
<tr><td>- =</td><td>减后赋值</td><td>var - = exp</td></tr>
<tr><td><<=</td><td>左移后赋值</td><td>var <<= exp</td></tr>
<tr><td>>>=</td><td>右移后赋值</td><td>var >>= exp</td></tr>
<tr><td>& =</td><td>按位与后赋值</td><td>var& = exp</td></tr>
<tr><td>^=</td><td>按位异或后赋值</td><td>var^ = exp</td></tr>
<tr><td>| =</td><td>按位或后赋值</td><td>var| = exp</td></tr>
<tr><td>15</td><td>,</td><td>逗号运算符</td><td>exp1,exp2,…</td><td>左到右</td><td>从左向右
顺序运算</td></tr>
</table>

注：① exp 代表表达式，var 代表变量。

② 若在编程过程中，记不清楚运算符间的优先级时，可采用加括号的方式进行优先级控制。

参考文献

[1] 郭建伟:《计算机基础教程》,华中科技大学出版社,2007 年。
[2] 贾宗福,等:《新编大学计算机基础教程》,中国铁道出版社,2007 年。
[3] 陈海波,王申康:《新编程序设计方法学》,浙江大学出版社,2004 年。
[4] 李师贤:《面向对象程序设计基础》,高等教育出版社,2005 年。
[5] 余祥宣,崔国华,邹海明:《计算机算法基础》,华中科技大学出版社,2006 年。
[6] 谭浩强:《C 程序设计》(第 4 版),清华大学出版社,2010 年。
[7] 刘玉英:《C 语言程序设计——案例驱动教程》,清华大学出版社,2011 年。
[8] 楼永坚,吴鹏,许恩友:《C 语言程序设计》,人民邮电出版社,2006 年。
[9] 高级程序设计,http://www.neu.edu.cn/cxsj/,2011 年 8 月。
[10] 微软公司:MSDN Library v6.0,微软公司。
[11] 丁亚涛:《C 语言程序设计》,高等教育出版社,2006 年。
[12] 夏宽理:《C 语言程序设计》,中国铁道出版社,2009 年。
[13] Brian W. Kernighan, Dennis M. Ritchie:《C 程序设计语言》,徐宝文,李志译,机械工业出版社,2004 年。
[14] [美]Benjamin C. Pierce:《类型和程序设计语言》,马世龙,眭跃飞等译,电子工业出版社,2005 年。
[15] [美]Kenneth C. louden:《程序设计语言——原理与实践》(第 2 版),黄林鹏,毛宏燕,黄晓琴等译,电子工业出版社,2004 年。
[16] 严蔚敏,吴伟民:《数据结构(C 语言版)》,清华大学出版社,2007 年。
[17] 刘锋,董秀:《微机原理与接口技术》,机械工业出版社,2009 年。
[18] 姜成志:《C 语言程序设计教程》,清华大学出版社,2011 年。
[19] 赛煜:《C 语言程序设计实训教程》,中国铁道出版社,2008 年。
[20] 谭浩强,张基温:《C 语言程序设计教程》(第 3 版),高等教育出版社,2006 年。
[21] 谭浩强:《C 程序设计题解与上机指导》(第 3 版),清华大学出版社,2005 年。